高等职业教育园林类专业系列教材

园林工程施工技术

陈绍宽　唐晓棠　主编

中国林业出版社

内 容 简 介

本教材是高职院校一线教师从园林工程施工的职业综合能力为根本出发点，与企业合作开发的技能型教材。系统地阐述了园林硬质景观工程各要素施工技术过程，着力于施工工艺流程、施工技术要点及施工常见问题解决方面的知识与技能。以职业能力分析为基础，面向整个工作过程，把职业需要的技能、知识和素质有机整合到一起。

全教材分园林工程施工前期准备、园林工程施工放样、园林土方工程施工、园林给排水工程施工、园林供电照明工程施工、园林水景工程施工、园林建筑小品工程施工、园路工程施工、园林假山工程施工和园林种植工程施工十个项目。每个项目中有3个任务，分别为施工知识概述、施工技术操作和施工质量检测。本教材充分体现以学生为主体，以就业为导向的教育思想，注重教、学、做一体化；图文并茂、图表结合，提高了学习直观性；可操作性强，具有很强的教学适用性。

本教材可作为高等职业院校园林技术、园林工程技术、风景园林设计等专业教学用书，也可作为园林设计、施工单位工程技术管理者及园林绿化有关岗位人员的培训教材。

图书在版编目(CIP)数据

园林工程施工技术／陈绍宽，唐晓棠主编. —北京：中国林业出版社，2021.1(2023.12重印)
高等职业教育园林类专业系列教材
ISBN 978-7-5219-0900-5

Ⅰ.①园… Ⅱ.①陈…②唐… Ⅲ.①园林-工程施工-高等职业教育-教材 Ⅳ.①TU986.3

中国版本图书馆 CIP 数据核字(2020)第 213593 号

中国林业出版社·教育分社

策划编辑：田苗　曾琬淋　田娟	责任编辑：田苗　田娟
电话：(010)83143557　83143634	传真：(010)83143516

出版发行　中国林业出版社(100009　北京市西城区德内大街刘海胡同7号)
　　　　　E-mail: jiaocaipublic@163.com　电话：(010)83143500
　　　　　http://www.forestry.gov.cn/lycb.html
经　　销　新华书店
印　　刷　北京中科印刷有限公司
版　　次　2021年1月第1版
印　　次　2023年12月第3次印刷
开　　本　787mm×1092mm　1/16
印　　张　17.5印张
字　　数　373千字
定　　价　58.00元

数字资源

未经许可，不得以任何方式复制或抄袭本书之部分或全部内容。

版权所有　侵权必究

前 言

园林工程施工能力是园林施工员职业岗位必须掌握的职业能力之一。

园林工程施工技术是园林工程技术专业的一门核心课程,通过本课程的学习,可以使学生具备基本的园林工程图纸识读、施工技术操作、施工质量和施工安全的专业知识,能运用施工理论知识、施工技术指导园林建设的职业能力。学习本课程前应已修完园林工程制图与识图、园林设计、园林工程硬质材料识别、园林测量等专业基础课程,具备相关的工程识图、测量等相关理论知识和操作技能。

本教材是根据高职园林工程技术专业职业岗位教育的需要,以职业能力为目标导向,以学生为主体,以岗位任务和工作过程为主线,注重理论与实践相结合,把实践操作过程与施工理论知识学习融为一体,使学生的专业知识与技能达到企业实际岗位的要求。

本教材结构合理,内容翔实,在调研园林工程施工员岗位能力要求的基础上,对岗位工作任务进行了分析,以辽宁生态工程职业学院园林工程样板园(励精园)建设项目为载体,对每个项目的理论知识、施工技术准备、施工操作流程、施工质量检测等进行详细阐述。工作过程完全参照企业实际工作岗位,使学生在实际工作中锻炼动手能力,锻炼能够独立完成企业的实际工作任务的能力,从而为今后的就业打下坚实的基础。

本教材由辽宁生态工程职业学院陈绍宽、唐晓棠任主编,其中课程导入、项目1、项目2、项目3、项目8由陈绍宽编写,项目4由辽宁生态工程职业学院谭洋编写,项目5由辽宁生态工程职业学院韩全威编写,项目6由辽宁生态工程职业学院韩全威和沈阳风景园林股份有限公司张世彤编写,项目7由辽宁生态工程职业学院黄文盛和陈绍宽编写,项目9由辽宁生态工程职业学院唐晓棠编写,项目10由辽宁生态工程职业学院庄建伟编写,主要施工图纸及教材插图由大家共同完成。全书由陈绍宽统稿。

在本教材出版之际,特别感谢辽宁生态工程职业学院领导的支持与帮助,感谢沈阳风景园林股份有限公司提出了许多宝贵的意见和建议,在此表示衷心的感谢,本教材在编著过程中参考了其他文献资料,在此向有关作者表示衷心的谢意。

由于时间仓促和编者水平有限,书中疏漏和错误在所难免,恳请读者给予指正并提出宝贵意见。

编　者
2020 年 5 月

目 录

前 言

课程导入　园林工程概述 ·· 001
1. 园林工程的概念 ·· 001
2. 园林工程的特点 ·· 002
3. 园林工程建设程序 ··· 002
4. 园林工程施工阶段程序 ·· 003
5. 园林工程的主要内容 ··· 006

项目1　园林工程施工前期准备 ·· 008
任务1.1　施工技术准备 ·· 008
任务1.2　施工技术资料准备 ··· 009
1.2.1　熟悉、审查设计图纸的程序 ··· 010
1.2.2　园林工程施工图组成 ··· 010
1.2.3　施工图中详图索引及代号 ·· 012
1.2.4　园林工程施工图审图顺序 ·· 013
任务1.3　施工物资准备 ·· 014
1.3.1　物资准备工作的内容 ··· 014
1.3.2　物资准备工作的程序 ··· 015
任务1.4　施工机械设备准备 ··· 015
任务1.5　劳动组织准备 ·· 015

项目2　园林工程现场施工放样 ·· 017
任务2.1　认识园林工程施工放样 ·· 017
2.1.1　园林工程测量相关知识 ·· 017
2.1.2　施工放样常用的方法 ··· 019

  2.1.3 施工放样中高程的测设 ·················· 021
  2.1.4 施工放样流程 ·························· 021
 任务 2.2 园林工程施工方格网法放样操作 ·············· 022
  2.2.1 施工放样准备 ·························· 023
  2.2.2 方格网的实地绘制 ······················ 024
  2.2.3 分项工程施工放样 ······················ 026
  2.2.4 施工放样常见问题 ······················ 036
 任务 2.3 园林工程施工放样质量检测 ·················· 038
  2.3.1 园林工程施工放样质量检测方法 ·········· 038
  2.3.2 园林工程施工放样质量检测标准 ·········· 039

项目 3 园林土方工程施工 ······························ 041

 任务 3.1 认识园林土方工程施工 ······················ 041
  3.1.1 土方施工的基础知识 ···················· 042
  3.1.2 土方工程量计算与平衡调配 ·············· 048
  3.1.3 影响土方施工的主要因素 ················ 061
  3.1.4 园林土方施工中常见问题的处理 ·········· 063
 任务 3.2 园林土方工程施工技术操作 ·················· 063
  3.2.1 土方工程施工准备 ······················ 064
  3.2.2 土方工程施工主要内容及工艺流程 ········ 065
  3.2.3 地形整理施工 ·························· 067
  3.2.4 土方工程现场施工常见问题 ·············· 069
 任务 3.3 园林土方工程施工质量检测 ·················· 070
  3.3.1 检查方法 ······························ 070
  3.3.2 检查种类 ······························ 071
  3.3.3 检查的一般内容 ························ 071
  3.3.4 土方工程施工质量检测标准 ·············· 071
  3.3.5 挖土施工质量检测 ······················ 071
  3.3.6 回填土压实施工质量检测 ················ 072
  3.3.7 地形塑造质量检测 ······················ 073

项目 4 园林给排水工程施工 ···························· 075

 任务 4.1 了解园林给排水工程施工 ···················· 075
  4.1.1 园林给水工程基本知识 ·················· 076

  4.1.2 园林给排水管材基本性能 ································ 078
  4.1.3 园林排水工程基本知识 ····································· 082
  4.1.4 园林喷灌系统施工 ··· 086
 任务 4.2 **园林给水工程施工技术操作** ···························· 091
  4.2.1 园林给水工程施工准备 ····································· 092
  4.2.2 园林给水工程施工主要内容及工艺流程 ············· 092
  4.2.3 园林给水工程现场施工常见问题 ······················· 095
 任务 4.3 **园林排水工程施工技术操作** ···························· 096
  4.3.1 园林排水工程施工准备 ····································· 096
  4.3.2 园林排水工程施工主要内容及工艺流程 ············· 097
  4.3.3 园林排水工程现场施工常见问题 ······················· 100
 任务 4.4 **园林给排水工程施工质量检测** ······················ 101
  4.4.1 园林给排水工程施工质量检测方法 ··················· 101
  4.4.2 园林给排水工程施工质量检测标准 ··················· 102

项目 5　园林供电照明工程施工 ······························ 104

 任务 5.1 **认识园林供电照明工程施工** ······················ 104
  5.1.1 园林景观照明相关知识 ····································· 104
  5.1.2 园林供电设计相关知识 ····································· 107
 任务 5.2 **园林景观照明工程施工技术操作** ················ 109
  5.2.1 园林景观照明工程施工准备 ······························ 109
  5.2.2 园林景观照明工程施工主要内容及方法 ············ 109
  5.2.3 园林景观照明工程现场施工常见问题 ··············· 111
 任务 5.3 **园林供电照明工程施工质量检测** ················ 112
  5.3.1 园林景观照明工程施工质量检测方法 ··············· 112
  5.3.2 园林景观照明工程施工质量检测标准 ··············· 113

项目 6　园林水景工程施工 ···································· 119

 任务 6.1 **园林水景工程施工概述** ································ 119
  6.1.1 水体的分类 ·· 119
  6.1.2 湖、池工程概述 ··· 121
  6.1.3 溪流、跌水工程概述 ·· 123
  6.1.4 喷泉工程概述 ··· 125
  6.1.5 驳岸工程概述 ··· 128

任务 6.2　水景工程施工技术操作 …… 130
6.2.1　水景工程施工准备 …… 130
6.2.2　水景工程施工主要内容及方法 …… 130
6.2.3　水景工程现场施工常见问题 …… 140

任务 6.3　园林水景工程施工质量检测 …… 141
6.3.1　园林水景工程施工质量检测方法 …… 141
6.3.2　园林水景工程施工质量检测标准 …… 141

项目 7　园林建筑小品工程施工 …… 143

任务 7.1　园林建筑小品工程施工概述 …… 143
7.1.1　景墙工程概述 …… 144
7.1.2　花架工程概述 …… 148
7.1.3　景亭工程概述 …… 151

任务 7.2　景墙工程施工技术操作 …… 152
7.2.1　景墙施工准备 …… 153
7.2.2　景墙施工主要内容及方法 …… 153
7.2.3　景墙现场施工常见问题 …… 156

任务 7.3　花架工程施工技术操作 …… 157
7.3.1　花架施工准备 …… 157
7.3.2　花架施工主要内容及方法 …… 157
7.3.3　花架现场施工常见问题 …… 159

任务 7.4　景亭工程施工技术操作 …… 160
7.4.1　景亭施工准备 …… 160
7.4.2　景亭施工主要内容及方法 …… 160
7.4.3　景亭现场施工常见问题 …… 164

任务 7.5　园林建筑小品工程施工质量检测 …… 165
7.5.1　园林建筑小品质量检测类别 …… 165
7.5.2　园林建筑小品主要类别检测标准与方法 …… 165

项目 8　园路工程施工 …… 172

任务 8.1　园路工程施工概述 …… 172
8.1.1　园路的基础知识 …… 173
8.1.2　园路工程设计 …… 175
8.1.3　园路的铺装施工 …… 179

  8.1.4　园路常见"病害"及其原因 ·············· 184

任务 8.2　园路工程施工技术操作 ·············· 185
  8.2.1　园路工程施工准备 ·············· 185
  8.2.2　园路工程施工主要内容及方法 ·············· 186
  8.2.3　园路工程现场施工常见问题 ·············· 194

任务 8.3　园路工程施工质量检测 ·············· 198
  8.3.1　园路工程施工质量检测方法 ·············· 198
  8.3.2　园路工程施工质量检测标准 ·············· 198

项目 9　假山工程施工 ·············· 203

任务 9.1　假山工程施工概述 ·············· 203
  9.1.1　假山基础知识 ·············· 204
  9.1.2　置石的基础知识 ·············· 205
  9.1.3　塑石的基础知识 ·············· 210

任务 9.2　假山工程施工技术操作 ·············· 212
  9.2.1　假山工程施工准备 ·············· 212
  9.2.2　传统假山工程施工主要内容及方法 ·············· 215
  9.2.3　置石工程施工主要内容及方法 ·············· 220
  9.2.4　现代塑山工程施工主要内容及方法 ·············· 221
  9.2.5　假山工程现场施工常见问题 ·············· 223

任务 9.3　园林假山工程施工质量检测 ·············· 224
  9.3.1　园林假山施工规定及检查方法 ·············· 224
  9.3.2　园林假山工程施工质量检测具体标准 ·············· 224

项目 10　园林种植工程施工 ·············· 229

任务 10.1　园林种植工程施工概述 ·············· 229
  10.1.1　园林种植的特点 ·············· 230
  10.1.2　影响移植成活的因素 ·············· 230
  10.1.3　移植时间 ·············· 231
  10.1.4　栽植对环境的要求 ·············· 231

任务 10.2　园林种植工程施工技术 ·············· 233
  10.2.1　种植工程施工前的准备工作 ·············· 233
  10.2.2　乔灌木种植施工技术 ·············· 234
  10.2.3　大树移植施工技术 ·············· 240

10.2.4　草坪建植施工技术 ………………………………………………… 244
　　10.2.5　花坛建植施工技术 ………………………………………………… 249
　　10.2.6　反季节绿化施工技术 ……………………………………………… 251
　　10.2.7　园林种植工程现场施工常见问题 ………………………………… 253
任务 10.3　园林种植工程施工质量检测 …………………………………… 255
　　10.3.1　园林种植工程施工质量检测方法 ………………………………… 255
　　10.3.2　园林种植工程施工质量检测标准 ………………………………… 260

参考文献 ……………………………………………………………………… 269

课程导入　　园林工程概述

园林建设是现代化城市建设的重要标志。在园林建设过程中，设计工作诚然是十分重要的，但设计仅是人们对工程的构思，要将这些工程构想变成物质成果，就必须进行工程施工。所以说园林工程在园林建设过程中，无处不在；从小的花园、庭院的营造，到大的公园、街道绿化、风景区的建设都涉及多种工程技术。

实际上，园林工程建设的基本内容可以分为三个部分，即园林工程项目管理、园林工程施工技术及园林工程项目施工现场组织与管理。项目管理包括项目前期策划、可行性研究、资金筹措、招投标和合同管理等有关内容，它既是管理学也是人际关系学；施工技术即指园林四要素的施工技术，这些要素是单项的、流程式的，各有其施工工艺、施工要点、施工方法及施工中常见的问题，这部分是园林工程的重点；项目现场施工组织与管理是通过施工组织设计(方案)对园林工程施工进行组织活动，它既是技术组织又是技术管理，在这一过程中，必须纳入工程监理，以保证施工质量。

1. 园林工程的概念

园林是指在一定的地域运用工程技术和艺术手段，通过改造地形(或进一步筑山、叠石、理水)、种植树木花草、营造建筑和布置园路等途径创作而成的美的自然环境和游憩境域。园林是多学科的一门综合艺术，属于精神文明的范畴。同时，园林建设需要投入一定的人力和财力，因此，园林是物质财富，又属于物质文明的范畴。园林工程是创造园林景观的重要手段。园林作品的成败，在很大程度上取决于园林工程的水平高低。

园林工程是以市政工程原理、技术为基础，以园林艺术指导理论为指导，研究工程造景技艺的一门学科。园林工程就是美化环境，主要目的除了改造周边环境，在特定范围内如何在综合发挥园林的生态效益、社会效益和经济效益功能的前提下，处理园林中的工程设施与风景园林景观之间的矛盾。简而言之就是探讨市政工程的园林化。园林工程施工主要研究的工程技术，重点是如何应用工程技术手段来塑造园林艺术形象，使地面上的各种人工构筑物与园林景观融为一体，可持续发展城市生态环境体系，为人们创造舒适、优美的休闲、游憩和生活空间。

2. 园林工程的特点

(1) 综合性

综合性园林工程项目往往涉及地貌的融合、地形的处理以及建筑、水景、给排水、供电、园路、假山、栽种、环境保护等诸多方面的内容。在园林工程建设中，协同作业、多方配合已成为当今园林工程建设的总要求。

(2) 技术与艺术统一性

园林工程不单是一种工程技术，更是一种艺术，具有明显的艺术性特征。园林艺术涉及造型艺术、建筑艺术、绘画艺术、雕刻艺术和文学艺术等诸多艺术领域。园林工程产品不仅要按设计搞好工程设施和构筑物的建设，还要讲究园林配置手法、构筑物和园林设施的美观舒适以及整体空间的协调。这些都要求采用特殊的艺术处理才能实现，而这些要求得以实现都体现在园林工程的艺术性之中。

(3) 时代性

园林工程是随着社会生产力的发展而发展的，在不同的社会时代条件下，总会形成与其时代相适应的园林工程产品。因而园林工程产品必然带有时代性特征。当今时代，随着人民生活水平和人们对环境质量要求的不断提高，对城市的园林建设要求亦多样化，工程的规模越来越大，工程内容也越来越多，新材料、新设备、新工艺、新技术、新科技、新时尚已深入到园林工程的各个领域，如以声、光、电、机为一体的大型音乐喷泉，新型的铺装材料，无土栽培，组织培养，液力喷植技术等新技术、新方法的应用，形成了现代园林工程的又一显著特征。

(4) 工程、生物、艺术的高度统一性

园林工程要求将园林生物、园林艺术与市政工程融为一体，以植物为主线，以艺驭术，以工程为陪衬，一举三得，并要求工程结构的功能和园林环境相协调，在艺术性的要求下实现三者的高度统一。同时，园林工程建设的过程又具有实践性强的特点，要想变理想为现实、化平面为立体，建设者就既要掌握工程的基本原理和技能，又要使工程园林化、艺术化。

3. 园林工程建设程序

园林工程建设是城镇基本建设的主要组成部分，因而也可将其列入城镇基本建设之中，要求按照基本建设程序进行。基本建设程序是指某个建设项目在整个建设过程中所包括的各个阶段步骤应遵循的先后顺序。一般建设工程先勘查，再规划，进而设计，再进入施工阶段，最后经竣工验收后交付建设单位使用。园林工程建设程序为对拟建项目进行可行性研究，编制设计任务书，确保建设地点和规模，进行技术设计工作，报批基本建设计划，确定工程施工企业，进行施工前的准备工作，组织工程施工及工程完成后的竣工验收等。归纳起来一般包括项目计划、设计、施工和竣工验收4个阶段。具体内容和过程可用图0-1表示。

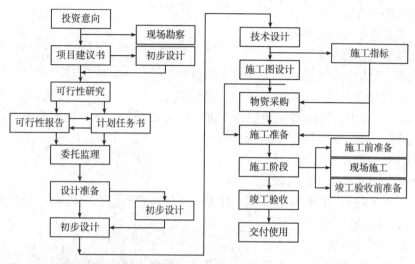

图 0-1 园林工程建设内容及过程图

4. 园林工程施工阶段程序

园林工程施工的过程一般可分为五个阶段，即办理施工依据阶段、施工前准备阶段（技术准备、生产准备、施工现场准备等）、施工实施阶段、竣工验收阶段、后期养护阶段。

(1) 施工的依据阶段

签订施工合同后，可以办理各种开工手续，要提前 3~5 个月申报。

一般小型的绿化工程，由各地、市的园林主管部门审批；但关系到园林建筑，园内市政工程，或土地占用、地下通信管道、环境问题等还需要相应的部门批示。占用公共用地文件、材料配比确认证明、工程施工许可证、工程项目标书、工程机械使用文件、树木采伐许可证、供水用电申请、环境治理报告书及委托文件均需逐项办理。

(2) 施工前准备工作阶段

① 技术准备　按合同要求，审核施工图，体会设计意图。收集技术经济资料、自然条件资料，现场勘查。编制施工预算和施工组织设计，做好技术交底会审工作和预算会审工作。还要制定施工规范、安全措施、岗位职责、管理条例。

确认设计图纸和掌握工地现况，施工单位除了履行承包合同规定的内容外，还得执行设计图纸上的要求。设计图纸中除图纸和施工说明书外，还包括现场说明书和与此相关的注解（注意：合同条款的内容，不同的甲方，要求不尽一致）。乙方有权决定配置临时设施、施工方法及相应的措施。

施工单位必须在工程施工前研究工程设计图纸的详细内容，掌握设计的意图，确认现场状况。在研讨和会审园林工程施工设计图纸时要注意下述几点：

- 设计的内容和图纸的关系；
- 特殊园林工程施工说明书的内容；

- 工程施工方法；
- 有无特殊需要预订的材料；
- 统筹安排，算定工期；
- 确保工程用地，确认施工现场有无障碍物等；
- 与有关政府部门及单位进行协商，调整部署。

对于施工方来说，对工程用地进行详细的核对及调整，是一项重要的工作。在确认现场的同时，还要做好下述重要工作：

- 确认施工位置和用地界线；
- 确认地上及地下的障碍物；
- 掌握地区特点（土地利用状况，有无医院等特殊设施，近邻对工程的影响，交通状况等）；
- 确认测量基准桩等。

在确认上述事项的同时，施工方要在建设方监督人员在场的情况下，根据工程设计图纸进行现场调查，消除障碍。发现图纸和现场不一致时，根据规定的手续通知监督人员，进行恰当的处理。

② 生产准备 各种材料、构配件、施工机具按计划组织到位，做好验收和出入库记录；组织施工机械进场、安装与调试；制订苗木供应计划；选定山石材料等。合理组织施工队伍，制定劳动定额，落实岗位责任，避免窝工浪费。考虑作业及材料的调配，制订施工计划，编制日常工程量表。施工中，预算明细表及工程量表与其他文件并行。

施工计划包括以下项目：

技术审查项目：工程顺序和施工方法、工期、作业量和工程费用、工程量表、施工机械的选定、临时设施的配置和设计、质量管理计划。

劳务及器材调配的审查项目：劳务调配、机械调配、材料调配、搬运计划、选定承包单位和招标。

管理审查项目：安全管理、环境保护（防止公害）、现场管理体制、预算书、各种批准手续。制订施工计划时，应该根据工程的规模和内容来决定必要的项目。制订施工计划与工程施工是并行的。动工前，施工方要向建设方提交必要的文件，并得到其认可。需要建设方确认的文件很多，主要确认如下文件：

- **工程进度表**：对施工方和转包单位及技术员进行调整和整顿，保证在规定的工期内竣工并实现安全管理。
- **占用公共用地的文件**：当施工需要占用公共用地时，应该得到公共用地管理人员的许可。
- **使用工程机械的文件**：审查主要的机械设备，对于事前无法确定的使用机械，应在计划中陈述并得到承认。
- **物品制作及检查纲要**：工程中需要制作构筑物、机械等时，应编写制作及检查纲要，并得到承认。

- 材料配比认可书：对预制混凝土或沥青混凝土的材料配合比例及设备应该事先给予确认。
- 其他。

以上是需要得到建设方认可的文件，在施工计划上涉及工程的其他行为，也需要协商、解决。如地下埋设物件等的处理，地下水、涌泉的处理，交通安全措施，确认有无地下文物，防洪措施。

③ 施工现场准备
- 界定施工范围：进行管道改线、保护名木古树。
- 施工现场工程测量，设置平面控制点与高程控制点。
- 做好"四通一平"（通水、通电、通路、通信和施工场地平整）：临时道路应不妨碍工程施工为标准，水电应满足施工要求。
- 搭设临时设施：临时仓库、办公室、宿舍、食堂及必须的附属设施，如抽水泵站、混凝土搅拌站。应遵循节约、实用、方便的原则。
- 劳务、材料调配计划：根据施工总体计划，制订劳务招聘及材料调配计划。

工程施工是根据设计图纸，按照合同内容进展的。在工程准备或进行中会发生无法预测的事情，合同图纸上也会出现问题。所以，事先考虑好各种对策是很重要的。当出现设计图纸不适合施工现场实况，以及施工条件发生变更的情况，可以根据法规妥善处理：

- 施工中发生无法预测的事情时，如当发现地下埋设物、棺墓和文物等，以及观察到地层急骤变化时，应请示处理。
- 工程上的必要事项在设计图纸和合同图纸上没有明确记载，需要对软弱地基进行补强或加强保安设施，对地下水、涌泉加以处理，都应迅速请示处理。
- 在施工时，图纸和现场状况不一致；图纸相互矛盾，或者出现谬误及遗漏；在对图纸的解释上发生疑义时，应立即报告，请示处理。

(3) 施工实施阶段
① 施工初期
- 根据项目施工的总平面、定位图等进行现场放样，确定地形、道路、水系及小品等的施工位置和范围，确定园林植物的栽植位置。
- 根据施工组织方案，安排人员、材料、机械进场（根据不同施工季节，确定不同的施工顺序，合理组织材料进场）。

② 施工中期
- 根据国家及行业现行的施工标准和规范、园林工程的施工工艺、流程，组织实施各项工程（地形、园路、水体、小品、植物等）的施工。
- 解决施工中的常规和突发问题，随时检查各部分的施工质量，确保工程安全有序进行。

③ 施工后期　配合工程质量验收，整理工程量签证，报送公司有关部门，做决算，

组织人员撤离现场。

(4) 工程验收阶段

工程验收分为交工验收和竣工验收两个阶段。

交工验收阶段不一定承担责任，主要工作是：检查施工合同的执行情况，评价工程质量，对各参建单位工作进行初步评价。

竣工验收阶段开始承担责任，主要工作是：对工程质量、参建单位和建设项目进行综合评价，并对工程建设项目作出整体性综合评价。

二者明显区别是：从时间上来说，交工验收在前，竣工验收在后；从验收主体来说，交工验收由项目法人组织进行，而竣工验收应由建设单位、管理机构、质量监督机构、造价管理机构等单位代表组成的竣工验收委员会组织进行；从性质上来说，交工验收是项目管理机构行为，而竣工验收是一种政府管理机构行为。

(5) 后期养护阶段

后期养护阶段包括园林植物的养护和硬质景观设施的维修。绿化养护是绿化景观能够长时间保持最佳美观状态的关键，园林工程项目建设完成，园林绿化施工单位应该严格遵循园林绿化养护管理的技术标准和操作规范，制定出一套合理、高效、科学、全面的绿化养护管理制度，标准化、科学化地从事园林绿化养护，只有这样才能使园林绿地的景观效果和质量有一个大的提升。

5. 园林工程的主要内容

园林建设工程按造园的要素及工程属性，可分为园林建筑工程、园林工程两大部分，而各部分又可分为若干项工程，详见图 0-2 所示。

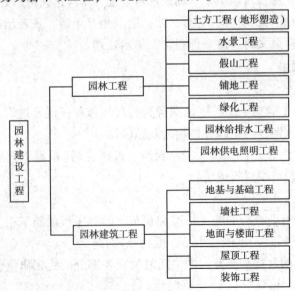

图 0-2　园林建设工程内容框图

园林设施的性质、功能、作用等很复杂，多数具有几重目的，施工工作必须全面兼顾，细心地加以安排。工种多是园林建设工程的特征。园林建设工程不但包括建筑工程的基本工种，还有其特有的工种，如假山、种植等所需要的工种。园林施工中具有代表性的分项工程包括：①准备及临时设施工程；②施工测量放线工程；③平整建设场地工程；④地基与基础工程；⑤绿化工程；⑥假山工程；⑦水景工程；⑧园路工程；⑨铺地工程；⑩园林给水工程；⑪园林排水工程；⑫园林供电照明工程；⑬砌体工程；⑭脚手架工程；⑮钢筋工程；⑯模板工程；⑰混凝土工程；⑱木结构工程；⑲屋面工程；⑳防水工程；㉑抹灰工程；㉒玻璃工程；㉓吊顶工程；㉔饰面板(砖)工程；㉕涂料工程；㉖刷浆工程；㉗细木花饰工程；㉘钢架工程；㉙油漆工程；㉚收尾工程。

这些分项工程的分类方法是按施工的不同工种来划分的，工程施工要通过工种之间的组织配合才能实现。围绕园林构成的四大要素：山、水、植物、建筑，我们习惯上将园林建设分为几大部分，包括土方工程(土山)、假山工程(石山)、水景工程(水)、绿化工程(植物)、园林建筑小品(建筑)，还包括一些设施工程如园路工程、给排水工程、园林供电工程等。实际上，每个工程项目都是由多个单项工程即分项工程组成的，同时有的分项工程在施工工程中也包括其他分项工程的内容，各分项工程之间也是有交叉的。各种园林建设项目所涉及的分项工程根据设计时的结构形式、工程规模、复杂程度等各不相同，在进行园林建设时要首先分析各工程需要由哪些分项工程的配合，然后再确定施工方案和应采取的技术措施。

园林建设过程中，各个分项工程都有其施工顺序和技术指标。我们将在其任务中分述各分项工程各个阶段施工的相关知识，实施的技术标准、规范和规程。园林建设工程要想优质、准时竣工，必须做到以下两点：

第一，施工中要有全局观念。

第二，要在掌握了各工种、各设施特征的前提下施工。

为此，应根据整个工程施工实施的基本方针，对各分项工程实施管理。

项目 1　园林工程施工前期准备

技能点

1. 能熟练完成园林工程施工图纸识读，通过对施工图的识读分析，提出意见并如实做好判读记录。
2. 能按施工图纸要求，确定施工内容，方法、步骤和施工前的准备。

知识点

1. 了解施工前准备的内容。
2. 掌握园林工程施工图纸识读要点和技巧。
3. 掌握园林工程施工主要内容及工程施工程序。

工作环境

多媒体教室。

工程项目施工准备工作按其性质及内容通常包括施工现场准备、技术准备、物资准备、劳动组织准备和机械准备等。

任务 1.1　施工技术准备

施工现场的准备工作，主要是为了给拟建工程的施工创造有利的施工条件和物资保证。施工现场的准备是不容忽视的，良好的现场准备工作可以在实现最大限度地节约成本的基础上，尽可能地缩短工期来完成高质量的园林工程施工，比如合理利用水源布置供水管道；与监理单位沟通完善相关手续；与建设单位、设计单位及监理工程师认真复核原地面标高数据等。现场准备勘查包括以下几个方面：

（1）勘察现场原始地貌

测量及土方平衡工作，计算土方量，制订拟投入机械和车辆需求计划。

(2) 参照地下管网图确定工程每一个具体施工部位的可行性

包括土建小品、结构工程、大株乔木、大株常绿树等。

(3) 现场具备的施工条件能否满足施工要求

根据现场情况、甲方施工周期的要求，安排劳动力的需求计划，给施工计划进度的编排做好基础工作。

(4) 做好施工场地的控制点的交接

① 高程基准点由建设单位提供。

② 根据甲方制定的基准点通过闭合手段过渡到施工现场，过渡点定位应该是永久性建筑，并做好水准纪录，报监理审核。两个以上施工单位在同一范围施工时应由建设单位和监理牵头，同时引点和复测，误差应在允许偏差值之内。

③ 在施工现场的过渡点(控制点)应引三个以上，在保护好桩点的同时随时核准，误差应在允许范围之内。不在永久性建筑上的控制桩点要采取特殊有效的方法做固定保护以保证正常施工。

(5) 做好"四通一平"

"四通一平"是指路通、水通、电通、通信通和平整场地。

(6) 建造临时设施

按照施工总平面图的布置，建造临时设施，为正式开工准备好生产、办公、生活、居住和储存等临时用房。

(7) 安装、调试施工机具

固定的机具要进行就位、搭棚、接电源、保养和调试等工作。对所有施工机具都必须在开工之前进行检查和试运转。

(8) 做好构(配)件、制品和材料的储存和堆放

按照施工材料、构(配)件和制品的需要量计划组织进场，根据施工总平面图规定的地点和指定的方式进行储存和堆放。

(9) 及时提供材料的试验申请计划

按照施工材料的需要量计划，及时提供材料的试验申请计划。如植钢材的机械性能和化学成分等试验；混凝土或砂浆的配合比和强度等试验。

(10) 做好雨季施工安排

按照施工组织设计的要求，落实冬雨季施工的临时设施和技术措施。

(11) 设置消防、保安设施

按照施工组织设计的要求，根据施工总平面图的布置，建立消防、保安等组织机构和有关的规章制度，布置安排好消防、保安等措施。

任务1.2 施工技术资料准备

在技术方面主要是要组织技术人员对图纸进行全面了解，熟悉图纸的每一个细节，通过图纸的规划真正了解整个工程的意图，制定出一套相对完善的施工方案，

使其实现园林设计初衷。熟悉和审查施工图纸,掌握设计意图,与设计单位会审,可以使设计的方案在质量、功能、艺术性等方面完全体现,为施工扫除障碍。

1.2.1 熟悉、审查设计图纸的程序

熟悉、审查设计图纸的程序通常分为自审阶段、会审阶段和现场签证三个阶段。

(1) 设计图纸的自审阶段

施工单位收到拟建工程的设计图纸和有关技术文件后。应尽快地组织有关的工程技术人员熟悉和自审图纸,写出自审图纸的记录。自审图纸的记录应包括对设计图纸的疑问和对设计图纸的有关建议。

(2) 设计图纸的会审阶段

一般由建设单位主持,由设计单位和施工单位参加,三方进行设计图纸的会审。图纸会审时,首先由设计单位的工程主设计人向与会者说明拟建工程的设计依据、意图和功能要求,并对特殊结构、新材料、新工艺和新技术提出设计要求;然后施工单位根据自审记录以及对设计意图的了解,提出对设计图纸的疑问和建议;最后在统一认识的基础上,对所探讨的问题逐一地做好记录,形成"图纸会审纪要",由建设单位正式行文,参加单位共同会签、盖章,作为与设计文件同时使用的技术文件和指导施工的依据,以及建设单位与施工单位进行工程结算的依据。

(3) 设计图纸的现场签证阶段

在拟建工程施工的过程中,如果发现施工的条件与设计图纸的条件不符,或者发现图纸中仍然有错误,或者因为材料的规格、质量不能满足设计要求,或者因为施工单位提出了合理化建议,需要对设计图纸进行及时修订时,应遵循技术核定和设计变更的签证制度,进行图纸的施工现场签证。如果设计变更的内容对拟建工程的规模、投资影响较大时,要报请项目的原批准单位批准。在施工现场的图纸修改、技术核定和设计变更资料,都要有正式的文字记录,归入拟建工程施工档案,作为指导施工、竣工验收和工程结算的依据。

1.2.2 园林工程施工图组成

园林工程施工图一般由封面、目录、说明及技术指标表、总平面图、索引图、详图设计、结构设计、植物设计、给排水设计、电气设计等组成。当工程规模较大、较复杂时,可以把总平面图分成不同的分区,按分区绘制平面图、设计详图等。

园林工程施工图分总图和分部施工图两部分。各部分图纸分别编号,每一专业图纸应该对图号统一标示,以方便查找。图纸标示常用的方法如下:

总平面施工图缩写为"总施",图纸编号为"ZS";

园林建筑结构施工图缩写为"建施",图纸编号为"JS";

小品雕塑施工图缩写为"小施",图纸编号为"XS";

土方地形施工图缩写为"土施",图纸编号为"TS";

园路铺装施工图缩写为"铺施"，图纸编号为"PS"；
绿化种植施工图缩写为"绿施"，图纸编号为"LS"；
给排水施工图缩写为"水施"，图纸编号为"SS"；
照明电气施工图缩写为"电施"，图纸编号为"DS"。

(1) 总平面图

① 总平面放线图　总平面中各部分设施、道路、构筑物等的详细标注尺寸。

② 总平面竖向图　总图中各部分的顶标高、底标高、设施构筑物标高、水面及水底标高等。

③ 总平面道路设施定位图　各道路系统及主要设施的放线基点定位绘制应清楚。

④ 总平面铺装图　各铺装材料的名称、肌理、规格，铺贴面图案做法标注应清楚。

⑤ 总平面高程排水图　与竖向图结合标明地面雨水排水方向、坡度以及雨水收集口的位置。

(2) 详图设计

① 路缘石及铺地材料做法　所有铺地材料、道路路缘石的做法。

② 其他节点通用做法　排水沟、雨水口、花坛、种植池、台阶、灯具、取水口等通用做法详图。

③ 各分区平面详图

- 分区平面图铺装材料的名称、规格、铺法应标明，铺装交接做法应清楚，特别是转角处材料交接，所有铺贴材料与总平面图交接情况；
- 地面铺装排水放坡方向，坡度比例应清楚，雨水收集口位置安排与总图交接情况；
- 竖向、尺寸标注完整，各种标高（各类顶、底标高）、平面尺寸不可遗漏；
- 平面图必须索引回总平面图，关于细部节点需索引到后续立面及细部详图。

④ 各分区立(剖)面详图

- 分区立(剖)面图贴面材料的名称、规格、铺法应标明，铺装交接做法应清楚表达；
- 标高、尺寸标注完整，各种标高（各类顶、底标高）、平面尺寸不可遗漏；
- 立(剖)面图必须索引回总平面图，关于细部节点部分需往下索引到后续细部详图节点及相关图纸；
- 各分区细部详图；
- 对各种材料的名称、规格、铺法，铺装交接做法细节详细的要求应清楚；
- 细部尺寸标注详细完整，各种倒角、异形材料的详细尺寸不可遗漏；
- 细部图必须索引回景观平面详图或立(剖)面详图。

(3) 结构设计

① 各结构部分材料名称、规格、标号，各结构交接做法应清楚标明，特别是转角处结构交接处，所有结构设计必须与各细部图纸交接。

② 对结构设计的尺寸标注应完整，各种标高（各类顶、底标高）、细部尺寸不可遗漏；结构图必须索引回相关细部设计图纸。

(4) 植物设计

① 种植设计总说明　讲述种植设计原则及其实施质量要求。

② 苗木种植整地竖向图　对苗木地形质量、地形高度、地形坡度进行详细要求。

③ 苗木排水总图　考虑苗木存活，对埋盲管做排水的苗木需要进行设计说明。

④ 苗木种植大样图　对植物的种植方法、土壤要求、修剪程度及支架搭接方式进行详细设计要求。

⑤ 苗木种植表　种植表包括苗木名称、图例、规格、数量、备注及技术要求。

⑥ 植物种植总平面图　乔木、灌木、地被等种植设计在一张图纸上，体现苗木位置的相互关系。

⑦ 乔木配置平面图　乔木平面图需有明确的文字标注，说明树木类别及数量。

⑧ 灌木配置平面图　灌木平面图需有明确的文字标注，说明灌木类别及数量面积。

⑨ 苗木种植方格网定位图　用方格网定位各苗木位置，标注清楚方格网尺寸。

(5) 给排水设计

① 给排水设计说明　讲述给排水设计原则及其实施质量要求。

② 给水（喷灌）平面定位图　定位给排水位置，并标明服务半径。

③ 给排水管网图　雨水口及管网系统连接方式，管道系统的材料规格及排水导流方向。

④ 给排水细部大样图　给排水细部大样做法，对施工工艺、材料、规格要求清楚详细。

(6) 电气设计

① 电气设计说明　讲述电气设计原则及其实施质量要求。

② 电气设施布置系统图　交待灯具、控制箱等电气的布置位置及回路连接方式。

③ 电气设备电路图　说明各电气电路连接方式、控制方式、布线要求及功率大小要求。

④ 电气设备安装细部详图　各电路设备详细节点做法，对施工工艺、安装方法、材料、规格要求清楚详细。

⑤ 灯具选型照片　必须提供灯具选型图片。

1.2.3　施工图中详图索引及代号

(1) 详图索引

在施工图中，有时会因为比例问题而无法表达清楚某一局部，为方便施工需另画详图。一般用索引符号注明画出详图的位置、详图的编号以及详图所在的图纸编号。索引符号和详图符号内的详图编号与图纸编号两者对应一致（表1-1）。

表 1-1　索引符号和详图符号

名　称	符　号	说　明
详图的索引符号	④ — 详细的编号 — — 详细所在的图纸编号 ④ — 局部剖面详细的编号 — — 剖面详细所在的图纸编号	详图在本张图纸上，剖开后从上往下投影
	④ — 详细的编号 3 — 详细所在的图纸编号 ④ — 局部剖面详细的编号 3 — 剖面详细所在的图纸编号	详图不在本张图纸上，剖开后从上往下投影
	┌── 标准图册编号 J102 ④ — 标准详细编号 3 — 详细所在图纸编号	标准详图
详图的符号	④ — 详细的编号	被索引的在本张图纸上
	④ — 详细的编号 3 — 被索引的图纸编号	索引的不在本张图纸上

（2）施工图中的代号

施工图里，多数的符号是汉语拼音的第一个字母。各类符号在不同的施工图上表达的意思是不同的，建筑施工图和结构施工图上同一个字母表达的意思往往不同，注意国家标准图形符号（GB）。要看懂，就要明白图上这些符号的，具体见各个专业的一系列符号。

例如：施工图纸中的 $\phi 6@100/200$ 代表：钢筋直径 6，间距 100（加密区）/间距 200。

给排水施工图中 $i=2\%$ 代表排水坡度，水平距离长 100m，两点高差是 2m。

1.2.4　园林工程施工图审图顺序

审图的顺序一般必须按照图纸中编辑好的顺序进行，包括封面、目录、说明等逐一进行，并要注意同一套图纸中前后内容的一致性（前面图纸涉及的内容与后面图纸中的保持一致）。首先把自己当作方案设计师和现场施工员把图纸看一遍。

整体图纸审阅结果如下：

① 明确了继承方案里的理念、空间。
② 继承扩初设计里的体量、结构、材料等。
③ 方案或扩初不合理的地方已进行优化。
④ 图纸没有缺项、漏项。
⑤ 图纸的索引能对得上号。
⑥ 图纸节点设计结构合理性。
⑦ 图纸平立面和结构、大样之间对得上。

⑧ 每张图里(总平面的各个图、各节点图)该有的内容和规范等完整、正确。
⑨ 材料、苗木符合当地环境条件，能采购得到，造价合理。
⑩ 设计布局合理 一般施工图也是讲究美观的，一套布局合理的施工图会让读图的人在心理上感到愉悦的。
⑪ 图中必须元素不缺少 无论是总图中还是详图中，一些元素细节上是否出现问题，如指北针、比例尺、详图图名等。
⑫ 标题栏与图纸内容一致 标题栏里工程名称、图纸名称等一定要和图纸的内容相符。

局部图纸审阅结果如下：
① 尺寸正确 尺寸包括数值是否无误，单位是否统一。
② 标注整齐，合理 针对不同的尺寸、位置、图纸元素等采用相应的标注方式是否合理，能否说明图纸中设计元素的体量问题，能否指导施工放线的正确进行。
③ 填充样式一致 图纸中要求每一种填充图案只代表一种物质或材料，不能出现几种图案都代表一种物质或一种图案代表多种物质的情况，在同一张图纸中尤为重要。
④ 文本内容完整 文本叙述是否正确、合理；语言是否简练清晰；层次是否分明；对图纸中内容表达是否准确，无遗漏；是否有错别字及标点错误等问题。
⑤ 施工做法阐述明确 对于施工图里所阐述的施工工艺是否适合该工程，所选材料是否为该工程实施地域内普遍材料，材料规格是否为常规规格。图纸中涉及的标准术语、参照图集是否准确，对材料规格及样式的称谓是否统一。
⑥ 工程量核对正确 重中之重，有的图纸中要求给出相关工程量，如绿化种植图。在进行复核、审核时需慎之又慎。

任务1.3 施工物资准备

材料、构(配)件、制品、机具和设备是保证施工顺利进行的物资基础，这些物资的准备工作必须在工程开工之前完成。根据各种物资的需要量计划，分别落实货源，安排运输和储备，使其满足连续施工的要求。

1.3.1 物资准备工作的内容

物资准备工作主要包括施工材料的准备，构(配)件和制品的加工准备，施工机具的准备和生产工艺设备的准备。

(1) 材料的准备

施工材料的准备主要是根据施工预算进行分析，按照施工进度计划要求，按材料名称、规格、使用时间、材料储备和消耗定额进行汇总，编制出材料需要量计划，为组织备料、确定仓库、场地堆放所需的面积和组织运输等提供依据。

(2) 构(配)件、制品的加工准备

根据施工预算提供的构(配)件、制品的名称、规格、质量和消耗量,确定加工方案和供应渠道以及进场后的储存地点和方式,编制出其需要量计划,为组织运输、确定堆场面积等提供依据。

1.3.2 物资准备工作的程序

物资准备工作的程序是搞好物资准备的重要手段。通常按如下程序进行:

① 根据施工预算、分部(项)工程施工方法和施工进度的安排,拟定材料、构(配)件及制品、施工机具和工艺设备等物资的需要量计划。

② 根据各种物资需用量计划,组织货源,确定加工、供应地点和供应方式,签订物资供应合同。

③ 按照施工进度表的要求,组织物资按计划时间进场,在指定地点,按规定方式进行储存或堆放。

任务1.4 施工机械设备准备

① 根据施工组织设计中确定的施工机具、设备的要求和数量以及施工进度的安排,编制施工机具设备需用量计划,组织施工机具设备需用量计划的落实,确保按期进场。

② 根据施工机具的需用量计划,组织施工机具设备进场,机械设备进场后,按规定地点和方式布置,并进行相应的保护和试运转等工作。

③ 施工机械应做好维护保养,定期对机械设备进行检查,发现问题立即维修,确保施工机械安全正常运行。

任务1.5 劳动组织准备

劳动组织准备的范围既有整个园林施工企业的劳动组织准备,又有小型简单的拟建单位工程的劳动组织准备。这里以一个拟建工程项目为例,说明其劳动组织准备工作的内容。

(1) 建立拟建工程项目的领导机构

根据拟建工程项目的规模、结构特点和复杂程度,确定拟建工程项目施工的领导机构人选和名额;坚持合理分工与密切协作相结合。

(2) 建立精干的施工队组

施工队组的建立要认真考虑专业、工种的合理配合,技工、普工的比例要满足合理的劳动组织,要符合流水施工组织方式的要求,同时制定出该工程的劳动力需要量计划。

(3) 组织劳动力进场

工地的领导机构确定之后,按照开工日期和劳动力需要量计划,组织劳动力进场。

同时，要进行安全、防火和文明施工等方面的教育，并安排好职工的生活。

(4) 建立健全各项管理制度

工地的各项管理制度是否建立健全，直接影响其各项施工活动的顺利进行。有章不循的后果是严重的，而无章可循更是危险的。为此必须建立健全工地的各项管理制度。

各项管理制度包括：工程质量检查与验收制度；工程技术档案管理制度；建筑材料(构件、配件、制品)的检查验收制度；技术责任制度；施工图纸学习与会审制度；技术交底制度；职工考勤、考核制度；工地及班组经济核算制度；材料出入库制度；安全操作制度；机具使用保养制度。

思考与练习

1. 园林绿化建设程序归纳起来一般包括哪几个阶段？
2. 园林工程施工前的准备内容是什么？
3. 园林施工图由哪些部分组成？
4. 园林建筑结构失调有何作用？图示内容有哪些？
5. 怎样合理安排园林工程施工顺序？

项目 2　园林工程现场施工放样

🌲 技能点

1. 能根据施工图纸，使用测量仪器在工程施工现场进行高程控制测量和定位放样，现场放样误差在规范允许内。
2. 能根据施工图纸，对小游园地形、水体、园路、种植进行现场施工放样，能进行园林建筑物定位测量。

🌲 知识点

1. 了解《工程测量规范》(GB 50026—2016)有关放样的要求。
2. 熟悉园林工程施工放样图纸识别的基本知识。
3. 掌握测量仪器的使用及测量的基本知识。
4. 掌握园林工程施工中方格网放样的基本理论知识。
5. 掌握各分项、分部工程放样方法。

🌲 工作环境

园林工程实训基地。

任务 2.1　认识园林工程施工放样

园林施工现场放样是在园林景观工程的实际施工过程中，将施工图上的设计内容按设计要求和一定的精度扩大到实际施工现场中，作为施工依据。园林景观设计需要通过施工来表达，施工的技巧很大程度上受放样的制约，可以说放样是整个工程的重中之重。

2.1.1　园林工程测量相关知识

施工测量也以地面控制点为基础，是根据图纸上的平面和竖向设计尺寸，计算出各部分的特征点与控制点之间的距离、角度(或方位角)、高差等数据，将园林工程建设中的建筑物、构筑物的特征点在实地标定出来,以便施工,这项工作又称放样。放样的基本要素由放样依据、放样数据和放样方法三部分组成。放样依据为放样的起点位和起始方向,是已知的;放样数据为得到放样结果所必需的,在放样过程中所使用的数据,由工程设计单位给定或由图中获得;放样方法为根据待放样结果及其精度要求所设计的操作过程和所使用的仪器。

园林工程施工放样的目的是按照设计和施工的要求将设计的地形、园路、水体、建筑物的平面位置在地面上标定出来,作为施工的依据,并在施工过程中进行一系列的测量工作,以衔接和指导各工序之间的施工。

施工测量贯穿于整个施工过程中。从场地平整,建筑物、构筑物定位、基础施工,到施工安装等工序,都需要进行施工测量,才能使建筑物、构筑物各部分的尺寸、位置符合设计要求。

2.1.1.1 施工测量主要内容

① 建立施工控制网。

② 建筑物、构筑物的详细放样。

③ 检查、验收。每道施工工序完工之后,都要通过测量检查工程各部位的实际位置及高程是否符合设计要求。

④ 变形观测。随着施工的进展,测定建筑物在平面和高程方面产生的位移和沉降,收集整理各种变形资料,作为鉴定工程质量和验证工程设计、施工是否合理的依据。

园林工程施工测量主要包括四个方面的工程:园林建筑及其设施工程(包括服务设施与公共设施等);园林道路工程;园林景观工程(包括挖湖堆山工程、山石溪涧景观工程等);园林绿化工程(包括树木栽植定点等工程)。

2.1.1.2 园林工程施工放样测量的主要任务

(1) 施工控制网的布设

从点位的分布和精度来看,测图控制网通常不能满足施工测量的要求,因此,需要单独布设施工控制网。其形式有三角网、边角网、导线网及方格网等,而方格网(包括矩形网)是园林工程最普遍采用的施工控制网。

(2) 园林施工测量实施

施工测量应与施工过程密切配合,主要内容是园林建筑物、构造物的定位测量及细部放线。施工测量实施首先要做好下列三点:

① 了解设计意图,熟悉设计图纸,核对设计图纸。施工测量人员应了解工程整体和设计者的主要设计意图,核对总平面图与施工详图尺寸是否相符,有关图纸的相关尺寸有无矛盾,标高是否一致。

② 现场踏查校核控制点。踏查的目的是了解施工地区地物、地貌情况以及原有测量控制分布和保存情况,对控制点进行必要检核,以便确定是否可以利用。踏查时还要进一步了解设计建筑物与现有地物之间相对关系。

③ 制订施工测设方案。根据设计要求与现场地形情况制订施工测量方案,计算测设数据,绘制测设略图。

2.1.2 施工放样常用的方法

施工放样基本上是通过确定点的位置,再把点连成线来确定测设要施工的平面位置,然后再测设高程。测设点位放样常用的方法有:直角坐标法、极坐标法、距离交会法、角度交会法、方格网法等。测设高程放样的方法有:水准仪法放样、全站仪无仪器高作业法放样。距离放样的方法有:钢尺或全站仪放样法。

2.1.2.1 直角坐标法

直角坐标法放样是按直角坐标原理确定一点的平面位置的一种方法。先要在地面上设两条互相垂直的轴线,作为放样控制点。用直角坐标法测定一已知点的位置时,只需要按其坐标差数量取距离和测设直角,用加减法计算,工作方便并便于检查,测量精度较高。它是极坐标法的一个特例。当施工场地已布设彼此垂直的主轴线或方格网时,可采用此法。如图2-1所示,在图纸中标明设计点G其坐标(g, s),在施工现场同一平面有2个控制点,就可确定此坐标系的原点和方向,则可由坐标差定出设计点位。

测设时,通过设计单位给定的2个已知点,利用测量仪器建立直角坐标系(原点O,纵轴A,横轴B)或方格网,然后在施工测量出G点的坐标(g, s),定出G点。

2.1.2.2 极坐标法

极坐标法放样是利用数学中的极坐标原理,以两个控制点的连线作为极轴,以其中一点作为极坐标建立极坐标系,根据放样点与控制点的坐标,计算出放样点到极点的距离(极距)及该放样点与极点连线方向和极轴间的夹角(极角),它们就是我们所要的放样数据。该坐标系统中的点是根据一个角度和一段距离来测设的。此法适用于测设点位离控制点较近且又便于量距的情况。对于很多类型的曲线,极坐标方程是最简单的表达形式,甚至对于某些曲线来说,只有极坐标方程能够表示。如图2-2所示,已知BA是基线,欲测设G点,可由夹角β_B和BG的距离来确定。夹角β_B和β_G的距离在放样前可由图纸上量出来或计算出来。

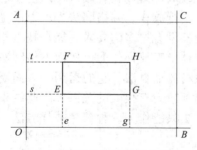

图2-1 直角坐标法进行点定位

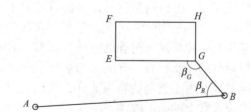

图2-2 极坐标法进行点定位

测设时,安置经纬仪于B点,瞄准A点,向右测设夹角β_B,并在此方向测设BG的水平距离,定出G点。

2.1.2.3 角度交会法

角度交会法放样是指利用两个(或三个)已知点测定已知方向与待定点方向之间的水平角度交会出待定点平面位置的一种方法。此法适用于待定点远离控制点或不便于量距的情况。如图2-3所示，已知 A、B 为已知控制点，欲测设 P 点，需分别在 A 点、B 点安置，在 A 点以 B 点为后视点，通过测设水平角 β_1，即可确定 AP 方向，同理在 B 点以 A 点为后视点，通过测设水平角 β_2，即可确定 BP 方向，AP 方向与 BP 方向交会于点 P，即可确定 P 点平面位置，并做标记，作为后继施工依据。

2.1.2.4 距离交会法

距离交会法放样从两个控制点或已测绘好的地物点测量至某一待测定地物点的距离，然后在图上根据这两段按比例尺缩小后的距离的交点绘出该地物点，这种方法称为距离交会法。在建筑场地平坦、量距方便且控制点离待定点又不超过一个尺段的长度时，采用此法较为适宜。用距离交会法来测定点位，不需使用仪器，但精度较低。如图2-4所示，A、B 为已知控制点，欲测设 P 点，先应计算出 a、b 的长度。a、b 之值也可以直接从图上量取。测设时分别以 A、B 为中心，a、b 为半径，在场地上作弧线，两弧的交点即为 P。

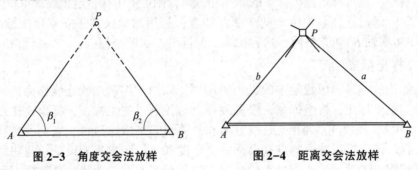

图2-3　角度交会法放样　　　　图2-4　距离交会法放样

2.1.2.5 方格网法

方格网法放样是在图纸上以一定的比例画好方格网，然后在实地找出距离相等的方格网（通常为5m×5m，10m×10m等），再参照现有的地物，在设计图纸上量出测设点的实际距离，到现场相应的方格中找出测设点实行放线。方格网法也可以说是直角坐标法的扩展。方格网法放样最大的优点是对设备没有过多的要求，能在缺乏相应设备及具备一定参照物的情况下，完成小范围的园林施工放样作业。然而方格网法放样本身就不是一种严谨、精确的方法，而是一种粗略的估算法。它的运用一方面受到地域地形条件的限制，另一方面又与放样实施人的判断力有很大的关系，因此结果存在着一定差异。由于它是估算型放样，所以这种方法只能作为一种参考放样方法，不能成为真正意义上的施工放样方法。

2.1.2.6 全站仪放样法

全站仪是全站型电子速测仪的简称，又被称为电子全站仪，是指由电子经纬仪、光电测距仪和电子记录器组成的，可实现自动测角、自动测距、自动计算和自动记录的一种多功能高效率的地面测量仪器。电子全站仪可进行空间数据采集与更新，实现测绘的数字化。随着科学的发展，全站仪已经广泛用于园林景观施工工程、建筑工程和市政工程等领域。

2.1.2.7 目测法

目测法进行施工放线,一般用于对树木种植位置点位精度要求较低,或设计图上无固定点的绿化种植,如灌木丛、树群等,可用目测估划出树群树丛的栽植范围,定点时应注意植株相互位置,注重自然美观。定好点后,多采用白灰打点或打桩,标明树种、栽植数量(灌木丛、树群)、坑径。在大多数绿化施工现场只用大乔木的栽植位置放样比较严格,而花灌木的位置都是用目测法放样。

2.1.3 施工放样中高程的测设

在施工过程中有很多地方需要测设由设计所定的高程(标高)。如平整场地、开挖基坑、排水测定坡度和室内外地坪等。将点的设计高程测设到实地上,是根据附近的水准点,用水准测量的方法,按两点间已知的高差来进行的。

设计标高测设是在已知后视点高程和前视点设计高程的条件下,求出前视点标尺的应有读数,并把此时标尺底部的高度标定出来,以此位置表示设计标高。

如图2-5所示,已知水准点BM_4的高程H_4=32.863m,要在前视木桩上测设出设计高程34.000m。测设时以安置一次仪器为宜,若在后视BM_4上尺上读数a=2.235m,则水准仪的视线高程$H_i=H_4+a$=32.863+2.235=35.098m,根据视线高程和设计高程可算出前视桩上尺的读数b=35.098-34.00=1.098m。观测员指挥扶尺员将水准尺沿木桩侧面上下缓慢移动,当中丝读数恰好为1.098m时停住,通知扶尺员沿尺底在木桩侧面画一条水平线,或再在横线下画一"▼"符号,则此横线或三角形符号的顶面就是测设的设计高程。如要使柱顶高程等于设计高程,可慢慢地打下木桩,直至在桩顶立尺时的读数正等于b为止。

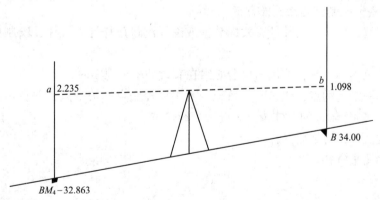

图2-5 已知高程的测设

2.1.4 施工放样流程

园林施工放样是根据施工现场的平面控制网和高程控制网进行的测设工作,应遵循"从整体到局部,先控制后碎部""前一步测量工作未作检核,不进行下一步测量工作"的原则来组织实施(图2-6)。

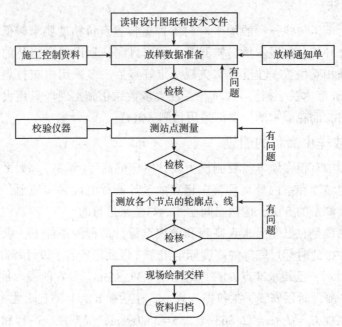

图 2-6 测设方格网主轴及方格点

具体施工放样流程如下：

① 熟悉施工图纸(平面定位图)，找出放样基准点，校算构筑物轮廓控制点数据和标注尺寸，标记点号，记录其三维数据审图结果。

② 根据《工程测量规范》(GB 50026—2016)的规定和设计的精度要求，结合测量人员及仪器设备情况制订测量放样方案。

③ 选定测量放样方法并计算放样数据或编写测量放样计算程序，绘制放样草图并校核。

④ 准备仪器和工具，使用的仪器必须在有效的检定周期内。

⑤ 根据图纸上的点、线、面关系确定其主要控制点和关键点，并在实际地理环境中标记出来，确定轴线的具体位置和施工红线位置。

⑥ 检验复核，合格后交样。

⑦ 归档测量资料。

任务 2.2　园林工程施工方格网法放样操作

园林工程施工放线是各项园林工程的第一道工序，而在施工放线中，控制测量又是施工放线工作的第一步。尤其是在大中型的园林工程中，遵守"从整体到局部，先控制后碎部"的原则尤为重要。实际工程施工时，各单项工程常常由不同施工单位组织实施，因此，统一的控制就显得更为重要。若不在统一的控制下各单位各自进行放线，则会给工程带来难以预料的质量隐患。在统一的控制下进行放线，不仅可以保证放线的质量，而且各单位可以同时展开工作。

施工控制网包括平面控制网和高程控制网，它为园林工程提供统一的坐标系统。平面控制网的布设形式，应根据设计总平面图、施工场地的大小和地形情况、已有测量控制点的分布情况而定。对于地形起伏较大的山岭地区，可采用三角网或边角网；对于地势平坦，但通视较困难或定位目标分布较散杂的地区，可采用导线网；对于通视良好、定位目标密集且分布较规则的平坦地区，可采用方格网或矩形格网；对于较小范围的地区，可采用施工基线。高程控制网的布设，一般都采用水准控制网。

在园林工程施工中常用方格网法来放样。方格网的大小根据地形的复杂程度和施工方法而定。一般方格网法放样工作内容包括：放样前准备、方格网的实地绘制和分项工程施工放样。其施工流程为：

施工前准备→图纸分析(技术交底)→确定施工基点(已知点)→方格网布设→施工细部放样→放样后复核。

2.2.1 施工放样准备

2.2.1.1 材料和仪器准备

① 材料　木桩、斧子、钢尺、白灰、桶、记号笔。

② 仪器设备　三脚架、经纬仪和水准仪(或全站仪)、花杆、塔尺、棱镜等。其中仪器必须年检合格，并达到使用标准。

2.2.1.2 图纸分析

了解设计意图，熟悉设计图纸，核对设计图纸。施工测量人员应了解工程整体和设计者的主要设计意图，核对总平面图与施工图尺寸是否相符，有关图纸的相关尺寸有无矛盾，标高是否一致。

根据小游园工程施工总平面定位图(图2-7)分析，该小游园主要分项工程主要有土方工程、园路工程、水体工程、景石工程、小品工程和植物种植工程，可利用已经绘制完成的轴线，造园建筑物或构筑物的外轮廓线和方格网的交点，将以上造园要素的准确位置在园中确定。

根据小游园竖向设计施工图(图2-8)分析，该小游园立面构图中心是亭子，作为全园的最高控制点。根据园林工程竖向设计图纸和景观视线的要求，用水准仪或全站仪，可测出各个景观节点的标高，同时解决小游园内外的高程关系，组织好全园的排水。根据设计要求与现场地形情况制订施工测设方案，计算测设数据，绘制测设略图。

2.2.1.3 确定施工基点

现场踏查了解施工地区地物地貌情况以及原有测量控制分布和保存情况，对控制点进行必要检核，以便确定是否可以利用。在施工现场以建设单位和设计单位给定的已知两点坐标，可求第三点坐标。通过国家测量基本网引测，就可以确定这两个基点桩的坐标。在施工放样时，再通过这两个基点桩采用全站仪就可以测得图纸确定基点的坐标。

2.2.2 方格网的实地绘制

2.2.2.1 方格网布设

（1）测设基点"O"（图 2-7）

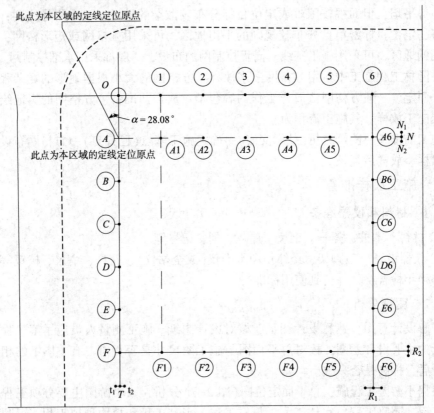

图 2-7 测设主轴线及各方格点

分析施工总平面定位图纸（图），方格网上的 A 点是设计单位给定已知原点，所以在施工图纸上连接两个已知定位原点，并求出夹角 α 值。然后进入现场测量工作，将经纬仪架设在设计单位给定的已知原点 A 点上，瞄准另一个给定的定位原点，将仪器读数归零。盘左旋转仪器，将仪器读数调整到 28.08°（28°4′48″），沿视线方向，并用钢尺丈量出距离是 5m，确定出基点"O"。打下木桩，在桩顶画十字表示初定"O"点点位。

（2）南北向主轴线 OF

将架设在 A 点上的仪器盘左旋转调整读数到 208°4′48″得到 t_2 点。再将仪器盘右旋转调整读数 208°4′48″，得到 t_1 点。如果没有误差 t_1、t_2 点应该重合，就是 T 点，如果没有重合为一个点，连接 t_1、t_2 点，取中点为所求的 T 点。然后，将安置在 A 点的仪器瞄

准 T 点，沿视线方向一边定线，一边用钢尺丈量，在量得 5m 处打下木桩，在桩顶画十字表示初定 B 点点位。再重复从 A 量 5m，在桩顶又定 B 另一点位，取平均位置后，点位钉一小钉表示。由 B 点继续边定线边丈量，用同样方法钉 C 点以及 D、E、F 等点。

（3）测设东西向主轴线 AN（图 2-7）

将仪器安置在 A 点，瞄准 T 点，盘左测设 90°定出 N_1，盘右测设 90°定出 N_2，取 N_1、N_2 的中点 N，则 AN 垂直于 AF，用上述相同方法丈量定出南北主轴线的 $A1$、$A2$、$A3$、$A4$ 等点。

（4）测设方格网东南角的 $F6$ 点

在 $A6$ 点安置仪器，用正倒镜设直角定出 R_1 方向，同时做出反向延长线，找到"6"点。然后在 F 点安置仪器，也用正倒镜直角定出 R_2 方向，两方向相交点即为 $F6$ 点，注意应按测量角度前方交会法定点方法来测设。

（5）测设方格网四周方格点

各交点编号以行号与列号组成，例如，第六行各方格点编号为 6、$A6$、$B6$、$C6$、$D6$、$E6$、$F6$ 等。首先，在 $A6$ 点安仪器以瞄准 R_1 点时，定出 $A6R_1$ 线，沿 $A6R_1$ 线用钢尺丈量定出 $B6$、$C6$、$D6$、$E6$、$F6$ 等点，各方格交点应打木桩，并在桩顶上钉小钉表示点位。然后，在 F 点安置仪器，瞄准 R_2 点，定出 FR_2 线，按上述相同方法定出 $F1$、$F2$、$F3$、$F4$、$F5$、$F6$ 各点，按上述方法完成方格网四周的各方格点的测定。

（6）测设方格网内部各交点

因该法比直接丈量法更为精确，施测方便，方格网内部各交点可按方向线交会确定。例如 $A1$ 点，由方向线 $A-A6$ 与方向线 $1-F1$ 相交确定，此时，最好用两台经纬仪同时作业，以提高效率。先用标杆初定，打下木桩，再用测钎精确标定。

（7）将大方格按不同测设要求进行不同细化

上述各步骤完成后，地面上有 5m 大方格，为了测设人工湖、自然式道路边界，它对精度要求不高，如果逐点用仪器测设，则工作量太大，此时可把大方格分成 5 个小方格，实地也打 5 个小方格，这样就可在小方格中用目估并配合皮尺丈量定位人工湖边界点，树木栽植点定位也可采用同样方法。

（8）高程控制网的布设

在施工现场面积较大或实地通视差的条件下，一般都采用水准控制网。在施工现场面积较小，实地通视好的条件下，设立一个水准点进行高程控制测量。

2.2.2.2 放线复核

为了保证施工能满足设计要求，施工测量与一般测图工作一样，也必须遵循"由整体到局部，先控制后细部"的原则，即先在施工现场建立统一的施工控制网，然后以此为基础，再放样建筑物的细部位置。采取这一原则，可以减少误差积累，保证放样精度，免除因建筑物众多而引起放样工作的紊乱。

此外，施工测量责任重大，稍有差错，就会酿成工程事故，造成重大损失。因此，必须加强外业和内业的检核工作。检核是测量工作的灵魂。

(1) 施工测量的精度

施工测量的精度取决于工程的性质、规模、材料、施工方法等因素。因此，施工测量的精度应由工程设计人员提出的限差或按工程施工规范来确定。

(2) 施工方格网的布设

施工方格网的布设应根据总平面图上各种已建和待建的建筑物、道路及水体的布设情况，结合现场的地形条件来确定。方格网的形式有正方形、矩形两种。当场地面积不大时，常分两级布设，首级可采用"十"字形、"口"字形或"田"字形，然后再加密方格网。施工方格网的轴线与建筑物轴线平行或垂直，因此，可用直角坐标法进行建筑物的定位，放样较为方便，且精度较高。但由于方格网必须按总平面图的设计来布置，放样工作量成倍增加，其点位缺乏灵活性，易被毁坏，所以在全站仪逐步普及的条件下，正逐步被导线网或三角网所代替。

(3) 施工场地高程控制测量

在一般情况下，施工场地平面控制点也可兼作高程控制点。高程控制网可分首级网格和加密网，相应的水准点称为基本水准点和施工水准点。

基本水准点应布设在不受施工影响、无震动、便于施测和能永久保存的地方，按四等水准测量的要求进行施测。而对于连续性生产车间、地下管道放样所设立的基本水准点，则需按三等水准测量的要求进行施测。为了便于成果检核和提高测量精度，场地高程控制网应布设成闭合环线、附合路线或结点网形。

施工水准点用来直接放样园林构筑物的高程。为了放样方便和减少误差，施工水准点应靠近构筑物，通常可以采用方格网点的标志桩加设圆头钉作为施工水准点。

为了放样方便，在每栋较大的园林建筑物附近，还要布设±0.000水准点(一般以底层建筑物的地坪标高为±0.000)，其位置多选在较稳定的建筑物墙、柱的侧面，用红油漆绘成上顶为水平线的"▽"形，其顶端标为±0000位置。

2.2.3 分项工程施工放样

在分项工程施工放样中，自然式园林，在施工中常用方格网法来放样。方格网的大小根据地形的复杂程度和施工方法而定。地形起伏较大的现场宜用小方格网；用机械施工时，可用大些的方格网。规则式园林，在施工中常用仪器直接测量构筑物轴线交点(角桩)来放线。

2.2.3.1 自然式堆山土方施工放样

根据施工图先把方格网测放到地面上，再将设计地形等高线和方格网的交点，一一对应标到地面上并打桩，木桩上要标明桩号及施工标高(图2-8、图2-9)。然后撒上白灰，定出地形轮廓线。在堆地形时由于土层不断升高，木桩有可能被土埋没，所以木桩的长度应大于每层土的高度。山体立桩有两种方法：一种是一次性立桩，适于高度低于 5m 的低山。由于堆山时土层不断升高，桩木的长度应大于每层填土的高度，一般用长竹竿做标高桩，在桩上把每层的标高定好（图 2-10a），不同层可用不同的颜色做标志，以便识别。另一种方法是分层放线，分层设置标高桩，适用于 5m 以上较高的山体的堆砌，具体立桩方法如图 2-10b 所示。

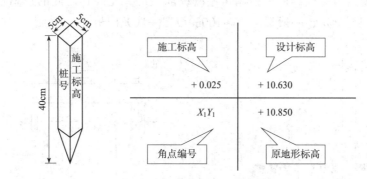

图 2-8　木桩与施工桩标示

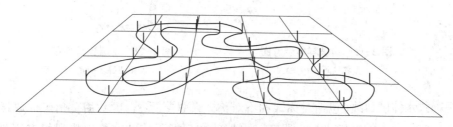

图 2-9　山体放线示意图（孟兆祯等，1996）

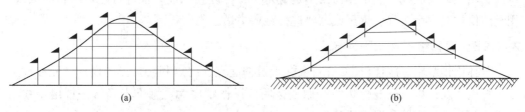

图 2-10　山体立桩示意图（孟兆祯等，1996）

2.2.3.2　水体工程放样

本次施工的水体有自然式的溪流，也有规则式的水池，具体放线方法如下：

自然式水体的放线和山体的放线基本相同，但由于水体的挖深基本一致，而且池底常年隐没在水下，所以放线可以粗放些。水体底部应尽可能平整，不留土墩。如果水体栽植水生植物，还要考虑所栽植物的适宜深度。驳岸线和岸坡的定点放线应十分准确，这不仅因为它是水上部分，与造景有关，而且还与水体坡岸的稳定有很大关系。为了施工的精确，可以用边坡样板来控制边坡坡度（图 2-11）。在施工中，图上标注坡度一般采用边坡系数 m 或 n，坡度系数为 i，如果 $m=1$，说明坡角为 $45°$。施工时各桩点不要破坏,可留出土台,待水体开挖接近完成时,再将土台挖掉。

沟渠的放线主要是通过龙门板的设置来实现的。在开沟挖槽施工时,木桩常容易被移动甚至被破坏,影响校核工作,实际工作中常使用龙门板来进行控制。龙门板构造简单,使用方便(图2-12)。板上标志沟渠中心线的位置、沟上口、沟底的宽度等,另外,板上还要设坡度板,用以控制沟渠的纵向坡度。龙门板之间的距离根据沟渠纵向坡度的变化情况而定,一般每隔30~100m设置一块龙门板。

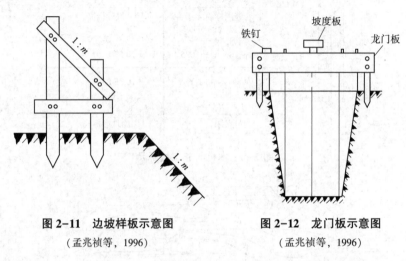

图2-11 边坡样板示意图　　　　图2-12 龙门板示意图
（孟兆祯等,1996）　　　　　　　（孟兆祯等,1996）

规则式水体的放线(包括对称式和不对称式两种类型),可利用直角坐标放线,在图上量出施工角点的纵横坐标、距离,再据此在现场对应的方格内找到相应位置。也可以利用经纬仪放线。当水体内角不是直角时,可以利用经纬仪进行此种形状的放线,用经纬仪放线需用皮尺、钢尺或测绳进行距离丈量。

2.2.3.3　园林给排水工程放样

园林给排水施工放样(图2-13)根据管道的起点、终点和转折点的设计,先在地上放出管道中线,再放出开挖边线并撒灰标明,操作顺序为:基准点确认→放出中线与边线并打桩→检查井位置放样。

中线平面测量:严格按设计部门和建设部门给定的桩位,用方格网法(也可用经纬仪)放出管线中线,控制好起点、止点、平面折点和纵面折点,主点点位误差在50mm以内。确定检查井、雨水井等施工位置。

高程测量:该工程的管道埋设,根据给排水施工结构设计图规定埋深进行开挖和铺设,由于施工区域平面高程起伏不一,因此,以埋深进行高程控制。

2.2.3.4　园林照明系统安装放样

园林照明系统安装放样,根据施工图纸结合施工现场进行测量定位,如有偏差作适当调整,测量定位应按照设计要求并考虑美观,尽量与周围环境相协调。放样施工

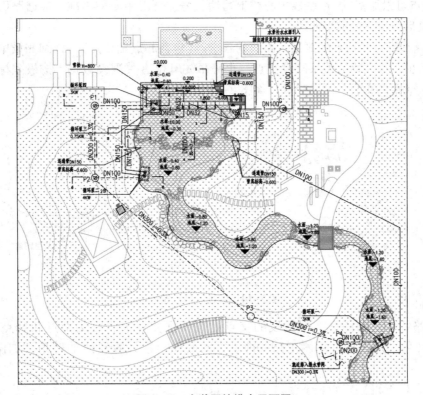

图 2-13 小游园给排水平面图

时，按照"点、线、面"的顺序进行放样，首先应确定灯具，控制开关的平面位置与高程，再确定电缆线路的走向，完成施工放线。

施工放线要注意几点：一是线路走向要预先测定；二是控制箱要选好安装位置；三是灯杆安装点要适当加大挖土面积（一般此处要现浇素混凝土）。

2.2.3.5 园路工程放样

本次施工的园路平面线形有规则式广场、规则式园路和自然式园路，具体放线方法如下：

平面线形是规则式（直线、圆弧曲线）的，可用坐标法和交会法进行放样，主要内容包括：选线、中线测量、纵断面水测量、横断面测量等。

平面线形是自然式（自由曲线）的，则可用方格网法进行放样，结合目测把曲线尽可能标定圆滑一些。

园路施工放样可分为路基施工放样和路面施工放样，主要有以下四项测量工作：

（1）园路平面中线测设

规则式园路定位比较简单，通过定点、定线的方法即可确定。直线按路面设计的中线，每隔20~50m放一中心桩，在弯道的圆弧曲线上在曲头、曲中和曲尾各放一中心桩(桩点可以加密),并在各中心桩上写明桩号,再以中心桩为准,根据路面宽度定边桩,最后放出路面的平曲线。

① 路线交点和转点的测量　路线的各交点(包括起点和终点)是详细测设中线的控制点,可根据与地物的关系测设交点,也可事先算出有关测设数据,按极坐标法、角度交会法或距离交会法测设交点。如图 2-14 所示。

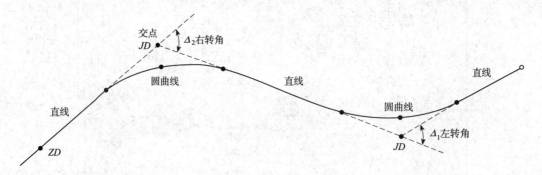

图 2-14　中线测量示意图

② 路线转角的测量　在路线的交点处应根据交点前、后的交点和转点,测定路线的转角,通常通过用测定路线前进方向的偏角来计算路线的转角,如图 2-15 所示。

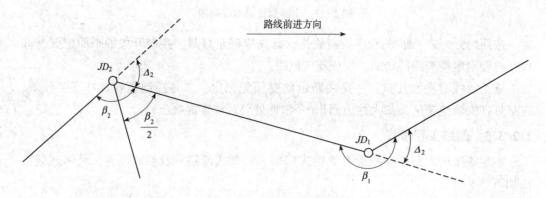

图 2-15　路线转角的定义

自然式园路定位和自然山体的放线基本相同。需要结合方格网,再通过定点、定线来确定道路的中线。

(2) 施工控制桩的测设

① 平行线法　如图 2-16 所示,平行线法是在路基以下测设两排平行于中线的施工控制桩,该方法多用于地势平坦、直线段较长的道路。

② 延长线法　如图 2-17 所示,延长线法是在道路转折的中线延长线以及曲线中点(QZ)至交点(JD)的延长线上打施工控制桩。

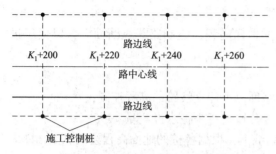

图 2-16 平行线法定施工控制桩图

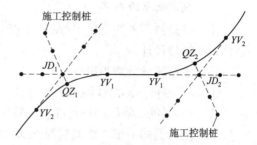

图 2-17 延长线法定施工控制桩

(3) 路基边桩的测设

① 图解法 在勘测设计时，地面横断面图及路基设计断面都已绘制在毫米方格纸上，所以当填挖不大时，路基边桩的位置可采用简便的方法求得，即直接在横断面图上量取中桩至边桩的距离，然后在实地用皮尺测设其位置。

② 解析法 通过计算求出路基中桩至边桩的距离。

平坦地段路基边桩的测设，如图 2-18 所示，倾斜地段路基边桩的测设，如图 2-19 所示。

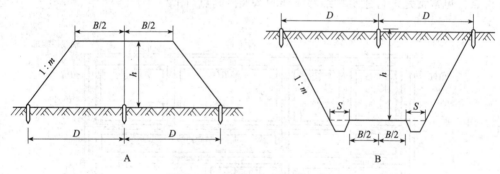

图 2-18 平坦地段路基边桩测设
A. 路堤　B. 路堑

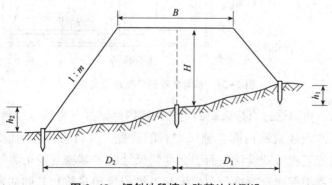

图 2-19 倾斜地段填方路基边桩测设

(4) 纵断面水准测量

其任务是测定中线上各里程桩(中桩)的地面高程,绘制路线纵断面图,以便于进行路线的纵坡设计。

路线水准测量分两步进行:

① 基平测量 即沿线路方向设置若干水准点,建立线路的高程控制;

② 中平测量 即根据各水准点的高程,分段进行中桩水准测量。

然后把所测的中桩、地面高程点画在图纸上,根据各桩的地面高程绘制纵断面图。

(5) 横断面水准测量

横断面测量的主要任务是在各中桩处测定垂直于道路中线方向的地面起伏,为绘制横断面图提供数据。

2.2.3.6 园林建筑物施工放样

园林建筑小品主要有景亭、花架、花坛、景墙等,具体放线方法如下:

(1) 平面定位方法

把设计图上园林建筑物外轮廓墙轴线的交点(又称为角点)标定在实地上的工作,称为建筑物定位测量。外轮廓墙轴线的交点,不仅是确定建筑物形状、位置和朝向的关键点,也常常是进行建筑物细部放样的基准控制点(图2-20)。

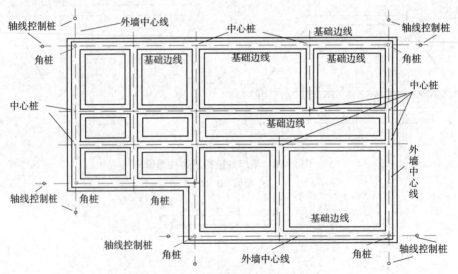

图2-20 某园林建筑各轴线及角点

角点钉桩后,可以通过直接量距确定建筑物内部轴线与外墙轴线的交点,并钉桩。另外,还要详细测设建筑物内部各轴线交点的位置,并钉桩,这些桩均称为中心桩。再根据各桩点的位置和基础设计平面图标注的尺寸确定基槽开挖边界线。桩钉各中心桩一般是在建筑物细部测设时进行。根据交点桩位置和建筑物基础的宽度、深度及边坡,用白灰撒在基槽开挖边界线。

由于在基槽开挖的过程中,各角桩将被破坏,所以一般都把轴线延长到安全地点钉桩,这种桩称轴线控制桩。在建筑物定位测量时,有时在基槽外设置测设龙门桩、龙门板。轴线控制桩和龙门板都是为以后恢复各轴线的位置和建筑物细部测设提供依据。

通常在园林工程施工中,施工场地可能已存在某个建筑物,此时待测设园林建筑物与已有建筑物存在一定几何关系;或待建的新建筑物与已有交通道路的中心线存在一定几何关系;或建筑区内有建筑红线;或附近有测图控制点。这些都是建筑物定位的依据。

① 根据建筑红线定位 在城镇建设中,规划部门批给建设单位的建筑用地的边界,称为建筑红线。建筑红线一般与道路中心线平行。

如图 2-21 所示的 Ⅰ、Ⅱ、Ⅲ 三点的坐标是已知的(可以是方格网),本次新建筑物(亭子、花架)角点的坐标和建筑物长、宽可从总平面图上查得。

测设方法实质上是直角坐标法,其步骤如下:

桩钉辅助点 m:由 Ⅱ 点与 m 点的坐标差,可求得 Ⅱm 的距离。然后在 Ⅱ 点安置仪器,瞄准 Ⅰ 点,在视线方向上量 Ⅱm 的距离,即得 m 点。

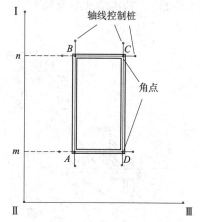

图 2-21　根据建筑红线定位
(陈学平,2007)

测设角点桩 A、D 及其轴线控制桩:在 m 点安置仪器,瞄准Ⅰ点测设 90°角,沿视线方向量 mA 即得角点 A,继续量建筑物宽 AD,便得角点 D。为了便于以后施工恢复角点,应接着测设轴线控制桩,一般要求离角点 2~4m 处打大木桩。当盘左测设点位后,应用盘右再设一次,最后取正倒镜的平均位置。

测设角点桩 B、C 及其轴线控制桩:在 m 站仪器瞄准 Ⅰ 点,由 m 点量建筑物长 AB 得 n 点。然后将仪器搬到 n 点,以较远的 Ⅱ 点定向,仪器反拨 90°角,标定角点 B、C,并同时测设其轴线控制桩,方法同上。

检核仪器安置在角点,测量建筑物 4 个角是否为 90°。容许误差视建筑物的等级而异,一般为 30″~60″,实量边长 CD 与设计边长之差,容许相对误差为 1/3000~1/2000。

② 根据道路中心线定位 如图 2-22 所示,两条道路相互垂直,园中的一种植池为矩形,其边分别与道路中心线平行。间

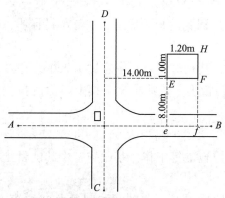

图 2-22　根据道路中心线定位雕塑底座
(陈学平,2007)

距分别为 14.00m 和 8.00m。实施步骤如下：
- 计算测设数据。
- 绘制测设详图。
- 测设：确定道路中心线及交点 O；测设垂足 e；桩钉角桩 E、G 及其轴线控制桩；桩钉角桩 F、H 及其轴线控制桩；检验复测。

③ 根据控制点进行定位 可用直角坐标法、极坐标法、角度交会法和距离交会法等。

④ 设置龙门板 在园林建筑中，常在基槽开挖线外一定距离处钉设龙门板（图 2-23），其步骤和要求如下：

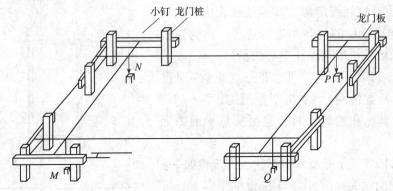

图 2-23 龙门桩与龙门板示意图

- 在建筑物四角与内纵、横墙两端基槽开挖边线以外 1~1.5m（根据土质情况和挖槽深度确定）处钉设龙门桩，龙门桩要钉得竖直、牢固，木桩侧面与基槽平行。
- 根据场地内水准点，在每个龙门桩上测设±0 标高线。若遇现场条件不许可时，也可测设比±0 高或低一定数值的线。但同一建筑物最好只选用一个标高。如地形起伏选用两个标高，一定要标注清楚，以免使用时发生错误。
- 沿龙门桩上测设的高程线钉设龙门板，这样龙门板顶面的标高就在一个水平面上了。龙门板标高的测定允许偏差为±5mm。
- 根据轴线桩，用经纬仪将墙、柱的轴线投到龙门板顶面上，并钉小钉标明，称为轴线钉。投点允许偏差为±5mm。
- 用钢尺沿龙门板顶面检查轴线钉的间距，其相对误差不应超过 1/2000。检核合格后，以轴线钉为准，将墙宽、基槽宽标在龙门板上，最后根据基槽上口宽度拉线撒出基槽开挖灰线。

（2）构筑物基础施工放样

轴线控制桩测设完成后，即可进行基槽开挖施工等工作，基础施工中的测量工作主要有两个方面。

① 基槽开挖深度的控制 在进行基槽开挖施工时，应随时控制主要开挖深度。在将要挖到槽底设计标高时，要用水准仪在槽壁测设一些距离沟槽底部设计标高为

某一整数的水平桩(图2-24),用以控制挖槽深度。水平桩高程测设的允许误差为±10mm。考虑施工方便,一般在槽壁每隔3~4m处设一个水平桩,必要时,可沿水平桩的上表面拉线,作为清理槽底和打基础垫层时掌握标高的依据。

② 在垫层上投测墙体中心线 在基础垫层做好后,根据龙门板上的轴线钉

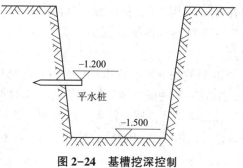

图2-24 基槽挖深控制

或轴线控制桩,用经纬仪或拉绳挂垂球的方法,把轴线投测到垫层上,并标出墙中心线和基础边线作为砌筑基础的依据。

2.2.3.7 园林植物种植施工放样

本次施工的园林种植工程有规则式配置和自然式配置。一般说来,种植放线不必像园林建筑或园路施工那样准确。但是,当种植设计要满足一些活动空间尺寸、控制或引导视线的需求,或者所种植的树木作为独立景观,以及树木为规则式种植时,树木的间距、平面位置以及树木间的相互位置关系都应尽可能准确地标定。放线时首先应选定一些点或线作为依据,如图上的建筑、构筑物、道路或地面上的导线点等,然后将种植平面上的网格或偏距放样到地面上,并依次确定乔灌木的种植穴中心位置、坑径以及草木、地被物的种植范围线。

(1) 规则式种植点放线

道路两侧的行道树,要求栽植的位置准确、株距相等。一般是按道路设计断面定点。在有路牙道路上,以路牙为依据进行定植点放线。无路牙的则应找出道路中线,并以此为定点的依据用皮尺定出行距,大约每10株钉一木桩,作为控制标记,每10株与路另一边的10株——对应(应校核),最后用白灰标定出每个单株的位置。

若树木栽植为一弧线,如街道曲线转弯处的行道树,放线时可从弧的开始到末尾以路牙或中心线为准,每隔一定距离分别画出与路牙垂直的直线,在此直线上,按设计要求的树与路牙的距离定点,把这些点连接起来就成为与道路弧度近似的弧线,于此线上再按株距要求定出各点来。

(2) 自然式配置种植点放线

① 网格法(坐标定点法) 适用于面积大、地势平坦的绿地,其做法是根据植物配置的疏密度先按一定比例相应地在设计图及现场画出方格,定点时先在设计图上量好树木对方格的坐标距离,在现场按相应的方格找出定植点或树木范围线的位置,钉上木桩或撒上白灰线标明。

② 支距法与距离交会法 使用工具主要是皮尺与标杆。一般对于在草坪上或山坡上种植一棵树,根据树木中心点至道路中线或路牙线(通常道路定位先于树木种植)的

垂直距离，用皮尺丈量放线。丛植型种植(几种乔灌木配植在一起)时，用支距法或距离交会法测设出种植范围的边界，或先定出主树位置，然后再用尺量定出其他树种位置。

③目测法　对于树木种植位置点位精度要求较低，或设计图上无固定点的绿化种植，如图2-25的灌木丛、树群等，可用目测法，估划出树群树丛的栽植范围，定点时应注意植株相互位置，注重自然美观。定好点后，多采用白灰打点或打桩，标明树种、栽植数量(灌木丛、树群)、坑径。

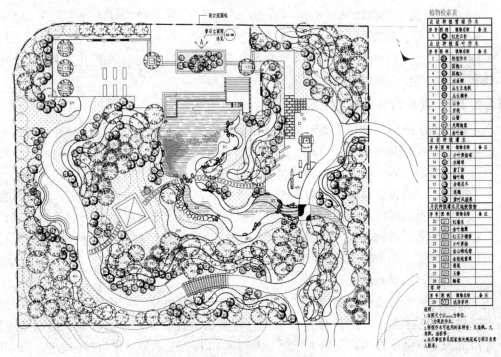

图 2-25　某小游园植物种植施工图

也可使用使用经纬仪、全站仪或平板仪极坐标定点(参照园林建筑施工仪器放样法)。

(3) 模纹图案放样

用方格网法放样，操作同地形放样；图案关键点应用木桩标记，同时，模纹线要用铁锹、木棍划出线痕，然后再撒上灰线。精细的模纹图案也可以用铁丝制作完成图案直接放在地面上。

2.2.4　施工放样常见问题

园林现场施工放样要严格按照施工图纸、《工程测量规范》(GB 50026—2016)和审定的施工方案来进行。为使施工充分表达设计意图，测量时应尽量精确。同时也要兼顾现场情况的变化，设计师追求的意念，注意其他工程、工序交叉施工带来的影响，要避免以下几种问题的出现。

2.2.4.1 施工测量管理制度问题

(1) 测量方案和技术过程检查缺失

在项目放线前的时候,先要认真做好技术方案,严格对技术方案进行审定,采取严格的放样质量检测措施,大大降低出现问题的概率。

(2) 测量过程中的监控力度不够

不按分项工程施工的先后顺序放样,导致放好的线受到施工的破坏。仪器未校正,造成放样误差较大,甚至错误。施工中可能遇到一些复杂的情况较难处理,必须在这些部位进行多次测量,而且要认真检查。

(3) 测量人员在放样过程中细节控制不足

施工图纸阅读不全面,现场参照点和图纸给定参照点不是一一对应等,从细节角度出发,减少测量放样中的误差,加强工作效率。例如,误差大小和视距长度是比例关系,要减少误差,在观测时可利用中间法和距离补偿法。

(4) 在恶劣环境条件下操作放样

在测量放样过程中,要避免在大风环境中采用拉线确定轴线的方法,在大风环境进行拉线定位,很容易导致轴线出现重大偏差。要尽量在无风的环境下采用仪器进行整体轴网的测绘。

2.2.4.2 土建放样常见问题

(1) 台阶式、坟堆式地形

由于对等高线领会不透,常常在放样过程中造成地形辐射不够,形成台阶式、坟堆式地形,缺乏流畅感,严重的则造成排水不畅。因此,在放样过程中一定要注意地形外缘过渡部分自然。

(2) 地形和绿化种植脱离

地形和绿化种植应该是相辅相成的,造成这种情况的原因有时是设计图的改变,有时由于某些原因需要临时增减一些苗木或基础设施,这时如何最大限度地保留原作品中的面貌,施工人员的放样就显得特别重要。

(3) 构造物的放样先后顺序处理

施工时先放主轴线,这样再放墙柱线时要容易很多。主要是对墙柱等细部位置的校正,因为细节往往会出现小错误。

(4) 设计和现场情况脱离

这种情况较少发生,但有时除了请设计师到场外,如果差异不是很大,施工人员也可进行局部调整。

2.2.4.3 种植放样中的常见问题

(1) 种植地块走样

造成这种情况的主要原因是施工图理解不够。特别是在一些自然式种植时,常常做成排大蒜式、列兵式,给种植效果打了很大的折扣。对于一些景点及景观带的放样,应根据树形及造景需要,确定每棵树的具体位置。

(2) 苗木数量配置不当

这主要是受施工图的约束。有时临时改变了苗木的规格,或者立地体量发生了变化,现场应该及时调整,而不能单纯堆砌,做成苗圃式、森林式地块。

(3) 竖向高程考虑欠缺

在花坛、花境的施工中,乔灌木地块的地形应当比草皮地块地形稍高。因为草皮有一定的厚度,在铺了草皮以后,在高差上乔灌木和草皮就有机结合起来了;反之,视觉上容易造成一高一低的假象,也影响了乔灌木的排水。

此外,施工测量责任重大,稍有差错,就会酿成工程事故,造成损失,因此,必须加强外业和内业的检核工作。

任务 2.3 园林工程施工放样质量检测

园林工程施工放样测量工作的基本要求是按照测量规范,在合理的天气条件下,遵守"先整体后局部"和"高精度控制低精度"的工作程序。要有严格的校核制度,建立一切定位放线工作要自检、互检合格后,方可申请项目部验收的工作制度。

2.3.1 园林工程施工放样质量检测方法

(1) 测量仪器与钢尺必须按计量法规定进行检定和检校

《中华人民共和国计量法实施细则》第二十五条规定:"任何单位和个人不准在工作岗位上使用无检定合格印证或者超过检定周期以及经检定不合格的计量器具。"例如,经纬仪、水准标尺的检定周期为一年,如 DJ_6 型经纬仪的 $2C \leqslant 16''$,数值度盘指标差 $i \leqslant 15''$;水准仪,全站仪,钢卷尺的检定周期最长不超过一年,如 DS_3 级水准仪视准轴不水平的误差 $i \leqslant 12''$;钢卷尺也应送法定专业机构检定。

(2) 验线工作要从审核施工测量方案开始

在施工的各主要阶段前,均应对施工测量工作提出预防性的要求,以防患于未然。

(3) 验线的依据应原始,正确有效

主要是设计图纸变更洽商与定位依据定位(如红线桩、水准点等),其数据(如坐标、高程等)要原始,最后定案有效并正确的资料。因为这些都是施工测量的基本依据,若其中有误,在测量放线中是很难发现的,一旦使用,后果不堪设想。

(4) 验收检测的方法

针对不同的工程可以有不同的检测方法,具体检测方法和放样方法相同。

(5) 园林建筑细部线检验

① 细部线的检验方法 施工测量验线的主要任务是对正测设于实地的建筑物细的正确值及精度进行检测的工作。

细部线的验线依据首先是图纸，依此检查施工层的线是否按图施工，根据主轴线由钢尺拉通尺检查各轴线及墙等边线尺寸，误差是否在允许值之内，细部轴线位置是否正确或用经纬仪进行转90°角校测，也可用钢尺拉对角线校核。竖向标高的检验方法是从起始高程向施工层传递三处标高点，较差在3mm之内算合格，每层的标高相对误差应在±3mm之内。

② 实物线的放法与检验方法　首先校核定位依据桩，熟悉校核图纸，根据定位坐标或定位条件，采用极坐标方法进行相关数据的计算，采用一定的观测方法、观测顺序检验各建筑物的角点（或控制点）。

检验方法：
- 验定位依据桩位置是否正确，有无碰动；
- 验定位条件几何尺寸；
- 验建筑物控制网与控制桩的点位是否准确，桩是否牢固；
- 验建筑物外廓轴线间距或主要轴线间距；
- 施工方自检定位验线合格后，填写"施工测量放线报验单"，提请监理单位验线。

注意：定位检验线时，应特别注意检验定位依据与定位条件，而不能只检验建筑物的自身几何尺寸。

2.3.2　园林工程施工放样质量检测标准

测量验收人员应提前熟悉施工图纸和现场各种高程坐标、控制点及精密导线网点、精密水准点、平面方格网点，仔细检查审核施工放线依据。为保证测量精度，除熟悉图纸，采用合理的测量步骤外，还要选用比较精确的经纬仪、水平仪、铅垂仪等仪器设备进行测量放线验收。

2.3.2.1　验线的精度应符合规范要求

① 仪器的精度应适应验线要求，有检定合格证并校正完好；
② 必须按规程作业，观察误差必须小于限差，观测中的系统误差应采取措施进行改正；
③ 验线成果应先进行附合（或闭合）校核。

2.3.2.2　验线工作要求

验线工作必须独立，尽量与放线工作不相关。
① 观测人员即放线人与验线人应不是同一人；
② 验线所使用的仪器精度不低于放线所用的精度；
③ 验线人员的观测方法及观测路线与放线人员不同。

2.3.2.3　验线部位

验线部位应为关键环节与最弱部位，主要包括：定位依据桩及定位条件；场区平面控制网，主轴线及控制桩（引桩）；场区高程控制网，原始水准点，引测标高点和±0.000高程线；控制网及定位放线中的最弱部位。

2.3.2.4 验线方法及误差处理

（1）场区平整控制网与建筑物定位

应在平差计算中评定其最弱部位的精度，并实地验测。精度不符合要求时应重测。例如，三级建筑物平面控制网的测角误差±24″，边长相对中误差1/8000。

（2）细部测量

可用不低于原测量放线的精度进行验测。验线成果与原放线成果之间的误差应按以下原则处理：

① 两者之差若小于1/2限差，对放线工作评为优良；

② 两者之差略小于或等于1/2限差，对放线工作评为合格；

③ 两者之差超过2限差时，原则上不予验收，尤其是要害部位；若是次要部位可令其局部返工。

思考与练习

1. 施工场地放样前需要做哪些准备工作？
2. 简述常用的施工放样方法。
3. 全站仪放样和经纬仪放样的区别是什么？
4. 山体放线的两种方法是什么？
5. 施工放样容易产生误差的原因是什么？
6. 简述施工放样的基本概念。
7. 简述方格网法放样的施工流程。
8. 园林工程高程测量的主要内容是什么？
9. 常见的场地平面控制网有几种类型？其布置原则是什么？
10. 建筑物定位一般有几种基本方法？
11. 放样测量工作的主要任务是什么？

项目 3　园林土方工程施工

技能点

1. 能阅读土方施工图纸,了解设计目的及其所要达到的施工效果,明确施工要求。
2. 能根据土方施工图纸,进行小游园土方量计算和土方的调配;
3. 能制定园林土方施工流程,按技术要求进行中、小型园林工程土方施工。
4. 能按照相关的规范操作,进行土方工程施工质量检测和验收。

知识点

1. 熟悉土壤的工程性质与土方施工的关系。
2. 了解园林工程施工质量标准及相关的验收规范。
3. 掌握土方工程量计算方法与简单的土方调配处理。
4. 掌握土方施工的流程和各阶段施工的内容与要求。
5. 掌握土方施工机械的使用及安全施工的基本知识。

工作环境

园林工程实训基地。

任务3.1　认识园林土方工程施工

"大凡园筑,必先动土。"土方工程是园林施工的先行工程,也是基础工程。它完成的速度和质量,直接影响着后续工程的速度和质量,因此,土方工程与整个园林工程建设的进度关系密切。山水是中国园林的骨架,动土范围很广,或场地平整,或凿水筑山,或挖沟埋管,或开槽铺路,或修建景观建筑和构筑物等。土方工程和整地工程是造园工程中的主要工程项目,特别是大规模的挖湖堆山、整理地形的工程。这些项目工期长，工程量大，投资大且艺术要求高，施工质量的好坏直接影响景观质量和以后的日常维护管理。为了使整个工程能够多快好省地完成，必须做好与土方工程相关的工作。了解园林地形塑造的基本原理，土方工程量计算的各种方法，熟悉土方施工的程序和各阶段施工的内容与要求，掌握与土方施工相关的土的工程、力学性质。

总的来说，在园林建设中的土方工程包括挖湖、堆山和各类建筑、构筑物的基坑、基槽和管沟的开挖。将这些工程项目再划分，则各单项工程又可以包括如图3-1所示的分项工程。

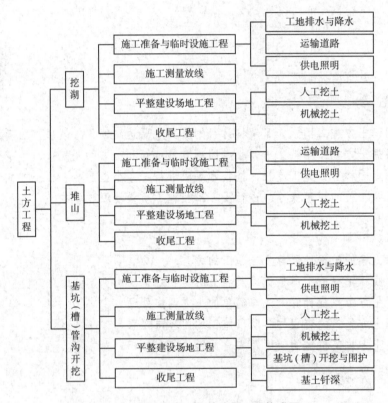

图3-1 园林土方工程的分项工程构成图

本任务主要阐述土方工程的基本施工内容，此项工程也是其他各类单项、分项工程中都包含在内的工程内容。了解相应的施工工艺的基本程序，熟悉相应的施工要点。

3.1.1 土方施工的基础知识

在土方施工中，对土的性质及分类方法与农业土壤、工业用土不同，它以反映土壤的承载力、土壤变形、水的渗透性及其对构筑物的影响为标准。

3.1.1.1 土的分类与现场鉴别

土壤一般由固相（土颗粒）、液相（水）和气相（空气）三部分组成，三部分的比例关系反映出土壤的不同物理状态，如干燥或湿润，密实或松散等。土壤这些指标对于评价土壤的物理力学和工程性质，进行土壤的工程分类具有重要意义。土的分类方法有许多，在野外选址施工时常常需要对土壤进行野外鉴别，其鉴别方法可见表3-1和表3-2所列。

表3-1 碎石土、砂土现场鉴别方法（梁伊任，2000）

类别	土的名称	颗粒粗细	干燥时的状态及强度	湿润时用手拍击状态	黏着程度
砂土	粉砂	大部分颗粒大小与米粒近似	颗粒少部分分散，大部分胶结，稍加压力可分散	表面有显著的翻浆现象	有轻微黏着感受
	细砂	大部分颗粒与粗豆米粒（>0.074mm）近似	颗粒大部分分散，少量胶结，部分稍加碰撞即散	表面有水印（翻浆）	偶有轻微黏着感受
	中砂	一半以上的颗粒超过0.25mm（白菜子粒大小）	颗粒基本分散，局部胶结，但一碰即散	表面偶有水印	无黏着感受
	粗砂	一半以上的颗粒超过0.5mm（细小米粒大小）	颗粒完全分散，但有个别胶结在一起	表面无变化	无黏着感受
	砾砂	1/4以上的颗粒超过2mm（小高粱米粒大小）	颗粒完全分散	表面无变化	无黏着感受
碎石土	圆（角）砾	一半以上的颗粒超过2mm（小高粱米粒大小）	颗粒完全分散	表面无变化	无黏着感受
	卵（碎）石	一半以上的颗粒超过20mm	颗粒完全分散	无变化	无黏着感受

表3-2 黏性土的现场鉴别方法（梁伊任，2000）

土的名称	土的状态		湿润时用手捻摸时的感觉	湿润时用刀切时的状态	湿土捻条情况
	干土	湿土			
砂土	松散	不能黏着物体	无黏滞感，感觉到全是砂粒，粗糙	无光滑面，切面粗糙	无塑性，不能搓成土条
粉土	土块用手捏或抛扔时易碎	不易黏着物体，干燥后一碰就掉	有轻微黏滞感或无黏滞感，感觉到砂粒较多，粗糙	无光滑面，切面稍粗糙	塑性小，能搓成直径为2~3mm的短条
粉质黏土	土块用力可压碎	能黏着物体，干燥后较易剥去	稍有滑腻感，有黏滞感，感觉到有少量砂粒	稍有光滑面，切面平整	有塑性，能搓成直径为2~3mm的土条
黏土	土块坚硬，用锤才能敲碎	易黏着物体，干燥后不易剥去	有滑腻感，感觉不到砂粒，水分较大，很黏手	切面光滑，有黏刀阻力	塑性大，能搓成直径小于0.9mm的长条（长度不短于手掌），手持一端不易断裂

在施工管理中，常按土石坚硬程度和开挖方法及使用工具进行分类，将土类分为松软土、普通土、坚土、沙砾坚土、软石、次坚石、坚石和特坚石八类。前四类习惯上称为一般土，后四类属于岩石，具体的分类标准与现场鉴别方法见表3-3所列。这种分类既便于施工时选择适合的施工方法和施工工具，同时又可供计算劳动力、确定工作量及工程取费之用。

表3-3 土的工程分类与现场鉴别方法

土的分类	土的名称	开挖方法及工具
一类土（松软土）	砂；粉土；冲积砂土层；种植土；泥炭（淤泥）	能用锹、锄头挖掘
二类土（普通土）	粉质黏土；潮湿的黄土；夹有碎石、卵石的砂；种植土；填筑土及粉土混卵（碎）石	用锹、条锄挖掘，少许用镐翻松
三类土（坚土）	中等密实黏土；重粉质黏土；粗砾石；干黄土及含碎石、卵石的黄土、粉质黏土；压实的填筑土	主要用镐、少许用锹、条锄挖掘
四类土（沙砾坚土）	坚硬密实黏性土及含碎石、卵石的黏土；粗卵石；密实的黄土；天然级配砂石；软泥灰岩及蛋白石	整个用镐、条锄挖掘，少许用撬棍挖掘
五类土（软石）	硬质黏土；中等密实的页岩、泥灰岩、白垩土；胶结不紧的砾岩；软的石灰岩	用镐或撬棍、大锤挖掘，部分用爆破方法
六类土（次坚石）	泥岩；砂岩；砾岩；坚实的页岩、泥灰岩；密实的石灰岩；风化花岗岩、片麻岩	用爆破方法开挖，部分用风镐
七类土（坚石）	大理岩；辉绿岩；玢岩；粗、中粒花岗岩；坚实的白云岩、砂岩、砾岩、片麻岩、石灰岩；微风化的安山岩石、玄武岩	用爆破方法开挖
八类土（特坚石）	安山岩；玄武岩；花岗片麻岩；坚实的细粒花岗岩、闪长岩、石英岩、辉长岩、辉绿岩、玢岩	用爆破方法开挖

土的开挖难易程度直接影响土方的施工工艺方案、劳动量的消耗和工程费用。土越硬越难开挖，劳动量的消耗越多，工程成本越高；土的软硬情况不一样，采用的施工方法也就不同。例如，松软土与普通土，一般能用铁锹直接开挖或用推土机、挖土机等作业施工；坚土与沙砾坚土主要用镐与撬棍或机械作业施工；岩石则应采用爆破法施工。

3.1.1.2 土壤的工程性质及工程分类

土壤的工程性质对土方工程的稳定性、施工方法、工程量及工程投资有很大关系，也涉及工程设计、施工技术和施工组织的安排。因此，对土壤的这些性质要进行研究并掌握它，以下是土壤的几种主要的工程性质：

（1）土壤的容重

土壤容重指单位体积内天然状况下的土壤重量，单位为kg/m^3。土壤容重的大小直接影响着施工的难易程度，容重越大越难挖掘，在土方施工中常把土壤分为松土、半坚土、坚土三个类别，所以施工中选择施工工具，确定施工技术和劳动定额需根据具体的土壤类别来制定。三个类别土的顺序基本上是按照土壤容重由小到大排列的，具体土壤容重参见表3-4所列。

表3-4 土的工程分类

类别	级别	编号	土壤名称	天然含水量状态下土壤的平均容重（kg/m³）	开挖方法工具
松土	I	1	砂	1500	用铁锹挖掘
		2	植物性土壤	1200	
		3	壤土	1600	
半坚土	II	1	黄土类土	1600	用锹、镐挖掘，局部采用撬棍开挖
		2	1500mm以内的中小砾石	1700	
		3	砂质黏土	1650	
		4	混有碎黏土石与卵石的腐殖土	1750	
	III	1	稀软黏土	1800	
		2	15~50mm的碎石及卵石	1750	
		3	干黄土	1800	
坚土	IV	1	重质黏土	1950	用锹、镐、撬棍、凿子、铁锤等开挖，或用爆破方法开挖
		2	含有50kg以下石块的黏土块石所占体积<10%	2000	
		3	含有重10kg以下石块的粗卵石	1950	
	V	1	密实黄土	1800	
		2	软泥灰岩	1900	
		3	各种不坚实的页岩	2000	
		4	石膏	2200	
	VI		均为岩石类，省略	7200	爆破
	VII				

（2）土壤含水量

土壤的含水量是土壤孔隙中的水重和土壤颗粒重的比值，以百分数表示。

$$\omega = \frac{m_\omega}{m_s} \times 100\%$$

式中 m_ω——土中水的质量；

m_s——土中固体颗粒的质量。

一般土壤含水量在5%以内称为干土，在30%以内称为潮土，大于30%的称为湿土。土壤含水的多少对土方施工的难易有直接的影响，还影响到土壤的稳定性。土壤含水量过小，土质过于坚实，不易挖掘；含水量过大，土壤易泥泞，土壤稳定性降低，易造成橡皮土，也不利于施工，尤其不适宜做回填土。这两种情况都会降低人工或机械施工的功效。

为保证土壤压实质量,土壤应具有最佳的含水量,碾压(夯实)前可先做试验,以得到符合各种密实度要求的最优含水量。土壤含水量测定方法是把土样称量后放入烘箱内进行烘干(100~105℃),直至重量不再减少为止。第一次称量为含水状态土的质量,第二次称量为烘干后土的质量 m_s,利用公式可计算出土的天然含水量。

土壤含水量一般也可用一些工程经验,以手握成团、落地开花为宜,土的最佳含水量数值的确定见表3-5所列。

表3-5 土的最佳含水量和最大干密度参考表

序号	土壤名称	变动范围	
		最佳含水量(质量分数,%)	最大干密度(kg/m³)
1	砂 土	8~12	$1.80×10^3 ~ 1.88×10^3$
2	黏 土	19~23	$1.58×10^3 ~ 1.70×10^3$
3	粉质黏土	12~15	$1.85×10^3 ~ 1.95×10^3$
4	粉 土	16~22	$1.61×10^3 ~ 1.80×10^3$

(3) 土壤的相对密实度(干密度)

用来表示土壤填筑后的密实程度。设计要求的密实度可以采用人力夯实或机械夯实。一般采用机械压实的密实度可达95%,人力夯实的密实度在87%左右。大面积填方如堆山等,通常不加夯压,而是借土壤的自重慢慢沉落,久而久之也可达到一定的密实度。

干密度工程意义在于填土压实时,土壤经过打夯,质量不变,体积变小,干密度增加,通过测定土壤的干密度,从而可判断土壤是否达到要求的密实度。

(4) 土壤的可松性

土壤的可松性指土壤经挖掘后,其原有紧密结构遭到破坏,土体松散而使体积增加的性质。这一性质与土方工程的挖土和填土量的计算以及运输等都有很大关系。

土壤可松性用可松性系数来表示,具体可由下面的公式表示:

最初可松性系数 K_p = 开挖后土壤的松散体积(V_2)/开挖前土壤的自然体积(V_1)

最后可松性系数 K'_p = 运至填方区夯实后土壤的松散体积(V_3)/开挖前土壤的自然体积(V_1);

体积增加的百分比与可松性系数的关系,可用下列公式表示:

$$最初体积增加的百分比 = (V_2-V_1)/V_1 × 100\%$$
$$= (K_p-1) × 100\%$$
$$最后体积增加的百分比 = (V_3-V_1)/V_1 × 100\%$$
$$= (K'_p-1) × 100\%$$

各种土壤体积增加的百分比及其可松性系数见表3-6所列。

表 3-6　各级土壤的可松性系数

土的类别	最初可松性系数 K_p	最终可松性系数 K'_p
第一类(松软土)	1.08~1.17	1.01~1.04
第二类(普通土)	1.14~1.28	1.02~1.05
第三类(坚土)	1.24~1.30	1.04~1.07
第四类(砾砂坚土)	1.26~1.37	1.06~1.09
第五类(软石)	1.30~1.45	1.10~1.20
第六类(次坚石)	1.30~1.45	1.10~1.20
第七类(坚石)	1.30~1.45	1.10~1.20
第八类(特坚石)	1.45~1.50	1.20~1.30

由上表可知，一般情况下，土壤容重越大，土质越坚硬密实，则开挖后体积增加越多，可松性系数越大，对土方平衡和土方施工的影响也就越大。

(5) 土壤的自然倾斜角（安息角）

土壤自然堆积，经沉落稳定后的表面与地平面所形成的夹角，就是土壤的自然倾斜角，通常以 α 表示（图 3-2）。即：

$$边坡坡度 = h/L = \tan\alpha$$

式中　h——高；

　　　L——水平距离；

　　　α——坡度。

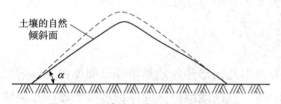

图 3-2　土壤的自然倾斜面与安息角

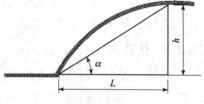

图 3-3　坡度图示

在工程设计时，为了使工程稳定，其边坡坡度数值应参考相应土壤的自然倾斜角的数值，土壤自然倾斜角还受到其含水量的影响，同一类土壤由于含水量不同其自然倾斜角也不同，见表 3-7 所列。

表 3-7　土壤的含水量与自然倾斜角

| 土壤名称 | 土壤含水量 | | | 土壤颗粒尺寸(mm) |
	干的	湿润的	潮湿的	
砾　石	40°	40°	35°	2~20
卵　石	35°	45°	25°	20~200
粗　砂	30°	32°	27°	1~2
中　砂	28°	35°	25°	0.50~1.00
细　砂	25°	30°	20°	0.05~0.05
黏　土	45°	35°	15°	<0.001~0.005
壤　土	50°	40°	30°	
腐殖土	40°	35°	25°	

在工程上经常以边坡坡度表示(图3-3),边坡坡度是指边坡的高度和水平间距的比,工程界习惯用 1∶M 表示,M 是坡度系数,1∶M=1∶L/h,坡度与坡度系数互为倒数。

土方工程不论是挖方或填方都要求有稳定的边坡。进行土方工程的设计或施工时,应该结合工程本身的要求(如填方或挖方,永久性或临时性)以及当地的具体条件(如土壤的种类及分层情况、压力情况等),使挖方或填方的坡度合乎技术规范的要求,如情况在规范之外,则须通过实地测试来决定。

3.1.2 土方工程量计算与平衡调配

土方工程量分为两类,一是施工场地平整土方量(一次土方工程量);二是建筑、构筑物基础、道路、管线工程挖沟槽的余方量(二次土方工程量)。土方量计算一般是根据附有原地形等高线的设计地形来进行的,通过计算,有时反过来又可以修订设计图中不合理之处,使图纸更加完善。另外,土方量计算所得资料又是基本建设投资预算和施工组织设计等项目的重要依据,所以土方量的计算在园林设计工作中是必不可少的。

土方量的计算工作,就其要求精确程度不同,可分为估算和计算。在规划阶段,土方量的计算无需过分精细,只做估算即可。而在详细规划阶段作施工图时,土方工程量则要求比较精确,需要计算。计算土方体积的方法很多,常用的大致可归纳为三类:估算法、断面法、方格网法。

3.1.2.1 估算法

在建园过程中,经常会碰到一些类似基本几何形体的地形单体,如类似锥体的山丘(图3-4a)、类似棱台的池塘(图3-4b)等。这些地形单体的体积可用相近的几何体体积公式计算,表2-8列出了常用的公式。此法简便,但精度较差,多用于规划阶段的估算。

图3-4 套用近似规则图形计算土方量的山体及水体

表 3-8 各种几何体体积计算公式

序号	几何体名称	几何体形状	求体积公式
1	圆锥		$V=\dfrac{1}{3}\pi r^2 h$
2	圆台		$V=\dfrac{1}{3}\pi h(r_1^2+r_1 r_2+r_2^2)$
3	棱锥		$V=\dfrac{1}{3}sh$
4	棱台		$V=\dfrac{1}{3}h(s_1+s_2+\sqrt{s_1 s_2})$
5	球缺		$V=\pi h^2\left(r-\dfrac{h}{3}\right)$

注：V 表示体积；r 表示半径；S 表示底面积；h 表示高；r_1、r_2 分别表示为上、下底半径；S_1，S_2 分别表示为上、下底面积。

3.1.2.2 断面法

断面法是以若干相互平行的截面将拟计算的土体分裂成若干"段"，分别计算这些"段"的体积，再将各段体积累加，即可求得该计算对象的总土方量。此方法适用于场地平整及带状地形单体的土方量计算。其计算公式如下：

$$V=(S_1+S_2)\times L/2$$

式中　S_1，S_2——断面面积（m^2）；
　　　L——相邻两断面间的距离（m）。

当 $S_1=S_2$ 时，则：
$$V=S\times L$$

此法的计算精度取决于截取断面的数量。多则精，少则粗。断面法根据其取断面的方向不同可分为垂直断面法、水平断面法(也称等高面法)及与水平面成一定角度的斜角断面法。以下主要介绍前两种方法。

(1) 垂直断面法

此法适用于带状土体(如带状山体、水体、沟、路堑、路槽等)的土方量计算，如图 3-5 所示。其基本计算公式虽然简便，但在 S_1 和 S_2 的面积相差较大或两断面之间的距离大于 50m 时，计算结果误差较大。遇此情况，可改用以下公式计算：

$$V=\frac{L}{6}(S_1+S_2+4S_0)$$

式中 S_0——中间断面面积。

S_0 的面积有以下两种求法：

① 用求棱台中截面面积公式来求：

$$S_0=\frac{1}{4}(S_1+S_2+2\sqrt{S_1S_2})$$

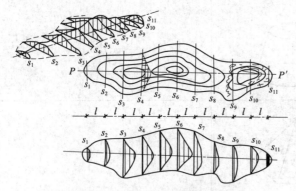

图 3-5 带状土山垂直断面取法

② 用 S_1 及 S_2 各对应边的算术平均值求 S_0 的面积。

例题 3-1：有一断面呈梯形的地形，各边测量数据如图 3-6 所示，两断面之间的距离为 60m，计算所用土方量(试比较算术平均法和拟棱台公式计算所得结果)。

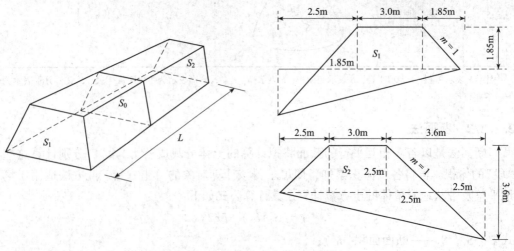

图 3-6 某梯形地形示意图

解：先求 S_1、S_2 的面积：

$$S_1 = \frac{[3+(1.85+3+1.85)] \times 1.85}{2} + \frac{(1.85+3+1.85) \times (2.5-1.85)}{2} = 11.15(m^2)$$

$$S_2 = \frac{[3+(2.5+3+2.5)] \times 2.5}{2} + \frac{(2.5+3+2.5) \times (3.6-2.5)}{2} = 18.15(m^2)$$

① 直接用公式（算术平均法）计算求地形土方量：

$$V = \frac{S_1+S_2}{2} \times L = \left(\frac{11.15+18.15}{2}\right) \times 60 = 879(m^3)$$

② 用垂直断面法（棱台公式）求地形土方量：

用求棱台中截面面积公式求中截面面积 S_0：

$$S_0 = \frac{S_1+S_2+2\sqrt{S_1 S_2}}{4} = \frac{11.15+18.15+2\sqrt{11.15 \times 18.15}}{4} = 14.44(m^2)$$

$$V = \frac{(S_1+S_2+4S_0)}{6} \times L = \frac{(11.15+18.15+4 \times 14.44)}{6} \times 60 = 870(m^3)$$

用 S_1 及 S_2 各对应边的算术平均值求取 S_0：

$$S_0 = \frac{(3+7.35) \times 2.175 + 7.35 \times (3.05-2.18)}{2} = 14.65(m^2)$$

$$V = \frac{(S_1+S_2+4S_0)}{6} \times L = \frac{(11.15+18.15+4 \times 14.65)}{6} \times 60 = 871.6(m^3)$$

由结果可知，两种计算 S_0 的方法，其所得结果相差无几，而两者与平均所得结果相比较，则相差很多。

（2）水平断面法

水平断面法（等高面法）是沿等高线取断面，等高距即为二相邻断面的高，如图 3-7 所示。

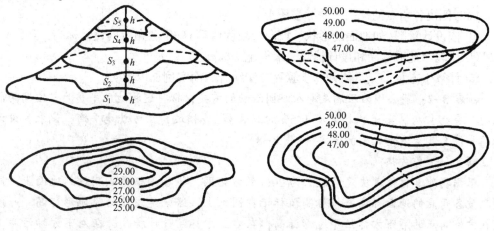

图 3-7 水平断面法图示

其土方量计算方法与断面法相同。计算公式如下：

$$V = \frac{S_1+S_2}{2} \times h + \frac{S_2+S_3}{2} \times h + \cdots + \frac{S_{n-1}+S_n}{2} \times h + \frac{S_n \times h}{3} \cdots$$

$$= \left(\frac{S_1+S_n}{2} + S_2 + S_3 + \cdots + S_{n-1}\right) \times h + \frac{S_n \times h}{3}$$

式中　V——土方体积(m^3)；
　　　S——断面面积(m^2)；
　　　h——等高距(m)。

等高面法最适用于大面积的自然山水地形的土方量计算，也可用来计算局部平整场地的土方量。由于园林设计图纸上的原地形和设计地形均用等高线表示，因而采用等高面法进行计算最为方便。

断面法计算土方量的精度：垂直断面法取决于截取断面的数量，等高面法则取决于等高距的大小。总之，对于一定范围的土方，计算精度主要取决于计算断面的数量，多则较精确，少则较粗糙。

3.1.2.3　方格网法

在建园过程中，地形改造除挖湖堆山外，还有许多坪地、缓坡地需要平整。平整场地的工作是将原来高低不平的、比较破碎的地形按设计要求整理为平坦的、具有一定坡度的场地，如停车场、集散广场、体育场等。整理这类地块的土方计算最适宜用方格网法。

方格网法是把平整场地的设计工作和土方量计算工作结合在一起进行的。其工作程序是：

① 在附有等高线的地形图上作方格网控制施工场地，方格边长数值取决于所要求的计算精度和地形变化的复杂程度。在园林中一般用20~40m；

② 在地形图上用插入法求出各角点的原地形标高(或把方格网各角点测设到地面上，同时侧出各角点的标高，并标在图上)；

③ 依设计意图(如地面的形状、坡向、坡度值等)确定各角点的设计标高；

④ 比较原地形标高和设计标高，求得施工标高；

⑤ 计算土方量，其具体计算步骤和方法结合后面实例加以说明。

例题3-2：某公园为了满足游人游园活动的需要，拟将这块地面平整为三坡向两面坡的T字形广场，要求广场具有1.5%的纵坡和2%横坡，土方就地平衡，试求其设计标高并计算其土方量及平衡土方量(图3-8)。

解：(1) 作方格网

根据场地具体情况决定作边长为20m的方格网，将各方格角点测设到地面上，同时测量各角点的地面标高并将标高值标记在图纸上，这就是该点的原地形标高。一般是在方格角点的右下方标注原地形标高，在右上方标注设计标高，在左下方标注施工的原地形标高，在左上方标注该角点编号。

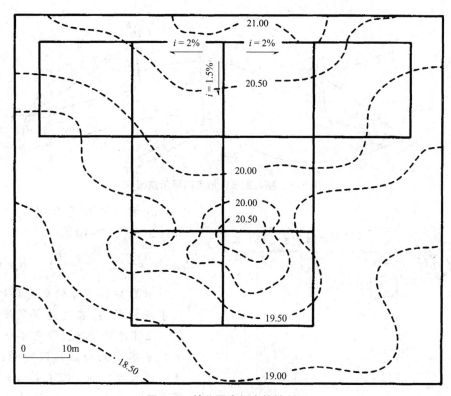

图3-8 某公园广场方格控制网

(2) 求原地形标高

如果有较精确的地形图,可用插入法由图上直接求得各角点的原地形标高,插入法求标高的方法如下:

设 H_x 为欲求角点的原地面高程,过此点作相邻两等高线间最小距离 L。则:

$$H_x = H_a \pm \frac{xh}{L}$$

式中　H_a——已知等高线的高程;

　　　L——相邻两等高线的最小距离;

　　　H_x——位于低边等高线的高程;

　　　x——角点至低边等高线的距离;

　　　h——等高差。

插入法求某地面高程通常会有3种情况,如图3-9所示。

① 待求点标高 H_x 在二等高线之间(图3-9①):

$$h_x : h = x : L; \quad h_x = \frac{xh}{L}; \quad H_x = H_a + \frac{xh}{L}$$

② 待求点标高 H_x 在低过等高线的下方(图3-9②):

$$h_x : h = x : L; \quad h_x = \frac{xh}{L}; \quad H_x = H_a + \frac{xh}{L}$$

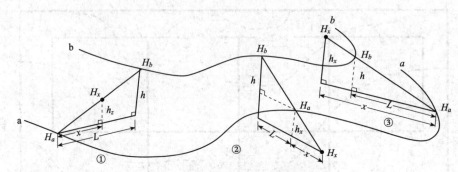

图 3-9 插入法求任意点高程示意图

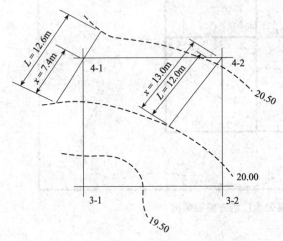

图 3-10 求角点 4-1 原地形标高示意图

③ 待求点标高 H_x 在高边等高线的上方(图 3-10③):

$$h_x : h = x : L; \quad h_x = \frac{xh}{L}; \quad H_x = H_a + \frac{xh}{L}$$

如图 3-10 所示的角点 4-1 属于待求点标高 H_x 在高边等高线的上方。上述这种情况,过点 4-1 作相邻二等高线间的距离最短的线段。用比例尺量得 $L=12.6m$,$x=7.4m$ 等高线等高差 $h=0.5m$,代入前面插入法求两相邻等高线之间任意点高程的公式,得:

$$h_x = \frac{xh}{L} = \frac{7.4 \times 0.50}{12.6} \approx 0.29(m)$$

$$H_x = H_a + h_x = 20.00 + 0.29 = 20.29(m)$$

依次将其余各角点一一求出,并标记在图上(图 3-11)。

(3) 求平整标高

平整标高又称计划标高。平整在土方工程的含义就是把一块高低不平的地面在保证土方平衡的前提下,挖高垫低使地面水平,这个水平地面的高程是平整标高。设计中通常取原地面高程的平均值(算术平均或加权平均)作为平整标高。

设平整标高为 H_0,结合本例,则平整后:

$$V = H_0 \times Na^2$$

$$H_0 = \frac{V}{N \times a^2}$$

式中 N——方格数;

a——方格边长。

平整前:

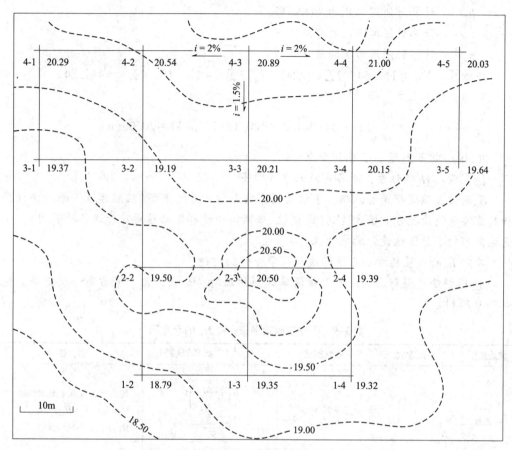

图3-11 某公园广场方格网填入原地高程图

$$V' = V'_1 + V'_2 + V'_3 + \cdots + V'_8$$
$$V'_{\text{I}} = (a^2/4)(h_{4-1} + h_{4-2} + h_{3-1} + h_{3-2})$$
$$V'_{\text{II}} = (a_2/4)(h_{4-2} + h_{4-3} + h_{3-2} + h_{3-3})$$
……
$$V'_{\text{VII}} = (a^2/4)(h_{2-3} + h_{2-4} + h_{1-3} + h_{1-4})$$

平整前后体积相等,$V = V'$。
即:
$$H_0 N a^2 = (a^2/4)(h_{4-1} + 2h_{4-2} + 2h_{4-3} + 2h_{4-4} + h_{4-5} + h_{3-1} + 3h_{3-2} + 4h_{3-3} + 3h_{3-4} + h_{3-5} + 2h_{2-2} + 4h_{2-3} + 2h_{2-4} + h_{1-2} + 2h_{1-3} + h_{1-4})$$
$$H_0 = (1/4N)(h_{4-1} + 2h_{4-2} + 2h_{4-3} + 2h_{4-4} + h_{4-5} + h_{3-1} + 3h_{3-2} + 4h_{3-3} + 3h_{3-4} + h_{3-5} + 2h_{2-2} + 4h_{2-3} + 2h_{2-4} + h_{1-2} + 2h_{1-3} + h_{1-4})$$

上式可简化为:
$$H_0 = 1/4N \times (\sum h_1 + 2\sum h_2 + 3\sum h_3 + 4\sum h_4)$$

式中 h_1——计算时使用一次的角点高程;

h_2——计算时使用二次的角点高程;
h_3——计算时使用三次的角点高程;
h_4——计算时使用四次的角点高程。

经运算：$\sum h_1 = 117.64$，$2\sum h_2 = 241.34$，$3\sum h_3 = 120.18$，$4\sum h_4 = 162.84$。
$N=8$，代入上式，得：

$$H_0 = \frac{1}{4 \times 8}(117.64+241.34+120.18+162.84) \approx 20.06(\text{m})$$

20.06m 就是例题 3-2 中的平整标高。

(4) 确定 H_0 的位置，求各角点的设计标高

H_0 的位置确定得是否正确，不仅直接影响土方计算的平衡（虽然通过不断调整设计标高最终也能使挖方、填方达到（或接近）平衡，但这样做必然要花费许多的时间)，而且也会影响平整场地设计的准确性。

确定 H_0 的位置的方法有图解法和数学分析法两种。

① 图解法 图解法适用于形状简单规则的场地，如正方形、长方形、圆形等，见表3-9所列。

表3-9 图解法确定平整标高 H_0 的示意图

坡地类型	平面图式	立体图式	H_0 点(或线)的位置	备 注
单坡向一面坡				场地形状与正方形或矩形，$H_A=H_B, H_C=H_D$，$H_A>H_D, H_B>H_C$
双坡向双面坡				场地形状同上，$H_P=H_Q$，$H_A=H_B=H_C=H_D$，H_P(或 H_Q)$>H_A$ 等
双坡向一面坡				场地形状同上，$H_A>H_B, H_A>H_D$，$H_B \geq H_D, H_B>H_C$，$H_D>H_C$
三坡向双面坡				场地形状同上，$H_P>H_Q, H_P>H_A$，$H_P>H_B$，$H_A \geq H_Q \geq H_B$，$H_A>H_D, H_B>H_C$，$H_Q>H_C$(或 H_D)

(续)

坡地类型	平面图式	立体图式	H_0 点(或线)的位置	备 注
四坡向四面坡				场地形状同上，$H_A = H_B = H_C = H_D$
圆锥状				场地形状为圆形，半径为 R，高度为 h 的圆锥体

② 数学分析法　数学分析法是假设一个和所要求的设计地形完全一样（坡度、坡向、形状、大小完全相同）的土体，再从这块土体的假设标高反求其平整标高的位置。此法可适应任何形状场地的 H_0 定位。

将图 3-8 按所给的条件画成立体图（图 3-12）。

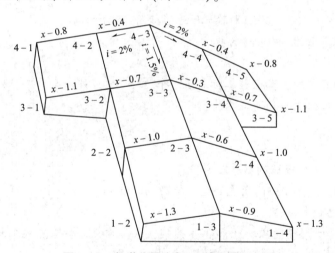

图 3-12　数学分析法求 H_0 的位置示意图

图中 4-3 点最高，设其设计标高为 x，则依据给定的坡向、坡度和方格边长，可以立即算出其他各角点的假定设计标高。以 4-2（或 4-4）为例，点 4-2（或 4-4）在点 4-3 的下坡，平距 $L=20\text{m}$，设计坡度 $i=2\%$，则点 4-2 和 4-3 间的高差为：

$$h = i \times L = 0.02 \times 20 = 0.4(\text{m})$$

所以，点 4-2 的假定设计标高为 $x-0.4\text{m}$，而在纵向方向的点 3-3，因其设计坡度为 1.5%，所以该点较 4-3 点低 0.3m，其假定设计标高则为 $x-0.3\text{m}$。依此类推，便可将各角点的假定设计标高求出，再将图上各角点假定标高值代入求 H_0 的公式。

$$\sum h_1 = x-0.8+x-0.8+x-1.1+x-1.1+x-1.3+x-1.3$$
$$= 6x-6.4\text{m}$$
$$2\sum h_2 = 2\times(x-0.4+x+x-0.4+x-1.0+x-1.0+x-0.9)$$
$$= 12x-7.4\text{m}$$
$$3\sum h_3 = 3\times(x-0.7+x-0.7)$$
$$= 6x-4.2\text{m}$$
$$4\sum h_4 = 4\times(x-0.3+x-0.6)$$
$$= 8x-3.6\text{m}$$
$$H_0 = \frac{1}{4\times 8}(6x-6.4+12x-7.4+6x-4.2+8x-3.6) = x-0.675$$

前面已求得：$H_0 = H_0' = 20.06\text{m}$，代入上式，得：
$$20.06 = x-0.675$$
$$x \approx 20.74\text{m}$$

求出了点4-3的设计标高，就可依此将其他角点的设计标高逐一求出，如图3-13所示，根据这些设计标高，求得的挖方量和填方量比较接近。

(5) 求施工标高

$$\text{施工标高} = \text{原地形标高} - \text{设计标高}$$

上式计算所得数为"+"号者为挖方；"-"号者为填方。

(6) 求零点线

在相邻两角点之间，如若施工标高值一个为"+"数，另一个为"-"数，则它们之间必有零点存在，其位置可用下式求得：

$$x = \frac{h_1}{h_1+h_2}\times a$$

式中 x——零点距h_1一端的水平距离(m)；

h_1，h_2——方格相邻两角点的施工标高绝对值(m)；

a——方格边长(m)。

以图3-12中方格Ⅰ的点4-1和3-1为例，求其零点。4-1点施工标高为+0.35m，3-1点的施工标高为-0.27m，取绝对值代入上式，即：

$$h_1 = 0.35, h_2 = 0.27, a = 20$$
$$x = \frac{0.35}{0.35+0.27}\times 20 = 11.3(\text{m})$$

零点位于距点"4-1"11.3m处（或距点"3-1"8.7m处），同法求出其余的点。并依地形特点将各零点连接成零点线，按零点线将挖方区和填方区分开，以便计算其土方量。

(7) 土方计算

零点线为计算提供了挖方、填方的面积，而施工标高又为计算提供了挖方和填方的高度。依据这些条件，便可选择适宜的公式求出各方格的土方量。

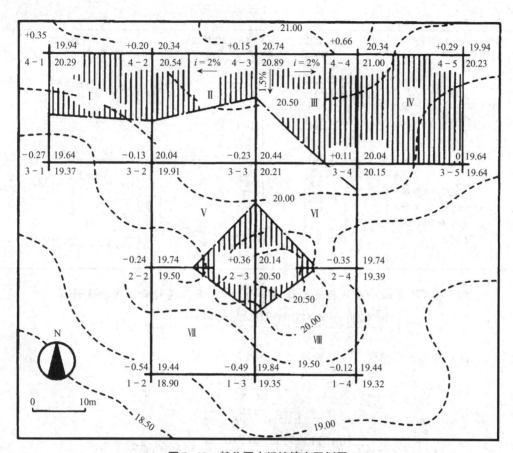

图 3-13　某公园广场挖填方区划图

由于零点线切割方格的位置不同，所以形成各种形状的棱柱体。各种常见的棱柱体及其计算公式见表 3-10 所列。

表 3-10　方格网计算土方量公式

序号	挖填情况	平面图式	立体图式	计算公式
1	四点全为填方（或挖方）时			$\pm V = \dfrac{a^2 \times \sum h}{4}$
2	二点填方二点挖方时			$\pm V = \dfrac{a(b+c)\sum h}{8}$

(续)

序号	挖填情况	平面图式	立体图式	计算公式
3	三点填方(或挖方)时,一点挖方(或填方)时			$\pm V=\dfrac{(b\times c)\times \sum h}{6}$ $\pm V=\dfrac{(2a^2-b\times c)\sum h}{10}$
4	相对两点为填方(或挖方),其余两点为挖方(或填方)时			$\pm V=\dfrac{b\times c\times \sum h}{6}$ $\pm V=\dfrac{d\times e\times \sum h}{6}$ $\pm V=\dfrac{(2a^2-b\times c-d\times e)\sum h}{12}$

在例题中方格Ⅳ四个角点的施工标高全为"+"号,是挖方,用公式计算:

$$V=\frac{a^2\times \sum h}{4}=\frac{400\times(0.66+0.29+0.11+0)}{4}=106(\text{m}^3)$$

方格Ⅰ中二点为挖方,二点为填方用公式计算。则:

$$+V_{\text{I}}=\frac{a\times(b+c)\times \sum h}{8}$$

其中 $a=20\text{m}$,$b=11.25\text{m}$,$c=12.25\text{m}$。所以:

$$+V_{\text{I}}=\frac{20\times(11.25+12.25)\times 0.55}{8}\approx 32.3(\text{m}^3)$$

$$-V_{\text{I}}=\frac{20\times(8.75+7.75)\times 0.4}{8}\approx 16.5(\text{m}^3)$$

用公式可将各个方格的土方量逐一求出,并将计算结果逐项填入土方量计算表3-11中。

表3-11 土方量计算表

方格编号	挖方(m³)	填方(m³)	备 注
V_{I}	32.3	16.5	
V_{II}	17.6		
V_{III}	58.5	6.3	
V_{IV}	106.0		
V_{V}	8.8	39.2	
V_{VI}	8.2	31.2	
V_{VII}	6.1	88.5	
V_{VIII}	5.2	60.5	
合 计	242.7	260.1	缺土17.4m³

(8) 绘制土方平衡表及土方调配图

土方平衡表和土方调配图是土方施工中必不可少的图纸资料,是编制施工组织设计的重要依据。从土方平衡表(表3-12)可以看出各调配区的进出土量、调拨关系和土方平衡情况。在调配图上(图3-14)则能更清楚地看到各区的土方盈缺情况、土方的调拨方向、数量以及距离。

表 3-12 土方平衡表

挖方及进土		填方及弃土	填方区	I	II	III	IV	弃 土	总 计
挖方区	体积(m³)		体积(m³)	73.6	7.5	88.5	60.5		260.1
A	49.9					43.4			
B	165.1			6.5					
C	27.7			67.1	37.5	27.7	60.5		
进 土	17.4					17.4			
总 计	260.1								

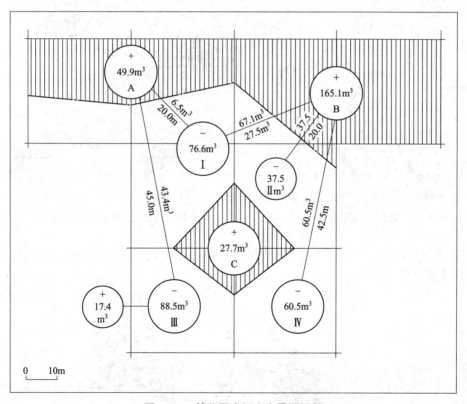

图 3-14 某公园广场土方量调配图

3.1.3 影响土方施工的主要因素

① 整个园的竖向设计是否遵循"因地制宜"这一至关重要的原则。园林的地形设计应顺应自然,充分利用原地形,宜山则山,宜水则水。《园冶》说:"高阜可培,低

方宜挖"。其意就是要因高堆山，就低凿水。能因势利导地安排内容，设置景点，必要之处也可进行一些改造。这样做可以减少土方工程量，从而节约工力，降低基建费用。

② 园林建筑和地形的结合情况影响土方施工。园林建筑、地坪的处理方式，以及建筑和其周围环境的联系，直接影响着土方工程，如图3-15所示，A的土方工程量最大，B次之，而C又次之，D最少。可见园林中的建筑如能紧密结合地形，建筑体型或组合能随形就势，就可以少动土方。北海公园的亩鉴室、酣古堂，颐和园的画中游等都是建筑和地形结合的佳例。

③ 园路选线影响土方工程量。园路路基有不同类型，在山坡上修筑路基，大致有三种情况：全挖式；半挖半填式；全填式（图3-16）。在沟谷低洼的潮湿地段或桥头引道等处道路的路基需修成路堤；有时道路通过山口或陡峭地形，为了减少道路坡度路基往往做成堑式路基。

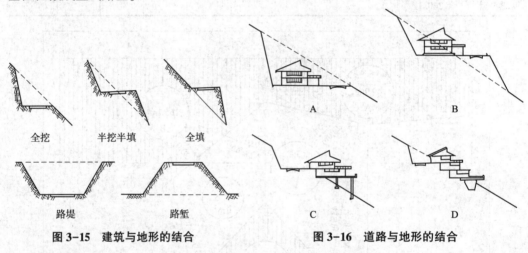

图3-15 建筑与地形的结合　　图3-16 道路与地形的结合

④ 多搞小地形，少搞或不搞大规模的挖湖堆山。杭州植物园分类区小地形处理，就是这方面的佳例（图3-17）。

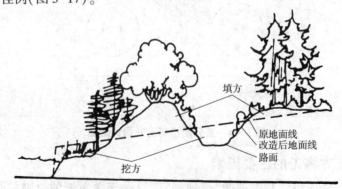

图3-17 用降低路面标高的方法丰富地形

⑤ 缩短土方调配运距，减少小搬运。前者是设计时可以解决的问题，即土方调配图时，考虑周全，将调配运距缩到最短；而后者则属于施工管理问题，往往为运输道路不好或施工现场管理混乱等原因，卸土不到位，甚或卸错地方而造成的。

⑥ 管道布线和埋深要合理，重力流管要避免逆坡埋管。

3.1.4 园林土方施工中常见问题的处理

3.1.4.1 橡皮土的处理

当地基为黏性土且含水量很大、趋于饱和时，夯(拍)打后，地基土变成踩上去有颤动感觉的土，称为橡皮土。其处理方法是先暂停施工，并避免直接拍打，使橡皮土含水量逐渐降低，或将土层翻起晾晒；如地基已成橡皮土，可在上面铺一层碎石或碎砖后夯击，将表土层挤紧；橡皮土较严重的，可将土层翻起并拌均匀，掺加石灰，使其吸收水分，同时改变原土结构成为灰土，使之有一定强度和水稳性；另外也可采取换土措施，即挖去橡皮土，重新填好土或级配砂石夯实。

3.1.4.2 表土处理

表土即表层土壤，在工程改造地形时往往剥去表土，破坏了良好的植物生长条件。因此，在土方施工时尽量保存表土，并在栽植时有效利用。

(1) 表土的采取和复原

为很好地保存表土，在工程设计阶段，就应顺应原有的地形地貌，避免过量开挖整地，使表土不致遭到破坏；施工前，也需做好表土的保存计划，拟定施工范围、表土堆置区、表土回填区等事项，并在工程施工前将所有表土移至堆置区。表土最好直接平铺在预定栽植的场地，不要临时堆放，防止地表固结。

(2) 表土的临时堆放

应选择排水性能良好的平坦地面临时堆放表土，堆放时间超过6个月时，应在临时堆放表土的地面上铺设碎石暗渠，以利排水。堆放高度最好控制在1.5m以下，不要用重型机械压实。堆积的最大高度应控制在2.5m以下，防止过分的挤压破坏下部土壤的团粒结构。为防止表土干燥风化危及土中微生物的生存，须置于有淋水养护的阴凉处，表土上面也可覆盖落叶和草皮。

土方施工是个复杂的过程，其工程量大、施工面较宽、工期也较长，因此，施工的组织工作很重要。这也需要技术人员在整个施工过程亲临现场，及时发现问题，解决问题，以确保工程按计划完成。以上介绍的仅是土方施工的一般问题，每一工程还会有许多具体问题，需要技术人员根据现场和工程的实际情况做出及时正确的处理。

任务 3.2　园林土方工程施工技术操作

园林地形的实现必然要依靠土方施工来完成。任何建筑物、构筑物、道路及广场等工程的修建，都要在地面下做一定的基础，挖掘基坑、基槽和管沟等，这些工程都是从土方施工开始的。园林土方工程施工流程如下：

踏勘施工现场→研究和审查图纸→编制施工方案→清除现场障碍物→平整施工场地→做好排水设施→设置测量控制网→修建临时设施及道路→准备机具、物资及人员→挖掘基础→土方运输→地形的填筑→土方压实→成品保护。

3.2.1 土方工程施工准备

根据本项工程的特点，施工准备工作包括以下基本内容。

(1) 踏勘施工现场

查勘场地情况，收集施工需要的各项资料，包括了解搜集场地地形、地貌、地址水文、管线电缆、供水、供电、防洪排水等资料和数据。

(2) 熟悉和审查图纸

检查图纸和资料是否齐全，核对平面尺寸和设计标高，图纸相互间有无错误和矛盾；掌握设计内容及各项技术要求，了解工程规模、结构形式、特点、工程量和质量要求；熟悉土层地质、水文勘察资料；审查地基处理和基础设计；搞清地下构筑物、基础平面与周围地下设施管线的关系；研究好开挖程序，明确各专业工序间的配合关系、施工工期要求；向参加施工人员层层进行技术交底。

(3) 编制施工方案

在研究施工图纸和现场勘察的基础上，制订施工方案，并用断面法计算土方量。方案具体内容包括：

① 确定工程指挥部成员名单，确保各项施工工作能够顺利实施。

② 安排工程进度表和人员进驻进程表，确保工程按期、有序完成。

③ 制订土方开挖、运输、填筑、压实方案，包括每一步骤的时间、范围、顺序、路线、人员安排等。绘制土方开挖图、土方运输路线图和土方填筑图。

④ 根据设计图纸，确定具体技术方案。

⑤ 确定堆放器具和材料的地点，确定挖去的土方堆放地点，并具体划定出好土和弃土的位置，提出需要的施工工具、材料和劳动力数量。

⑥ 绘制出施工总平面布置图。

(4) 清除现场障碍物

将施工区域内所有障碍物，进行拆除或进行搬迁、改建、改线；对附近原有建筑物、古树名木等采取有效的防护加固措施，可利用的建筑物应充分利用。

(5) 平整施工场地

按设计或施工要求范围和标高平整场地，应按要求开挖和堆土，必要时设置排水降水设施。

(6) 建立测量控制网

在工程施工区域设置测量控制网，包括控制基线、轴线和水平基准点；做好轴线控制测量和校核。场地平整应设 10m×10m 或 20m×20m 方格网，在各方格上做控制桩，并测出各标桩处的自然地形、标高作为挖、填土方量和施工控制的依据。

(7) 搭设临时设施

根据土方和基础工程规模、工期长短、施工力量安排等修建简易临时性生产和生活设施，同时敷设现场供水、供电等管线。

(8) 修建临时道路

临时性车道宜结合永久性道路的布置修筑，行车路面宽度不应小于3.5m，最大纵坡不应大于6%，最小转弯半径不小于15m；路基底层可铺砌20~30cm厚的块石或卵石层作简易泥结石路面。

(9) 准备施工机具、用料

做好设备的调配，对进场挖土、运输车辆及各种辅助设备进行维修检查、试运转，并运至使用地点就位。

3.2.2　土方工程施工主要内容及工艺流程

在园林中地形的利用、改造或创造，如挖湖堆山、平整场地都要依靠动土方来完成。定点放线工作完成以后，就是土方的施工工作了。土方施工中，主要有挖、运、填、压四个技术工艺环节。其施工方法有人力施工、机械化施工、半机械化施工，主要根据场地条件、工程量的大小和当地施工条件而定。在规模较大、土方量较为集中的工程中，应优先采用机械化施工，能提高工效，取得较好的经济效益；但对工程量不大、施工点较分散或无法使用机械施工的工程，应该采用人工施工或半机械化施工的方法。

3.2.2.1　土方的挖掘

开挖程序一般是：

测量放线→机械大开挖→修坡(开挖线控制)→整平(高程挖制)→留足保护层→人工整平至设计标高→验槽。

开挖前先进行测量定位、抄平放线，设置好控制点。根据基础和土质以及现场出土等条件，合理确定开挖顺序，然后再分段分层平均开挖。基坑一般采用"开槽支撑、先撑后挖、分层开挖、严禁超挖"的开挖原则。在土方开挖过程中，测量技术人员跟踪进行开挖线及高程控制，建立基底轴线和高程控制体系，严格监测土方开挖及清土工作，结合图纸修整坑帮，最后清除坑底土方，修底铲平。

(1) 人工开挖

施工工具主要是锹、镐、条锄、板锄、钢钎等，挖土应由上而下，逐层进行，严禁先挖坡脚或逆坡挖土。人力施工应组织好劳动力，而且要注意施工安全和保证工程质量。施工过程中应注意以下几方面：

① 施工人员有足够的工作面，以免互相碰撞，发生危险，一般平均每人应有4~6m²的作业面，开挖时两人操作间距应大于2.5m。

② 开挖土方附近不得有重物和易坍落物体。

③ 随时注意观察土质情况，符合挖方边坡要求，垂直下挖超过规定深度时，松软土开挖深度不得超过0.7m，中等密实度土壤不得超过1.25m，坚硬土壤不得超过2m。

超过以上数值的，必须设支撑板或者保留符合规定的边坡值。

④ 土壁下不得向里挖土，以防坍塌。

⑤ 在坡上或坡顶施工者，不得随意向坡下泼落重物。

⑥ 按设计要求施工，施工过程中注意保护基桩、龙门板或标高桩。

⑦ 遵守其他施工操作规范和安全技术要求。

（2）机械施工

常使用的机械是推土机和挖土机。

用推土机或挖土机挖湖、堆山，效率很高，但应注意以下几方面：

① 在动工前，技术人员应向推土机或挖土机手介绍施工地段的地形情况以及设计地形的特点，推土机或挖土机手应识图或了解施工对象的情况，如施工地段的原地形情况和设计地形特点。最好结合模型，便于一目了然。另外，施工前推土机或挖土机手还要了解实地定点放线情况，如桩位、施工标高等，这样施工时司机心中有数，就能得心应手地按设计意图去塑造地形。这对提高工效有很大帮助，在修饰地形时便可节省许多人力、物力。

② 注意保护表土地。在挖湖、堆山时，先用推土机将施工地段的表层熟土（耕作层）推到施工场地外围，待地形整理得当，再把表土铺回来。这对园林植物的生长有利，包括人力施工地段，有条件的都应当这样做。

③ 为防止木桩受到破坏并有效指引推土机手，木桩应加高或做醒目标志，放线也要明显；同时，施工人员要经常到现场校核桩点和放线，以免挖错（或堆错）位置。

④ 场地挖完后应进行验收，做好记录。如发现地基土质与地质勘探报告、设计要求不符，应与有关人员研究，及时处理。

3.2.2.2 土方的运输

一般竖向设计都力求土方就地平衡，以减少土方的搬运量。土方运输是较艰巨的劳动，人工运土一般都是短途的小搬运。车运人挑，这在有些局部或小型施工中还经常采用。

运输距离较长的，最好使用机械或半机械化运输。不论是车运人挑，还是运输路线的组织都很重要，卸土地点要明确，施工人员随时指点，避免混乱和窝工。如果使用外来土围地堆山，运土车辆应设专人指挥，卸土的位置要准确，否则乱堆乱卸，必然会给下一步施工增加许多不必要的小搬运，造成人力物力的浪费。

3.2.2.3 土方的填筑

填土应该满足工程的质量要求，土壤的质量要根据填方的用途和要求加以选择，在绿化地段土壤应满足种植植物的要求，而作为建筑用地则以要求将来地基的稳定为原则。利用外来土壤围土堆山，对土质应该先验定后放行，劣土及受污染的土壤，不应放入园内以免将来影响植物的生长和妨害游人的健康。在填筑施工中，还应注意以下几点：

① 大面积填方应分层填筑，一般每层30~50cm，并应层层压实。

② 斜坡上填土，为防止新填土方滑落，应先将土坡挖成台阶状，然后再填土，以利于新旧土方的结合，使填方稳定。

③ 土山填筑时，土方的运输路线应以设计的山头及山脊走向为依据，并结合来土方向进行安排。一般以环形线为宜，车（人）满载上山，土卸在路两侧，空载的车（人）沿路线继续前行下山，车（人）不走回头路不交叉穿行，路线畅通，不会逆流相挤，随着不断地卸土，山势逐渐升高，运土路线也随之升高，这样既组织了车（人）流，又使山体分层上升，部分土方边卸边压实，有利于山体稳定，山体表面也较自然。如果土源有数个来向，运土路线可根据地形特点安排几个小环路，小环路的布置安排应互不干扰。

3.2.2.4 土方的压实

土方的压实根据工程量的大小，可采用人工夯压或机械碾压。

人力夯压可用夯、碾等工具；机械碾压可用碾压机、振动碾或用拖拉机带动铁碾，小型夯压机械有内燃夯、蛙式夯等。

填土的含水量对压实质量有直接影响。每种土壤都有其最佳含水量（表3-13），土在这种含水量条件下，压实后可以得到最大密实效果。为了保证填土在压实过程中处于最佳含水量，当土过湿时，应予翻松晾干，也可掺不同类土或吸水性填料；当土过干时，则应洒水湿润后再行压实。

表3-13 各种土壤最佳含水量

土壤名称	最佳含水量
粗砂	8%~10%
细砂和黏质砂土	10%~15%
砂质黏土	6%~22%
黏土质砂黏土和黏土	20%~30%
重砂土	30%~35%

尤其是作为建筑、广场道路、驳岸等基础对压实要求较高的填土场合，更应注意这个问题。

另外，在压实过程中还应注意以下几点：

① 压实工作必须分层进行，每层的厚度要根据压实机械、土的性质和含水量来决定。

② 压实工作要注意均匀。

③ 松土不宜用重型碾压机械直接滚压，否则土层会有强烈的起伏现象，使机械工作效率降低。如先用轻碾压实，再用重碾压实，就会取得较好的效果。

④ 压实工作应自边缘开始逐渐向中间收拢，否则边缘土方易外挤引起坍落。

土方工程，施工面较宽，工程量大，工期较长，施工组织工作很重要。大规模的工程应根据施工能力、工期要求和环境条件决定，工程可全面铺开，也可分期进行。

3.2.3 地形整理施工

3.2.3.1 地形整理的要求

园林工程中的地形整理，根据园林绿地的总体设计要求（施工图纸竖向设计中的地形整体走势和地面排水的设计图纸），对现场的地面进行填、挖、堆筑等，为园林工程建设整理，造出一个能够适应各种项目建设、更有利于植物生长的地形。对施工范围内不利于植物生长的杂草、垃圾、渣土等进行清理，自然地坪相差在±30cm以内的地坪进行整理。其表面土层厚度必须满足植物栽植要求；土质必须是符合种植土要求的土壤，严格将场地内的建筑垃圾及有毒、有害的材料填筑在绿化种植地块。

3.2.3.2 地形整理的方法

采用机械和人工相结合的方法，对场地内的土方进行挖、填、堆筑等，按设计要求堆砌所需要的地形。

3.2.3.3 地形整理的要点（图3-18）

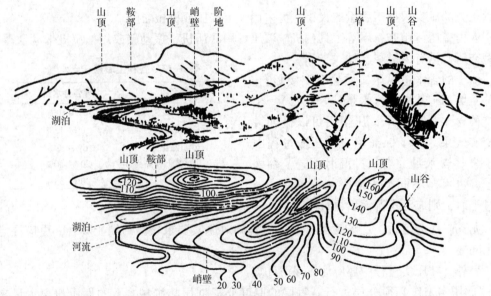

图3-18 典型地貌排水及其等高线表示（特征）

① 未山先麓，陡缓相间　山脚应缓慢升高，坡度要陡缓相间，山体表面应是凹凸不平状，变化自然。

② 曲走斜伸，逶迤连绵　山脊线呈之字形走向，曲折有致，起伏有度，逶迤连绵，顺乎自然。忌对称均衡。

③ 主次分明，互相呼应　主山宜高耸、宽厚、体量较大，变化较多；客山则奔放拱伏，呈余脉延伸之势。先立主位，后布辅从，比例应协调，关系要呼应，注意整体组合。忌孤山一座。

④ 左急右缓，收放自如　山体坡面应有急有缓，等高线有疏密变化。一般朝阳面和面向园内的坡面较缓，地形较为复杂；朝阴面和面向园外的坡面较陡，地形较为简单。

⑤ 丘陵相伴，虚实相生　山脚轮廓线应曲折圆润，柔顺自然。山臃必虚其腹，壑最宜幽深，虚实相生，丰富空间。

3.2.4 土方工程现场施工常见问题

3.2.4.1 挖方边坡塌方

在挖方过程中或挖方后,边坡土方局部或大面积塌陷或滑塌。

原因分析:基坑(槽)开挖较深,放坡不够;在有地表水、地下水作用的土层开挖基坑(槽),未采取有效降排水措施,由于水的影响,土体湿化,内聚力降低,失去稳定性而引起塌方;坡顶堆载过大或受外力震动影响,使坡体内剪切应力增大,土体失去稳定而导致塌方;土质松软,开挖次序、方法不当而造成塌方。

防治措施:根据不同土层土质情况采取适当的挖方坡度;做好地面排水措施,基坑开挖范围内有地下水时,采取降水措施,将水位降至基底以下 0.5m;坡顶上弃土、堆载,使远离挖方土边缘 3~5m;土方开挖应自上而下分段分层依次进行;随时作成一定坡势,以利泄水;避免先挖坡脚,造成坡体失稳;相邻基坑(槽)开挖,应遵循先深后浅,或同时进行的施工顺序。

3.2.4.2 边坡超挖

边坡面界面不平,出现较大凹陷。

原因分析:采取机械开挖,操作控制不严,局部多挖;边坡上存在松软土层,受外界因素影响自行滑塌,造成坡面凹凸不平;测量放线错误。

防治措施:机械开挖,预留 0.3m 厚采用人工修坡;加强测量复测,进行严格定位。

3.2.4.3 基坑(槽)泡水

地基被水淹泡,造成地基承载力降低。

原因分析:开挖基坑(槽)未设排水沟或挡水堤,地面水流入基坑(槽);在地下水位以下挖土,未采取降水措施,将水位降至基底开挖面以下;施工中未连续降水,或停电影响。

防治措施:开挖基坑(槽)周围应设排水沟或挡水堤;地下水位以下挖土,应设排水沟和集水井,用泵连续排走或自然流入较低洼处排走,使水位降低至开挖槽以下 0.5~1.0m。

3.2.4.4 填方边坡塌方

填方边坡塌陷或滑塌。

原因分析:边坡坡度偏陡;边坡基底的草皮、淤泥松土未清理干净,与原陡坡接合未挖成阶梯形搭接,或填方土料采用淤泥质土等不符合要求的土料;边坡填土未按要求分层回填压(夯)实;边坡坡角未做好排水设施,由于水的渗入,土内聚力降低,或坡角被冲刷而导致塌方。

防治措施:永久性填方的边坡坡度应根据填方高度、土的种类和工程重要性按设计规定放坡;按要求清理基底和做阶梯型接槎;选用符合要求的土料,按填土压实标准进行分层、回填碾压或夯实;在边坡上、下部做好排水沟,避免在影响边坡稳定的范围内积水。

3.2.4.5 填土出现橡皮土

填土夯打后,土体发生颤动,形成软塑状态而体积并没有压缩。

原因分析:在含水量很大的腐殖土、泥炭土、黏土或粉质黏土等原状土上进行回填,或采用这种土作土料回填,当对其进行夯实或碾压,表面易形成一层硬壳,使土内水分不易渗透和散发,因而使土形成软塑状态的橡皮土。

防治措施:夯实填土时,适当控制填土的含水量;避免在含水量过大的原状土上进行回填。填方区如有地表水,应设排水沟排水,如有地下水应降低至基底。治理方法:可用干土、石灰粉等吸水材料均匀掺入土中降低含水量,或将橡皮土翻松、晾干、风干至最优含水量范围,再夯(压)实。

3.2.4.6 回填土密实度达不到要求

回填土经碾压或夯实后,达不到设计要求的密实度。

原因分析:填方土料不符合要求,采用了碎块草皮、有机质含量大于8%的土、淤泥质土或杂填土作填料;土的含水率过大或过小,因而达不到最优含水率的密实度要求;填土厚度过大或压实遍数不够;碾压或夯实机具能量不够,影响深度较小,使密实度达不到要求。

防治措施:选择符合要求的土料回填,并根据所选用的压实机械性能,通过实验确定含水量控制范围内每层铺土厚度、压实遍数、机械行驶速度;严格进行水平分层回填、压(夯)实;加强现场检验,使其达到要求的密实度。

3.2.4.7 基坑(槽)回填土沉陷

基坑、槽回填土局部或大片出现沉陷,造成散水坡空鼓下沉。

原因分析:基坑槽中的积水淤泥杂物未清除就回填,或基础两侧用松土回填,未经分层夯实;基层宽度较窄,采用手夯夯填,未达到要求的密实度;回填土料中干土块较多,受水浸泡产生沉陷,或采用含水量大的黏性土、淤泥质土、碎块草皮作填料,回填密实度不符合要求;回填土采用水沉法沉实,密实度大大降低。

防治措施:回填前,将槽中积水排净;淤泥、松土、杂物清理干净;回填土按要求采取严格分层填、夯实;控制土料中不得含有直径大于5cm的土块及较多的干土块;严禁用水沉法回填土。

任务3.3 园林土方工程施工质量检测

3.3.1 检查方法

① 量测法 用测量器具进行具体的量测,获得质量特性数据,分析判断质量状况及其偏差情况的检查方式,实践中人们把它归纳为"量、靠、吊、套"。

② 目测法 用观察、触摸等感官方式所进行的检查,实践中人们把它归纳为"看、

摸、敲、照"。

3.3.2 检查种类

① 日常检查 指施工管理人员所进行的施工质量经常性检查。

② 跟踪检查 指设置施工质量控制点,指定专人所进行的相关施工质量跟踪检查。

③ 专项检查 指对某种特定施工方法、特定材料、特定环境等的施工质量或对某类质量通病所进行的专项质量检查。

④ 综合检查 指根据施工质量管理的需要,来自企业职能部门的要求所进行的不定期的或阶段性全面质量检查。

⑤ 监督检查 指来自业主、监理机构、政府质量监督部门的各类例行检查。

3.3.3 检查的一般内容

① 检查施工依据 即检查是否严格按质量计划的要求和相关的技术标准进行施工,有无擅自改变施工方法、粗制滥造降低质量标准的情况。

② 检查施工结果 即检查已完施工的结果是否符合规定的质量标准。

③ 检查整改落实 即检查生产组织和人员对质量检查中已被指出的质量问题或需要改进的事项,是否认真执行整改。

3.3.4 土方工程施工质量检测标准

① 柱基、基坑和管沟基底的土质,必须符合设计要求,并严禁扰动。

② 填方的基底处理,必须符合设计要求和施工规范要求。

③ 填方柱基、基坑,基槽、管沟回填的土料必须符合设计要求和施工规范要求。

④ 填方和柱基、管沟的回填,必须按规定分层密实。

⑤ 土方工程的允许偏差和质量检验标准,应符合相关规定。

3.3.5 挖土施工质量检测

(1) 检查内容

要检查开挖土方的土质类型、深度、上口宽度;开挖方法;是否运走或堆放距离。

开挖过程中检查内容:标高、放坡、边坡稳定、排水、土质等。

开挖后检查内容:基坑位置、平面尺寸、坑底标高、基坑土质、有无地下水以及空穴、古墓等。

雨季施工,基槽、坑底应预留30cm土层,在打混凝土垫层前再挖至设计标高。

(2) 检测程序

① 按照施工过程开展检测,保证项目如柱基、基坑、基槽和管沟基底的土质必须符合设计要求,并严禁扰动。

② 将检测数据比照表3-14,看允许偏差项目情况,做好观测记录。

③ 填写土方开挖工程检测批质量验收记录表。

表 3-14 土方开挖工程质量检验标准

项 序		项 目	允许偏差或允许值(mm)					检验方法
			校基基坑基槽	挖方场地平整		管沟	地(路)面基层	
				人工	机械			
主控项目	1	标高	−50	±30	±50	−50	−50	水准仪
	2	长度、宽度	+200 −50	+300 −100	+500 −150	+100	—	经纬仪,用钢尺量
	3	边坡	设计要求					观察或用坡度尺检查
一般项目	1	表面平整度	20	20	50	20	20	用2m靠尺和楔形塞尺检查
	2	基底土性	设计要求					观察或土样分析

注：地(路)面基础层的偏差只适用于直接在挖填方土上做地(路)面基层。

3.3.6 回填土压实施工质量检测

(1) 检测内容

① 填土施工过程中应检查排水措施,每层填筑厚度、含水量控制和压实程序。

② 填土经夯实后,要对每层回填土的质量进行检验,一般采用环刀法取样测定土的干密度,符合要求才能填筑上层。

③ 每项抽检之实际干密度应有90%以上符合设计要求,其余10%的最低值与设计值的差不得大于0.08t/m³,且应分散,不得集中。

④ 填土施工结束后应检查标高、边坡坡高、压实程度。

(2) 检测方法

采用环刀法取样测定土的实际干密度。取样的方法及数量应符合规定：按填筑对象不同,规范规定了不同的抽取标准,基坑回填,每20~50m³取样一组；基槽或管沟每层按长度20~50m取样一组；室内填土每层按100~500m²取样一组；场地平整填方每层按400~900m²取样一组。取样部位在每层压实后的下半部,用灌砂法取样应为每层压实后的全部深度。

允许偏差项目及检查方法见表3-15所列。

表 3-15 填土工程质量检验标准　　　　　　　　　　单位：mm

	检验项目	桩基基坑基槽	场地平整		管沟	地路面基础层	检查方法
			人工	机械			
主控项目	标高	−50	±30	±50	−50	−50	水准仪
	分层压实系数	设计要求					规定方法
一般项目	回填土料	设计要求					取样或直观
	分层厚度及含水率	设计要求					水准仪
	表面平整度	20	20	30	20	20	靠尺/水准仪

填写土方回填工程检测批质量验收记录表。

3.3.7 地形塑造质量检测

地形塑造施工的质量要求,一般包含相应的分项工程质量检验评定表,包括土料的类别和相应的质量要求、工程物的形状与位置尺寸,以及其他主要的技术指标。表3-16所列为部分分项工程中的一些质量项目的具体要求和检测方法,以供参考。

表3-16 土方地形分项工程质量检验内容

		项目			
保证项目	1	栽植土壤的理化性质必须符合《园林栽植土质量标准》(DB J08—231)的要求			
	2	严禁使用建筑垃圾土、盐石土、重黏土、砂土及含有其他有害成分的土壤			
	3	严禁在栽植土层下有不透水层			
		项目			
基本项目	按面积抽查10%,500m²为一点,不得少于3点,≤500m²应全数检查				
	1	地形平整度			
	2	标高(含抛高系数)			
	3	杂质含量低于10%			
	4	排水良好			
	按长度抽查10%,100m为一点,不少于3点				
	5	栽植土与道路或挡土墙边口线平直			
		项目		尺寸要求(cm)	允许偏差(cm)
允许偏差项目	按面积抽查10%,500m²为一点,不少于3点,≤500m²应全数检查				
	1	有效土层厚度	大、中乔木胸径 ≥15	>130	
			大、中乔木胸径 <15	>100	
			小乔木和大、中灌木	>80	
			小灌木、宿根花卉	>60	
			地被、草坪及一、二年生花卉	>40	
	2	地形标高	全高 <1m		±5
			1~3m		±10
			>3m		±20
	3	土低于挡土墙边口		3~5m	1.5
	4	土方表面平整度(2m内)			+0、-50

思考与练习

1. 园林土方施工过程包括哪些步骤?每一步应注意什么问题?
2. 土方开挖与回填压实的施工工艺是什么?

3. 园林土方施工的程序是什么？
4. 如何进行土方的平衡和调运？
5. 园林土方施工准备工作有哪些？
6. 园林土方施工质量检验怎样操作？
7. 土壤的主要工程性质有哪些？
8. 土方压实过程中应注意什么问题？

项目 4　园林给排水工程施工

🌲 技能点

1. 能阅读给水和排水施工图纸，了解工程设计目的及其所要达到的施工效果，明确施工要求，便于后期的施工组织与管理。
2. 能完成园林给排水工程施工准备工作。
3. 会进行给排水工程施工工艺流程及施工操作。
4. 会进行给排水工程施工质量检测和验收。

🌲 知识点

1. 熟悉《给水排水管道工程施工及验收规范》（GB 50268—2008）。
2. 掌握园林给排水工程的基本知识。
3. 掌握给排水工程常用的材料识别。
4. 掌握给排水工程的施工内容、工艺流程及质量标准。

🌲 工作环境

园林工程实训基地。

任务 4.1　了解园林给排水工程施工

水在人们的生产和生活当中是必不可少的，城市中水的供给、使用、排出三个环节是通过给水系统和排水系统联系起来的。而园林工程施工中的给水与排水工程是城市给排水工程中的一个组成部分。它们之间使用和施工有很多共同点，但也有园林本身的具体要求。下面将介绍有关这方面的基本知识，相应的施工方法和施工后的检测标准。以便将来能够在实践工作中分析给排水工程中相应问题和找到解决问题的实际办法。
4.1.1 园林给水工程基本知识
4.1.1.1 园林给水的分类
① 生活用水　日常生活用水；饮用、烹饪、洗涤、清洗卫生等用水，包括办公室、生活区、餐厅、茶室、展览馆、小卖部等用水及园林卫生清洗设施和特殊供水（如游泳池等）。

② 养护用水　植物灌溉；园林内部植物的灌溉、动物笼舍的清洗以及其他园务用水（夏季园路、广场的清洗等）。

③ 造景用水　水体补充用水；园林中各种水体（包括溪流、湖泊、池塘、瀑布、喷泉等）的补充用水。

④ 消防用水　灭火时所需要的用水。

4.1.1.2 给水水源的分类与特点
① 地表水　江河湖水库等地表水源；浑浊度较高、水温变幅大、易受污染、季节性变化明显，径流量大、矿化度和硬化度低；多作养护用水。

② 地下水　指埋藏在地下孔隙、裂隙、溶洞等含水介质中的储存运移的水体；可分为包气带水、潜水、承压水；水质清洁、水温稳定、分布面广；可消毒处理后作为水源。

③ 城市自来水　直接引入作为生活用水。

4.1.1.3 给水管网的布置要点
园林中用水点比较分散，用水量和水压差异很大，因此，给水管网布置必须保证各用水点的流量和水压，力求管线短、投资少，达到经济合理的目的。一般中小型公园的给水可由点引入。大型公园，特别是地形复杂时，为了节约管材，减少水头损失，有条件的，可就地就近，从多点引入。

① 干管布置方向应靠近主要供水点和用水调节设施（如高位水池和水塔）的位置，保证干管敷设距离短。

② 管网布置必须保证供水安全可靠，干管一般按主要道路两侧布置，以埋设于绿地下为宜，应尽量避免布置在园路和铺装场地下敷设。

③ 在保证不受冻的情况下，干管宜随地形起伏敷设，避开复杂地形和难以施工的地段，以减少土石方工程量。在地形高差较大时，可考虑分压供水或局部加压，不仅能节约能量，还可以避免地形较低处的管网承受较高压力。

④ 要和其他管道按规定保持一定距离。

⑤ 管道埋深冰冻地区，应埋设于冰冻线以下40cm；不冻或轻冻地区，覆土深度应不小于70cm。当然管道也不宜埋得过深，埋得过深工程造价高；但也不宜过浅，否则管道易遭破坏。

⑥ 阀门及消火栓给水管网的交点称为节点，在节点上设有阀门等附件，为了检修

管理方便，节点处应设阀门井。阀门除安装在支管和干管的连接处外，为便于检修维护，要求每500m直线距离设一个阀门井。配水管上安装着消火栓，按规定其间距通常为120m，且其位置距建筑不得少于5m，为了便于消防车补给水，离车行道不应大于2m。

⑦ 为了保证发生火灾时有足够的水量和水压用于灭火，消火栓应设置在园路边的给水主干管道上，尽量靠近园林建筑；消火栓之间的间距不应大于120m。

4.1.1.4 给水管网布置的基本形式

（1）给水管网布置的基本要求

① 在技术上，要使园林各用水点有足够的水量和水压。

② 在经济上，应选用最短的管道线路，要考虑施工的方便，并努力使给水管网的修建费用最少。

③ 在安全上，当管网发生故障或进行检修时，要求仍能保证继续供给一定数量的水。

为了把水送到园林的各个局部地区，除了要安装大口径的输水干管以外，还要在各用水地区埋设口径大小不同的配水管网。由输水干管和配水支管构成的管网是园林给水工程中的主要部分，它大概要占全部给水工程投资的40%～70%。

（2）园林给水管网的布置形式

园林给水管网分为树状管网和环状管网两种(图4-1、图4-2)。

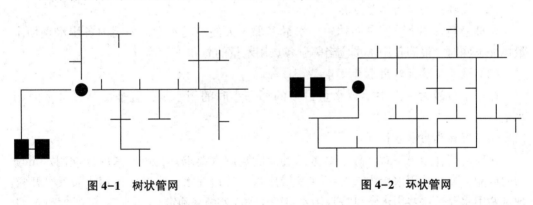

图4-1　树状管网　　　　　　　　图4-2　环状管网

① 树状管网　是以一条或少数几条主干管为骨干，从主管上分出许多配水支管连接各用水点。管径随用水点的减少而逐步变小。在一定范围内，采用树状管网形式的管道总长度比较短，管网建设和用水的经济性比较好，但如果主干管出故障，则整个给水系统就可能断水，用水的安全性较差。

② 环形管网　主干管道在园林内布置成一个闭合的大环形，再从环形主干管上分出配水支管向各用水点供水。这种管网形式所用管道的总长度较长，耗用管材较多，建设费用稍高于树状管网。但管网的使用很方便，主干管上某一点出故障时，其他管段仍能通水。

在实际布置管网的工作中，常常将两种布置方式结合起来应用。在园林中用水点密集的区域，采用环形管网；而在用水点稀少的局部，则采用分支较小的树状管网。或者，在近期中采用树状管网，而到远期用水点增多时，再改造成环形管网形式。

布置园林管网，应当根据园林地形、园路系统布局、主要用水点的位置、用水点所要求的水量与水压、水源位置和园林其他管线工程的综合布置情况，来合理地做好安排。要求管网应比较均匀地分布在用水地区，并有两条或几条管通向水量调节构筑物（如水塔和高地蓄水池）及主要用水点。干管应布置在地势较高处，能利用地形高差实行重力自流给水。

4.1.1.5 给水网管布置有关的核算

核算园林总用水量，先要根据各种用水情况下的用水量标准，计算出园林最高日用水量和最大时用水量，并确定相应的日变化系数和时变化系数；所有用水点的最高日用水量之和，就是园林总用水量；而各用水点的最大时用水量之和，则是园林的最大总用水量。给水管网系统的设计，就是按最高日最高时用水量确定的，最高日最高时用水量就是给水管网的设计流量。

（1）园林用水量标准

用水量标准是国家根据各地区不同城市的性质、气候、生活水平、生活习性、房屋卫生设备等不同情况而制定的。这个标准针对不同用水情况分别规定了用水指标，这样可以更加符合实际情况，同时也是计算用水量的依据。

（2）园林最高日用水量核算

园林最高日用水量就是园林中用水最多那一天的消耗水量。公园内各用水点用水量标准不同时，最高日用水量应当等于各点用水量的总和。

（3）最高日最大时用水量核算

在用水量最大一天中消耗水量最多的那一小时的用水量，就是最高日最大时用水量。

（4）园林总用水量核算

在确定园林用水量时，除了要考虑近期满足用水要求外，还要考虑远期用水量增加的可能，要在总用水量中增加一些发展用水、管道漏水、临时突击用水及其他不能预见的用水量。这些用水量可按日用水量的15%~25%来确定。

4.1.2 园林给排水管材基本性能

给排水工程中，所用管网管材的材质影响用水的水质，管材的质量影响管网的使用寿命。因为大部分给排水管网属于地下永久性隐蔽工程设施，因此要求其具有安全可靠的性能。

4.1.2.1 常用给水管材

（1）铸铁管

铸铁管分为灰铸铁管和球墨铸铁管（图4-3）。灰铸铁管具有经久耐用、耐腐蚀性强、使用寿命长的优点。但其质地较脆，不耐震动，质量大，使用过程中时常发生爆管,在国外其已被球墨铸铁管所替代。球墨铸铁管相比灰铸铁管在延伸率上大大提高,能够抗压、抗震,且其重量比同口径的灰铁管轻1/3~1/2,重量接近钢管,耐腐蚀性比钢管高几倍至十几倍。现在在国内一些城市已有使用。

(2) 钢管

钢管有较好的机械强度,耐高压,耐震动,质量较小,单管长度长,接口方便,有较强的适应性,但耐腐蚀性差,防腐造价高。钢管有焊接钢管和无缝钢管两种。给排水工程中因造价原因多选择焊接钢管,焊接钢管又分为镀锌钢管(白铁管)和非镀锌钢管(黑铁管)。镀锌钢管是防腐处理后的钢管,其防腐、防锈、不使水质变坏,并延长了使用寿命,是室内生活用水的主要给水管材,如图4-4所示。

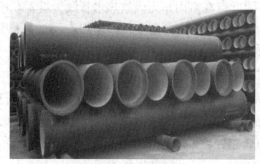

图4-3 球墨铸铁管

图4-4 镀锌钢管

(3) 钢筋混凝土管

钢筋混凝土管防腐能力强,不需任何防水处理,有较好的抗渗性和耐久性,但质量大,质地脆,装卸和搬运不便。其中,自应力钢筋混凝土管后期会膨胀,使管疏松,使用于接口处,易爆管、漏水。为克服这个缺陷现采用预应力钢筒混凝土管(PCCP管),其利用钢筒和预应力钢筋混凝土管复合而成,具有抗震性好、使用寿命长、耐腐蚀、抗渗漏的特点,是较常用的大水量输水管材。

(4) 塑料管

塑料管表面光滑,不易结垢,水头损失小,耐腐蚀,质量小,加工连接方便,但管材强度低,性质脆,抗外压和冲击性差,多用于小口径管线的敷设,直径一般小于200mm,安装在有较大荷载的路面下时,要外加钢管保护。塑料管在国外新安装的管道中占70%左右,国内许多城市已大量应用,特别是绿地、农田的喷灌系统中。较常用的塑料管有聚氯乙烯(PVC)管、聚乙烯(PE)管和聚丙烯(PP)管。这三者物理和化学性能不同,价格和使用的场合也不相同,在设计和施工中要根据地形复杂程度、管道埋深和管网工作压力等条件具体分析,合理选用。

① 聚氯乙烯(PVC)管 聚氯乙烯管材根据管材外观的不同,可将其分为光滑管和波纹管。光滑管承压规格有0.20MPa、0.25MPa、0.32MPa、0.63MPa、1.00MPa和1.25MPa几种,后三种规格的管材能够满足绿地喷灌系统的承压要求,常被采用。波

纹管按承压等级分为 0.00MPa(不承压)、0.20MPa 和 0.40MPa 三个规格,由于其承压能力不能满足喷灌系统的要求,一般不采用。聚氯乙烯管有硬质聚氯乙烯管和软质聚氯乙烯管之分,绿地喷灌系统主要使用硬质聚氯乙烯管。

② 聚乙烯(PE)管　聚乙烯管材分为高密度聚乙烯(HDPE)和低密度聚乙烯(LDPE)管材。高密度聚乙烯管材具有使用方便、耐久性好的特点,但是价格较贵,在室外给排水工程中使用较少。低密度聚乙烯管材材质较软,力学强度低,但抗冲击性好,适合在较复杂的地形敷设,是绿地喷灌系统中常用的给排水管材材料。

③ 聚丙烯(PPR)管　聚丙烯管材的最大特点是耐热性优良。聚氯乙烯管材和聚乙烯管材,一般使用温度均局限于 60℃ 以下,但聚丙烯管材使用温度在短期内可达 100℃ 以上,正常情况可在 80℃ 条件下长时间使用,因此可在室内作为供给热水管线,或者在移动或半移动喷灌系统的场合,因暴露在外的管道需要一定的耐热性而使用。目前,采用乙丙共聚树脂生产管材,改善了聚丙烯树脂的低温脆化性能,扩大了它的应用范围。

4.1.2.2　常用排水管材

排水管渠有暗沟和明渠之分。暗沟又有管道和沟渠之分,管道是指由预制管敷设而成的排水管渠,沟渠是指用土建材料在施工现场砌筑而成的口径较大的排水暗沟。室外的排水管材大都采用具有抗腐蚀性能且价格便宜的非金属管材。

(1) 混凝土管和钢筋混凝土管

混凝土管和钢筋混凝土管多用于排出污水、雨水,管口通常有承插式、企口式、平口式三种。排水用的混凝土管管径一般小于 450mm,此管径的排水管线适用于埋深不深或上部荷载不大的地段。当管道埋深较大或者铺设在土质条件不良的地段时,排水管线通常都采用钢筋混凝土管。此种管材造价低廉,应用范围广泛,但由于其安装过程中节口较多,施工时要注意节点防渗工作。且其重量较大,搬运安装稍有不便。

(2) 塑料管(图 4-5、图 4-6)

塑料管具有自重轻、耐腐蚀、内壁水流阻小、抗腐蚀性能好、使用寿命长、安装方便等特点。其用在建筑的排水系统中的很多,多用于室外小管径排水管,主要有 UPVC 波纹管和 PE 波纹管等。

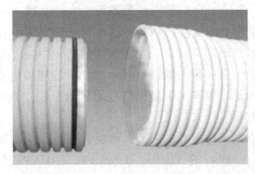
图 4-5　UPVC 波纹管

图 4-6　PE 波纹管

(3) 金属管

常用的有铸铁管(图4-7)和钢管,强度高,抗渗性好,内壁水流阻力小,防火性能好,抗压抗震性能强,节长,接头少,易于安装与维修,但价格贵,耐酸碱腐蚀性差,常用在有较大压力的排水管线上。

(4) 陶土管

是用低质黏土烧制而成的多孔性陶器,可以排输污水、废水、雨水、灌溉用水或排输酸性、碱性废水等其他腐蚀性介质。其内壁光滑,水阻力小,不透水性能好,抗腐蚀,但易碎,抗弯、拉强度低,节短,施工不方便,不宜用在松土和埋深较大的地方(图4-8)。

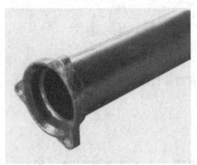 

图 4-7 铸铁排水管　　　　　　　图 4-8 陶土管

4.1.2.3 常用给排水管件

给排水管的管件很多,不同的管材有些差异,但分类差不多,有接头、弯头、三通、四通、管堵及活性接头、管箍、变径、存水弯、管卡、支架、吊架等。每类又有很多种,如接头分为内接头、外接头、内部接头、同径或异径接头;阀门分为球阀、截止阀、蝶阀、闸阀等(图4-9、图4-10)。

图 4-9 常用管件

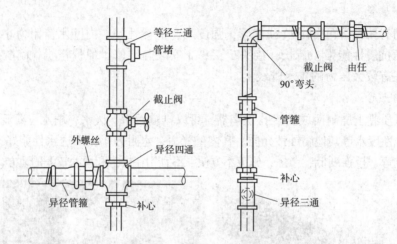

图 4-10　钢管管件连接图

4.1.3　园林排水工程基本知识

4.1.3.1　排水的基本形式

园林绿地多依山傍水，设施繁多，自然景观与人工造景相结合。因此，在排水方式上也有其本身的特点。其基本的排水方式有：地形排水、明沟排水、管渠排水。三者之间以地面排水最为经济。现以几种常见排水量相近的排水设施的造价做一比较，设管道(混凝土管或钢筋混凝土管)排水的造价为100%，则石砌明沟约为58.0%，砖砌明沟约为27.9%，砖砌加盖沟约为68.0%，而土明沟只有2%。由此可见利用地面排水的经济性了。

(1) 利用地形排水

通过竖向设计将谷、涧、沟、地坡、小道顺其自然适当加以组织划分排水区域，就近排入水体或附近的雨水干管，可节省投资。利用地形排水、地表种植草皮，最小坡度为5‰。

地面排水的方式可以归结为五个字，即：拦、阻、蓄、分、导。

① 拦　把地表水拦截于园地或某局部之外。

② 阻　在径流流经的路线上设置障碍物挡水，达到消力降速以减少冲刷的作用。

③ 蓄　包含两方面意义：一是采取措施使土壤多蓄水；二是利用地表洼处或池塘蓄水。这对干旱地区的园林绿地尤其重要。

④ 分　用山石建筑墙体等将大股的地表径流分成多股细流，以减少危害。

⑤ 导　把多余的地表水或造成危害的地表径流利用地面、明沟、道路边沟或地下管及时排放到园内(或园外)的水体或雨水管渠中去。

(2) 明沟排水

明沟主要指土明沟，也可在一些地段视需要砌砖、石、混凝土明沟，其坡度不小于 4‰。

在园林中明沟排水应与造景相结合，可利用植物的遮挡明沟，也可用山石布置成峡谷、溪涧，落差大的地方处理成跌水或小瀑布。这不仅解决了明沟景观性较弱的问题，也满足了排水的需要。

① 按照设计要求做好原有水系的清理疏导工作，尽量避免"死水"现象的出现，严禁未经处理的有害污水流入景观水体之内。

② 注意排水沟渠所处地的土质情况，按照设计要求采用合理的构造措施，防止坍壁、阻塞、底部冲刷过度等现象的出现。

明渠水流深度为 0.4~1.0m 时，宜按有关规范采用。

(3) 管道排水

将管道埋于地下，有一定的坡度，通过排水构筑物等排出。管道排水又分为管渠排水、暗道(盲沟)排水。公园绿地应尽可能利用地形排除雨水，但在某些局部如广场、主要建筑周围或难于利用地面排水的局部，可以设置暗管，或开渠排水。这些管渠可根据分散和直接的原则，分别排入附近水体或城市雨水管，不必采用完整的系统。

① 管道的最小覆土深度　根据雨水井连接管的坡度、冰冻深度和外部荷载情况决定，雨水管的最小覆土深度不小于 0.7m。

② 最小坡度　道路边沟的最小坡度不小于 2‰，梯形明渠的最小坡度不小于 2‰。

③ 最小容许流速　各种管道在自流条件下的最小容许流速不得小于 0.75m/s；各种明渠不得小于 0.4m/s(个别地方可酌减)。

④ 最小管径及沟槽尺寸　雨水管最小管径不小于 300mm，一般雨水口连接管最小管径为 200mm，最小坡度为 1%。公园绿地的径流中夹带泥沙及枯枝落叶较多，容易堵塞管道，故最小管径限值可适当放大。梯形明渠为了便于维修和排水通畅，渠底宽度不得小于 30cm。梯形明渠的边坡，用砖石或混凝土块铺砌的一般采用 1∶0.75~1∶1 的边坡。

⑤ 排水管渠的最大设计流速管道　金属管为 10m/s；非金属管为 5m/s。

(4) 盲沟排水

暗沟排水暗沟又称为盲沟，是一种地下排水渠道，用以排除地下水，降低地下水位。在一些要求排水良好的活动场地，如体育场、儿童游戏场等或地下水位过高影响植物种植和开展游园活动的地段，都可以采用暗沟排水。

① 盲沟排水的优点　取材方便，可废物利用，造价低廉；不需附加雨水口、检查井等构筑物，地面不留"痕迹"，从而保持了园林绿地草坪及其他活动场地的完整性。

② 盲沟的布置形式　盲沟的布置形式取决于地形及地下水的流动方向。大致可分

为以下四种形式(图4-11)。

- 自然式(树枝式):适用于周边高中间低的山坞状园址地形。
- 截流式:适用于四周或一侧较高的园址地形情况。
- 篦式(鱼骨式):适用于谷地或低洼积水较多处。
- 耙式:适用于一面坡的情况。

③ 盲沟的埋深和间距　盲沟的埋深主要取决于植物对地下水位的要求、受根系破坏的影响、土壤质地、冰冻深度及地面荷载情况等因素,通常在1.2~1.7m;支管间距则取决于土壤种类、排水量和排除速度,对排水要求高、全天候的场地,应多设支管。支

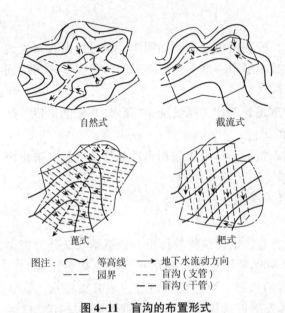

图 4-11　盲沟的布置形式

管间距一般为8~24m。盲沟的埋置深度一般不宜太浅,否则易造成表土中营养成分流失;但也不能太深,否则土方量太大,导致造价增高。

④ 盲沟纵坡　纵坡不小于0.5%。只要地形等条件许可,纵坡坡度尽可能取大些,以利于地下水的排除。

⑤ 盲沟的构造　因透水材料多种多样,故类型也多。常用材料及构造形式如图4-12所示。

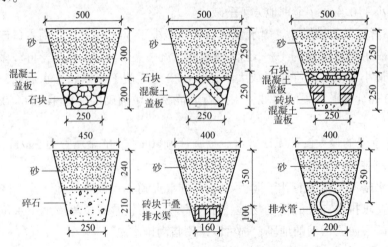

图 4-12　盲沟的类型

4.1.3.2　园林污水的处理

园林中的污水主要是生活污水,与一般城市污水相比,其性质较简单,污水量也较少。这些污水基本由两部分组成:一是餐厅、茶室、小卖部等饮食部门的污水;二

是由厕所等卫生设备所产生的污水，在动物园或带有动物展览区的公园里还有部分动物粪便及清扫禽兽笼舍后产生的污水。

处理这些污水，应根据其不同的性质分别进行，如饮食部门的污水，主要是残羹剩饭及洗涤废水，污水中含油脂较多，可将其引入沉淀隔离井内，经沉淀隔油处理后直接排入附近水体，用来养鱼或给水生植物作肥料。水体中种植藻类、荷花、水浮莲等水生植物，这些水生植物通过光合作用产生了大量的氧并溶解于水中，为污水的净化创造了良好条件，如处理沉渣，液体再发酵澄清后，便可排入城市污水管。若量少亦可排入偏僻的或不进行水上活动的园内鱼池或水生植物池等水体。化粪池中沉渣泥根据气候条件每隔3个月至1年清理一次，这些污泥是很好的肥料。

园林中污水排放的时间应选闭园休息或夜晚，排污地点应远离那些开展水上活动（游泳场等）的水体。

4.1.3.3 园林排水工程附属构筑物

排水附属构筑物，常见的有检查井、跌水井、雨水口、出水口等。

（1）检查井

① 作用　清通堵塞、使管连通。

② 设置位置　设在管径坡度、高程改变处、转弯处，管道交汇处在直线路段相隔一定距离也需设检查井。相邻检查井之间管渠应成一直线。

检查井可分不下人的浅井和需下人的深井。常用井口为直径600~700mm。构造如图4-13所示。

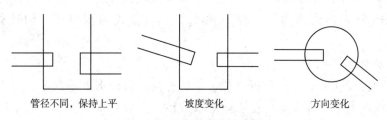

图4-13　检查井管渠布置

（2）跌水井

跌水井是设有消能设施的检查井。当遇到下列情况且跌差大于1m时需设跌水井：管道流速过大，需加以调节；管道垂直于陡峭地形的等高线布置，按原坡度将露出地面处；接入较低的管道处；管道遇上地下障碍物，必须通过跌落处。常见跌水井有竖管式、阶梯式、溢流堰式等。构造如图4-14所示。

（3）雨水口

雨水口是雨水管渠上收集雨水的构筑物。地表径流通过雨水口和连接管道流入检查井或排水管渠。雨水口常设在道路边沟、汇水点和截水点上。雨水口的间距一

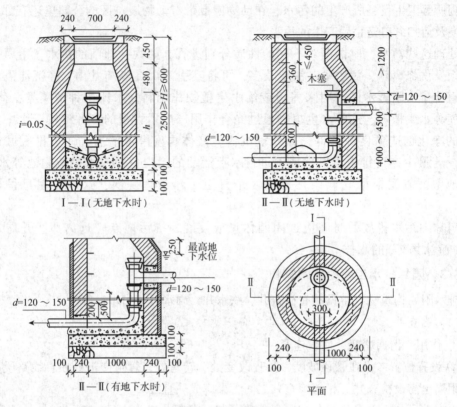

图 4-14 跌水井构造

一般为 25~60m。雨水口由进水管、井筒、连接管组成,雨水口按进水篦在街道上设置位置的不同可分为边沟雨水口、侧石雨水口、联合式雨水口等,构造如图 4-15 所示。

(4) 出水口

出水口的位置和形式,应根据水位、水流方向、驳岸形式等而定。雨水管出水口最好不要淹没在水中,管底标高在水体常水位以上,以免水体倒灌。出水口与水体岸边连接处,一般做成护坡或挡土墙,以保护河岸及固定出水管渠与出水口。

园林的雨水口、检查井、出水口,在满足构筑物本身的功能要求外,其外观应作为园景来考虑,可以运用各种艺术造型及工程处理手法来加以美化,使之成为一景。

4.1.4 园林喷灌系统施工

喷灌是借助一套专门的设备将具有压力的水喷射到空中,散成水滴降落到地面,供给植物水分的方法。它近似于天然降水,对植物全株进行灌溉,可以洗去枝叶上的灰尘,加强叶面的透气性和光合作用;水的利用率高,比地面灌水节水 50% 以上;喷灌不形成径流的设计原则有助于达到保持水土的重要目标;浇灌过程劳动效率高,省

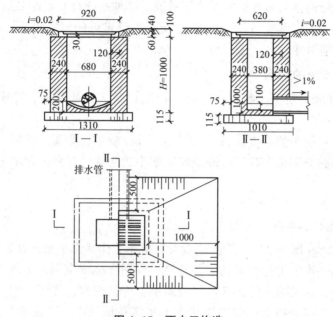

图 4-15 雨水口构造

工、省时；喷灌喷头良好的雾化效果和优美的水形在绿地中可形成一道美丽的景观；能增加空气湿度；便于自动化管理并提高绿地的养护管理质量等。但是喷灌系统受气候影响明显，前期投资大，对设计和管理工作要求严格。

4.1.4.1 喷灌系统的类型

按喷灌方式的不同，喷灌系统可分为移动式喷灌系统、固定式喷灌系统和半固定式喷灌系统。

(1) 移动式喷灌系统

此种形式要求灌溉区有天然地表水源(江、河、湖、池、沼等)，其动力(电动机或汽、柴油发动机)、水泵、管道和喷头等是可以移动的。此系统投资较少，机动性强，但管理工作强度大，适用于天然水源充裕的水网地区的园林绿地、苗圃、花圃的灌溉。

(2) 固定式喷灌系统

泵站固定，干支管均埋于地下的布置方式，喷头固定于竖管上，也可临时安装。固定式喷灌系统一次性投资比较大，但操作方便，节约劳动力，便于实现自动化和遥控操作。适用于需要经常灌溉和灌溉期较长的草坪、大型花坛、花圃、庭院绿地等。

(3) 半固定式喷灌系统

其泵站和干管固定，支管和喷头可移动，优缺点介于上述二者之间。多用于大型花圃、苗圃、菜地及绿地等。

园林工程设计时主要考虑固定式喷灌系统。这种系统有固定的泵站，供水的干管、支管均埋于地下固定于竖管上，也可临时安装。较先进的固定喷头，喷头不工作时，缩入套管中或检查井中。

4.1.4.2 喷灌系统的构成

喷灌系统通常由喷头、管材和管件、控制设备、过滤装置、加压设备、水源等构成。

喷头是喷灌系统中的重要设备，一般由喷体、喷芯、喷嘴、滤网、弹簧和止溢阀等部分组成。它的作用是将有压水流破碎成细小的水滴，按照一定的分布规律喷洒在绿地上。

(1) 喷头分类

① 按非工作状态分类

- 外露式喷头（图 4-16）：外露式喷头是指非工作状态下暴露在地面以上的喷头。这类喷头的材质一半为工程塑料、铝锌合金、锌铜合金或全铜，喷洒方式有单向出水和双向出水两种。这类喷头的优点是构造简单、价格便宜、使用方便，对供水压力要求不高。但是，外露式喷头在非工作状态下暴露在地面上，不便于绿地养护和管理，有碍园林景观。因此，外露式喷头一般用在资金不足或喷灌技术要求不高的场合。

- 地埋式喷头（图 4-17）：是指非工作状态下埋藏在地面以下的喷头。工作时，这类喷头的喷芯部分在水压的作用下伸出地面，然后按照一定的方式喷洒；当关闭水源时，水压消失，喷芯在弹簧的作用下又缩回地面。地埋式喷头构造复杂、工作压力较高，其最大优点是不影响园林景观效果、不妨碍活动，射程、射角及覆盖角度等喷洒性能易于调节，雾化效果好，适合于不规则区域的喷灌，能够更好地满足园林绿地和运动场草坪的专业化喷灌要求。

图 4-16 外露式喷头

图 4-17 地埋式喷头

② 按工作状态分类

- 固定式喷头（图 4-18）：指工作时喷芯处于静止状态的喷头。这种喷头也称为散射式喷头，工作时有压水流从预设的线状口喷出，同时覆盖整个喷洒区域。固定式喷头结构简单、工作可靠、使用方便，是庭院和小规模绿地喷灌系统的首选产品。

• 旋转式喷头(图4-19):是指工作时边喷洒边旋转的喷头。多数情况下这类喷头的射程、射角和覆盖角度可以调节。这类喷头对工作压力的要求较高,喷洒半径较大。旋转式喷头的结构形式很多,可分为摇臂式、叶轮式、反作用式、全射流式等。采用旋转式喷头的喷灌系统有时需要配置加压设备。

图 4-18 固定式喷头

图 4-19 旋转式喷头

③ 按射程分类

• 近射程喷头:指射程小于8m的喷头。这类喷头的工作压力低,只要设计合理,局部管网压力就能满足其工作要求。

• 中射程喷头:指射程为 8~20m 的喷头。这类喷头适合于较大面积园林绿地的喷灌。

• 远射程喷头:指射程大于20m的喷头。这类喷头工作压力较高,一般需要配置加压设备,以保证工作压力和雾化效果。多用于大面积观赏绿地和运动场草坪的喷灌。

(2) 管材和管件

管材和管件在绿地喷灌系统中起着纽带的作用。它将喷头、闸阀、水泵等设备按照特定的方式连接在一起,构成喷灌管网系统,以保证喷灌的水量供给。

在喷灌行业里,聚氯乙烯(PVC)、聚乙烯(PE)、聚丙烯(PP)等塑料管正在逐渐取代其他材质的管道,成为喷灌系统主要的管材。

(3) 控制设备

控制设备构成了绿地喷灌系统的指挥体系,其技术含量和完备程度决定着喷灌系统的自动化程度和技术水平。根据控制设备的功能与作用的不同,可将控制设备分为状态性控制设备、安全性控制设备和指令性控制设备。

(4) 过滤设备

当水中含有泥沙、固体悬浮物、有机物时,应使用过滤设备。绿地喷灌系统常用的过滤设备类型不同,其工作原理及适用场合也不同。

(5) 加压设备

当使用地下水或地表水作为喷灌用水时，用加压设备为喷灌系统供水，以保证喷头所需压力。常用加压设备主要为各类水泵，如离心泵、井用泵、小型潜水泵等。

水泵的性能主要包括扬程、流量、功率、效率等。设计时应根据水源条件和喷灌系统对水量、水压的要求等具体情况进行选择。

4.1.4.3 喷灌工程施工

(1) 施工放线

根据实际情况，按照设计图纸进行施工放线。对独立的喷灌区域，应先确定喷头位置，再确定管道位置、开挖深度和宽度，应符合设计要求，偏差不得超过质量检验标准的有关规定。

(2) 沟槽开挖

采用机械挖掘或者人工挖沟槽，严禁扰动沟槽底部土壤，防止雨水浸泡影响基础土质。沟槽宽度为管道外径加 0.4m，深度应满足喷头的高度及管网泄水的要求，冻结地区，沟槽至少有 0.2% 的坡度，坡向指向指定的泄水点。好的管槽底面应平整、压实，具有均匀的密实度。

(3) 管道安装

管道安装是绿地喷灌工程中的主要施工项目，程序包括下管和稳管、管道接口处理。管材供货长度一般为 4m 或 6m，现场安装工作量较大。安装顺序一般是先干管，后支管，再立管。管道材质不同，其连接方法也不同。管道接口处理：镀锌钢管套丝，采用套丝机套丝以提高工作效率，套丝后用刷子刷沥青两道，安装时要求槽平整，不允许有架空管道现象，接头连接用麻丝缠好丝口，防止漏水。

(4) 水压试验和泄水试验

① 水压试验

严密试验：将管道内的水压加到 0.35MPa，保持 2h。检查各部位是否有渗漏或其他不正常现象。在 1h 内压力下降幅度小于 5%，表明管道严密试验合格。

强度试验：严密试验合格后再次缓慢加压至强度试验压力（一般为设计工作压力的 1.5 倍，并且不得大于管道的额定工作压力，不得小于 0.5MPa），保持 2h。观察各部位是否有渗漏或其他不正常现象。在 1h 内压力下降幅度小于 5%，且管道无变形，表明管道强度试验合格。

② 管道冲洗 在分段冲洗或整个系统安装完毕后进行，冲洗前先拆除管道已安装的水表等仪器，并隔断与其他正常供水管线的联系，冲洗时用高速水流冲洗管道，直至所排出的水无杂质，验收后合格即可。

③ 泄水试验 泄水时应打开所有的手动泄水阀，截断立管墙头，以免管道中出现负压，影响泄水效果。只要管道中无满管积水现象即为合格。一般采用抽查的方法检验。抽查的位置应选地势较低处，并远离泄水点。检查管道中有无满管积水情况的较好方法是排烟法，即将烟雾从立管排入管道，观察临近的立管有无烟雾排出，以此判断两根立管之间的横管是否满管积水。

(5) 覆土填埋

管道安装完毕并经水压及泄水试验合格后,可进行管槽回填。回填时,对于管道以上约100mm范围,一般先用砂土或筛过的原土回填,管道两侧分层踩实,禁止用石块或砖砾等杂物单侧回填;然后采用符合要求的原土,分层轻夯或踩实。一次填土100~150mm,直至高出地面100mm左右。填土到位后对整个管槽进行水夯;以免绿化工程完成后出现局部下陷,影响绿化效果。

(6) 修筑管网附属设施

主要是阀门井、泵站等,要严格按照设计图纸进行施工。

(7) 设备安装

① 水泵和电机设备的安装　水泵和电机设备的安装施工必须严格遵守操作规程,确保施工质量。

② 喷头安装　喷头安装施工应注意以下几点:

喷头安装前,应彻底冲洗管道系统,以免管道中的杂物堵塞喷头;

喷头的安装高度以喷头顶部与草坪根部或灌木修剪高度平齐为宜;

在平地或坡度不大的场合,喷头的安装轴线与地面垂直;如果地形坡度大于20°,喷头的安装轴线应取铅垂线与地面垂线所形成的夹角的平分线方向,以最大限度保证组合喷灌均匀度。

(8) 成品保护

① 管材、管件、阀门及消火栓搬运和堆放要避免碰撞损伤。

② 在管道安装过程中,管道未捻口前应对接口处做临时封堵;中断施工或工程完工后,凡开口的部位必须有封闭措施,以免污物进入管道。

③ 管道支墩、挡墩应严格按设计或规范要求设置。

④ 刚打好口的管道,不能随意踩踏、冲撞和重压。

⑤ 阀门、水表井要及时砌好,以保证管道附件安装后不受损坏。

⑥ 管道穿过园内主要道路基础时要加套管或设管沟。

⑦ 埋地管道要避免受外荷载破坏而产生变形。水压试验要密切注意系统最低点的压力不可超过管道件的承受能力,试压完毕后要排尽管内存水。放水时,必须先打开上部的排气阀;天气寒冷时,一定要及时排水,防止受冻。

⑧ 地下管道回填土时,为防止管道中心线位移或损坏管道,应人工先在管子周围填土夯实,并应在管道两边同时进行,直至管顶0.5m上时,在不损坏管道的情况下,方可用机械夯实。

任务4.2　园林给水工程施工技术操作

园林给水管线,绝大部分在绿地下,部分穿越道路、广场时才设在硬质铺地下,属于隐蔽工程,在施工管理上要认真做好施工的过程记录。施工工艺流程如下:

熟悉设计图纸→施工准备(人员、机具、材料、施工方案及交底)→定点放线→挖掘沟槽→管沟验收→基础处理→管道安装→修筑管网附属设施→覆土填埋→管道冲洗→交工验收。

4.2.1 园林给水工程施工准备

4.2.1.1 工具准备

室外给水管道安装常用的机具有套丝机、砂轮切割机、电焊机、氧割设备、试压泵、管剪切器、热熔器、电气焊工具、撬杠、手锤、捻口凿、钢锯、铰扳、管子台虎钳、大绳、铁锹、铁镐等。

4.2.1.2 材料准备

材料质量要求：管材及管件的规格、品种应符合设计要求，外表光洁，附着牢固。有制造厂的名称和商标、制造日期及工作压力符号等标记。HDPE管及管件的内外表面应光滑、干净。

其他材料：止水带、麻刀丝、PVC胶水、胶圈、橡胶板(厚度3~5mm)、螺栓、螺母、防锈漆、沥青等。应符合设计要求，并有出厂合格证。

阀门应无裂纹，开关灵活严密，铸造规矩，手轮无损坏，并有出厂合格证。地下闸阀、水表等规格应符合设计要求，并有出厂合格证。

4.2.1.3 作业条件

① 有安装项目的设计图纸，并且已经过图纸会审和设计交底，施工方案已编制好。

② 管材、管件及阀门等均已检验合格，并且具备了出厂合格证、检验(试验)合格证等有关的技术资料；清理干净，不存杂物。

③ 暂设工程、水源、电源等已经具备。

④ 埋地管道，管沟平直，管沟深度、宽度符合要求，阀门井、水表井垫层，消火栓底座施工完毕。管沟沟底沟内无障碍物，且应有防塌方措施。管沟两侧不得堆放施工材料和其他物品。开挖的沟槽经过检查合格并填写了"管沟开挖及回填质量验收单"。

⑤ 室外给水管道在雨季施工或地下水位较高时，应挖好排水沟槽、集水井，准备好潜水泵、胶管等抽水设备以便抽水。

4.2.2 园林给水工程施工主要内容及工艺流程

本工程水景补水管、溢流管、泄水管及水景循环水管均采用热镀锌钢管焊接安装。配合土建施工的预埋管和防水套管采用焊接钢管。其施工流程与喷灌系统的施工流程和施工工艺大部分是一致的，但由于其管材不同，给水管水管安装的工艺有所不同。本任务着重讲解镀锌钢管的安装工艺。

4.2.2.1 测量放样

① 给水管道工程的线路测量包括定线测量、水准测量和直接丈量。

② 定线测量要测定管道的中心线和转角，用白灰在地面上画出。

③ 在进行管道水准测量时，应沿线设临时水准点，临时水准点标高值由控制水准点引测。

4.2.2.2 挖掘沟槽

（1）沟槽开挖前工作

开槽前要认真调查了解地上地下障碍物，以便开槽时采取妥善加固保护措施，进行现场调查探摸，掌握地下管线情况，采取有效措施加以保护。

（2）沟槽开挖形式

根据设计图中设计管道的规格、埋置深度以及规范要求来确定沟槽开挖的形式，按规定比例放坡，保证沟槽不塌方。

给水管道的管顶覆土厚度设计要求大于当地土壤水冻线，管道基础采用50cm沙砾基础，如遇粉质黏土等工程性质相对较差的夹层时，需清除，清除后采用级配砂石换填至设计管底持力层标高。

（3）开挖方法

土方开挖采用机械开挖，槽底预留20cm由人工清底。开挖过程中严禁超挖，以防扰动地基。对于有地下障碍物（管、缆）的地段由人工开挖，严禁破坏。

开槽后及时约请各有关人员验槽，验槽合格后方可进行下道工序。槽底地基承载力特征值要求不小于100kPa。

4.2.2.3 管道安装施工流程

安装准备→预加工→干管安装→立管安装→支管安装→管道试压→管道清洗。

（1）安装准备

认真熟悉施工图纸，根据施工方案的施工方法和技术交底的具体措施做好准备工作，核对各件管道和坐标、标高是否有交叉，管道排列所有空间是否合理，如有问题及时与有关人员研究解决。

（2）管道安装

① 按设计图纸画出管道分路、管径、变径、预留管口、阀门位置的施工草图，在实际安装的结构位置做上标记，按标记分段量出实际安装的准确尺寸，记录在施工草图上，然后按草图测得的尺寸预制加工、断管、套丝、上零件、调直、核对。

② 立管暗装。竖井内立管安装的卡件宜在管井口设置型钢，上下统一吊线安装吊直找正，用卡件固定，支管的甩口应明露并加好临时堵头。

③ 支管明装。应将预制好的支管从立管甩口逐段进行安装，根据管道长度适当加好临时固定卡，核定支管连接的各项设备的预留高度、位置是否正确。找平找正后栽支管卡件，去掉临时固定卡，上好临时堵头。

④ 支管暗装。确定支管高度后画线定位，剔出管槽，将预制好的支管敷设在槽内，找平找正后将支管固定。卫生器具的冷热水预留口要做在明处加好堵头。

⑤ 管道套丝丝扣要求光滑、干净,不允许有毛刺,断丝不允许超过整个丝数的10%。套好丝后先预组装,检查管丝支管配件的配合情况,丝扣填料施工时,先刷白厚漆再绕麻丝,麻丝顺时针缠绕,缠绕要均匀、平整,不能绕到管头外或在管口内。

⑥ 电动阀、手动阀、止回阀、水过滤器在安装前应按有关规定做质量检查,质检合格后方可安装。安装时应注意水流方向:截止阀、升降式止回阀、蝶阀水流开关以阀体箭头所示流向为准。瓣式止回阀在阀瓣旋转轴一端为介质流入口,闸阀、旋塞、球阀等无流向规定。

⑦ 根据设计要求,给水系统供水压为 0.1MPa,热镀锌焊接钢管系统试验压力为工作压力的 1.5 倍。在进行强度严密性试验时,立管在最高点和加压泵处各设置一块压力表。管道在试压泵加压升至试验压力后,10min 压降不大于 0.02MPa,然后降至工作压力,检查接口无渗漏,管道无变形为合格。支管试压水泵加压升至试验压力后,1h 内压力降不大于 0.05MPa,然后降至工作压力的 1.15 倍稳压 2h,压力下降不大于 0.03Pa,检查接口无渗漏为合格。

⑧ 管道试压完成后,进行冲洗,冲洗时,以系统内最大设计流量或不小于 1.5m/s 的流速冲洗,直到出水口水色透明度与入口目测一致为合格。

(3) 阀门安装

① 阀门安装施工应首先根据设计要求确定好阀门安装位置,并做出标记。

② 阀门在安装前应根据设计图纸和产品说明书核对阀门的型号、规格、法兰螺栓的规格和数量,检查阀门的质量保证资料和外观质量,并对阀体内进行清洗,除去杂质,检查填料及其压盖螺栓是否有足够的调节余量。检查阀芯的开启度和灵活度。阀门安装前,还应根据不同的规格型号,按照设计和施工质量验收规范的要求,逐个进行强度和严密性试验,合格后方可安装。

③ 阀门安装时,一般在地面上将阀门两端的法兰或承(插)盘短管用螺栓连接后再吊至地下与管道连接(承插接口或焊接),吊装时,绳子不能系在手轮或阀杆上,以免损坏。如需要在地下进行法兰接口连接,应注意不要将接口偏差转借到法兰接口上,以防止损坏阀门。

④ 应对阀门的传动装置和操作机构进行清洗检查,要求动作灵活可靠,无卡涩现象。

⑤ 阀门连接法兰的密封面应互相平行,在每 100mm 法兰密封面直径上,平行度偏差不得超过 0.2mm。

⑥ 阀门安装后,法兰连接应平整、紧密,螺栓长度应一致,且螺帽应在同一侧。螺栓拧紧后应伸出螺帽 1~3 丝。

⑦ 阀门支墩应稳定、牢靠,与阀门接触充分。

⑧ 阀门安装完毕后应参加管网系统的强度和严密性试验。

4.2.2.4 管沟回填

（1）管沟回填前，应符合下列要求

① 埋地压力管道在敷设后，经对其坐标、标高共检完毕，通过隐蔽工程验收后，即可进行管段主体的回填（接头外露）。

② 管道压力试验完毕，经监理及建设单位检查合格后，填写隐蔽工程记录，并经四方签字后，方可进行管道工作坑的回填和管沟其他层面的回填。

③ 沟槽内无积水、杂物等。

（2）管沟回填时，应符合下列规定

① 管顶以上500mm范围内人工回填沙砾并人工夯实，管顶以上500mm至路床顶人工配合机械回填沙砾，用震动压路机进行压实，保障沟槽压实度要求。

② 回填时应进行分层夯实，压实后每层厚度100~200mm。

4.2.2.5 管道系统的试验及冲洗

（1）压力管道水压试验

① 埋地压力管道试验管段的长度每次不宜大于1km。

② 在进行水压试验时，采用洁净水进行。对于其他管道，可就近采用从装置临时给水网引水进行水压试验。管道水压试验压力为0.5MPa，试验0.8MPa。

③ 管道密封性试验时，应进行外观检查，不得有漏水现象。

（2）管道冲洗

给水管道系统冲洗在水压试验合格后，由建设单位组织，施工单位配合进行。冲洗应根据系统内可能达到的最大压力和流量连续进行，出口处的水色和透明度与入口处目测一致为合格。冲洗后及时填写冲洗记录。

4.2.3 园林给水工程现场施工常见问题

4.2.3.1 管道部件问题

施工单位要强化质量意识，选定有技术合格和质量保证的部件供应商，做好相关产品外观检查和技术检验。在施工中对重要的部件进行内压试验和外压试验，做到给排水管道部件质量的严格控制与保障。否则管材容易在性能指标方面不符合使用标准，在后期运行时，由于抗压力、抗渗能力不足，容易出现渗漏的情况。

4.2.3.2 土方挖掘问题

在实际施工中，要严格按照设计图纸和施工工艺执行土方挖掘工作。施工中根据土质和周边情况安全合理地开挖土方，避免出现边坡塌方、槽底泡水以及断面误差太大等问题，严重影响到管道施工的正常进行。在任何情况下，不允许沟内长时间积水，并应严防浮管现象。各种沟槽和附属设施的土方开挖深度应足够，控制好管道坡度和附属设施标高。

4.2.3.3 安装管道工艺问题

施工现场应加强管理,避免出现管道的坡度、管件口径、型号、安装顺序和设计图纸的要求不吻合的情况。管道支(挡)墩不应建立在松土上,其后背应紧密地同原土相接触。如无条件靠在原土上,应采取相应措施保证支墩在受力情况下不致破坏管道接口。管道接口连接要按正确的施工方法,不能为提高施工速度而降低施工质量。

4.2.3.4 闭水试验的问题

管道安装完毕后管道清理和闭水试验必须按标准严格执行。在试验时由于给排水管道的施工地点不同,那么其水压也会因此而出现不同,所以相关单位要多点测量。水压试验后,将投入运行时,时常因管内空气排除不利而造成严重的水击现象,因此,水压试验后要排出管内空气并设置排气装置,以保证系统在运行中不致出现管道破裂事故。

4.2.3.5 回填工程的问题

在隐蔽工作完成并验收合格以后,对沟槽回填时,应该从两侧对称进行回填施工,并保证回填材料符合设计要求,如果采用机械回填,应该在管顶0.6m之内和检查井周围等重要部位先进行人工回填。回填时需要在建筑物旁或者排水管顶敷设路线的沟槽,回填应该采用分层压实的方法,回填不能使用不良土。

任务4.3 园林排水工程施工技术操作

4.3.1 园林排水工程施工准备

4.3.1.1 施工材料准备

钢筋混凝土管、预应力钢筋混凝土管、混凝土管、石棉水泥管、陶土管和缸瓦管等室外排水管道和管件的品种、规格应符合设计要求,并有出厂合格证明。

4.3.1.2 施工机具准备

链式手拉葫芦、千斤顶、皮老虎、撬杠、捻口凿、扁錾、手锤、钢卷尺、水平尺、量角规等。

4.3.1.3 作业条件

① 施工图纸已经过会审、设计交底,施工方案已编制。施工技术人员向班组作了图纸和施工方案交底说明,并编写了"施工技术交底记录"和"工程任务单"。

② 管材、管件均已检验合格,并具备所要求的技术资料。暂设工程已搭设可用,水源、电源均具备。

③ 室外地坪标高已基本定位。非安装单位开挖沟槽,沟槽应验收合格,并填写了"管沟开挖及回填质量验收单"。

④ 在雨季施工时，应挖好排水沟槽、集水井，准备好潜水泵、胶管等抽水设备，以便抽水，要严防雨水浸泡沟槽。

4.3.2 园林排水工程施工主要内容及工艺流程

排水管道埋入地下，有一定坡度，管道纵坡不小于5‰，污水或雨水通过原有排水管道排出，由支管道汇水于主管道。一般施工流程如下：

施工现场确认→放线并设置龙门桩→开挖沟槽→基础施工→敷设排水管→检查井安装→管道填埋→验收。

4.3.2.1 定位放线

先按施工图测出管道的坐标及标高，再按图示方位打桩放线，确定沟槽位置、宽度。应符合设计要求，偏差不得超过质量标准的有关规定。

4.3.2.2 采用机械挖槽或人工挖槽

如挖深过深必须放坡，坡度定为1∶0.33，机械挖至30cm，余土由人工清理，严禁扰动槽底原土或雨水泡槽影响基础土质，保证基础良好性，土方堆放在沟侧，土堆底边与沟边的距离不得小于0.5m。

园林排水管道施工图中所列的管道标高均指管道内底标高。管道的埋深要符合设计要求或规范规定。排水管的埋设深度包括覆土厚度及埋设深度两层含义，覆土厚度指管道外壁顶部到地面的距离；埋设深度指管道内壁底到地面的距离。对生活污水、生产废水（污水）、雨水管道敷设坡度的要求，应满足设计要求或规范规定。

4.3.2.3 地沟垫层处理

要求沟底是坚实的自然土层，如果是松土填成的或底沟是块石都需进行处理，应夯实，块石则铲掉上部后，铺上一层厚度大于150mm的回填土，整平夯实，用黄沙铺平。

4.3.2.4 混凝土管道安装

（1）管道基础

排水管道基础的好坏，对排水工程的质量有很大影响。目前常用的管道基础有砂土基础、混凝土枕基、混凝土带形基础。

① 砂土基础　砂土基础包括弧形素土基础及砂垫层基础两种。弧形素土基础是在原土层上挖一弧形管槽，管子落在弧形管槽内。砂垫层基础是在挖好的弧形槽内铺一层粗砂，砂垫层厚度通常为100~150mm。

② 混凝土枕基　是设置在管道接口处的局部基础，通常在管道接口下用C7.5混凝土做成枕状垫块，适用于管径$d \leqslant 600mm$的承插接口管道及管径$d \leqslant 900mm$的抹带接口管道。枕基长度取决于管道外径，其宽度一般为200~300mm。

③ 混凝土带形基础　是沿管道全长铺设的基础。按管座形式分为90°、135°、180°三种。施工时，先在基础底部垫100mm厚的沙砾石，然后在垫层上浇灌C10混凝土。混凝土带形基础的几何尺寸应按施工图的要求确定。

管道施工究竟选用哪种形式的基础,应根据施工图纸的要求而定。在管道基础施工时,同一直线管段上的各基础中心应在一条直线上,并根据设计标高找好坡度。采用预制枕基时,其上表面中心的标高应低于管外底10mm。

(2) 下管

沟槽的开挖及散管可参照室外给水管道安装的有关要求。下管前应检查管道基础标高和中心线位置是符合设计要求,基础混凝土强度达到设计强度的50%,且不小于5MPa时才可下管。下管由两个检查井间的一端开始,管道应慢慢下落到基础上,防止下管绳索折断或突然冲击砸坏管基。管道进入沟槽内后,马上进行校正找直。校正时,管道接口一般保留一定间隙。管径$d<600mm$的平口或承插口管道应留10mm间隙;管径$d>600mm$时,应留有不小于3mm的对口间隙。待两个检查井的管道全部下完,对管道的位置设置、标高进行检查,核实无误后,再进行管道接口处理。

(3) 接口

园林排水管道的接口形式有承插接口、平口接口及套箍接口三种。

① 承插接口 带有承插接口的排水管道连接时,承口应迎着水流方向,可采用沥青油膏或水泥砂浆填塞承口。沥青油膏的配合比(重量比)为:6号石油沥青100,重松节油11.1,废机油44.5,石棉灰77.5,滑石粉119。调制时,先把沥青加热至120℃,加入其他材料搅拌均匀,然后加热至140℃即可使用。施工时,先将管道承口内壁及插口外壁刷净,涂冷底子油一道,再填沥青油膏。采用水泥砂浆作为接口填塞材料时,一般用1∶2水泥砂浆。施工时应将插口外壁及承口内壁刷干净,然后将和好的水泥砂浆由下往上分层填入捣实,表面抹光后覆盖湿土或湿草袋养护。敷设小口径承插管时,可在稳好第一节管段后,在下部承口上垫满灰浆,再将第二节管插入承口内稳好。挤入管内的灰浆用于抹平内口,多余的清除干净。接口余下的部分应填灰打严或用砂浆抹平。按上述程序将其余管段敷完。

② 平口接口 平口和企口管子均采用1∶2.5水泥砂浆抹带接口。抹带工作必须在八字枕基或包接头混凝土浇筑完后进行。操作前应将管接口处进行局部处理,管径$d\leqslant 600mm$时,应刷去抹带部分管口浆皮;管径$d>600mm$时,应将抹带部分的管口凿毛刷净,管道基础与抹带相接处混凝土表面也应将凿毛刷净,使之黏接牢固。抹带时,应使接口部位保持湿润状态,先在接口部位抹上一层薄薄的素灰浆,并分两次抹压,第一层为全厚的1/3,抹完后在上层割划线槽使其表面粗糙,待初凝后再抹第二层,并赶光压实。抹好后,立即覆盖湿草袋并定期洒水养护,以防龟裂。排水管道抹带接口操作中,如遇管端不平,应以最大缝隙为准。接口时不应往管缝内填塞碎石、碎砖,必要时应塞麻绳或管内加垫托,待抹完后再取出。抹带时,禁止在管上站人、行走或坐在管上操作。

③ 套箍接口 采用套箍接口的排水管道下管时,稳好管子后,立即套上一个预制钢筋混凝土套箍。接口一般采用石棉水泥作填充材料,接口缝隙处填塞一圈油麻。接口时,先检查管子的安装标高和中心位置是否符合设计要求,管道是否稳定,然后调

整套箍，使管子接口处于套箍正中。套箍与管外壁间的环形间隙应均匀，套箍和管子的接合面要用水冲刷干净，将油麻填入套箍中心，再把和好的石棉水泥用捻口凿自下而上填入套箍环缝内。石棉水泥的配合比（重量比）为：水：石棉：水泥＝1：3：7。水泥标号应不低于325号，且不得采用膨胀水泥，以防套箍胀裂。打灰口时应使每次捻口凿重叠一半。打好的灰口与套箍边齐平，环形间隙均匀，填料凹入接口边缘不得大于5mm。管径 $d>700mm$ 的管道，对口处缝隙较大时，应在管内用草绳填塞，待打完外部灰口后，再取出内部草绳，用1：3水泥砂浆将内缝抹平抹严。打完的灰口应立即用湿草袋盖好，并定期洒水养护2~3d。采用管箍接口的排水管道应先作接口，后作接口处混凝土基础。

敷设在地下水位以下且地基较差，可能产生不均匀沉陷地段的排水管，在用预制套箍接口时，接口材料应采用沥青砂浆。沥青砂浆的配制及接口操作方法应按施工图纸要求。

在有侵蚀性土壤或水中，管道接口应使用耐腐蚀性的水泥。

4.3.2.5　石棉水泥管道安装

管道安装与混凝土管道一样，但使用管箍作接口时，可填水泥砂浆。

4.3.2.6　陶土管（缸瓦管）安装

陶土管一般采用承插连接，接口填料用水泥和砂按1：1配合比（重量比）填实接口即可。

4.3.2.7　室外排水管道闭水试验

室外生活排水管道施工完毕，接口填料强度达到要求后，按规范要求应做闭水试验。试验时：

① 对被试验的管段起点及终点检查井的管子两端用钢制堵板堵好。

② 在起点检查井的管沟边设置一个试验水箱，如管道设在干燥型土层内，要求试验水位高度应高出起点检查井管顶4m。

③ 将进水管接至堵板的下侧，终点检查井内管子的堵板下侧应设泄水管，并挖好排水沟。管道应严密，并从水箱向管内充水，管道充满水后，一般应浸泡1~2昼夜再进行试验。

④ 量好水位，观察管道接头处是否严密不漏，如发现漏水应及时返修。作闭水试验，观察时间不应少于30min。

⑤ 如污水管道排出有腐蚀性污水，管道不允许有渗漏。

⑥ 雨水管道及与其性质相似的管道，除湿陷性黄土及水源地区外，可不做渗水量试验。

⑦ 闭水试验完毕后应及时将水排出。

4.3.2.8　管沟回填土

在闭水试验完成，并办理"隐蔽工程验收记录"后，即可进行回填土。

① 管顶上部500mm以内不得回填直径大于100mm的块石和冻土块 500mm以上部

分回填块石或冻土不得集中；用机械回填，机械不得在管沟上行驶。

② 回填土应分层夯实，虚铺厚度：机械夯实不大于300mm；人工夯实不大于200mm。管道接口坑的回填必须仔细夯实。

4.3.2.9 检查井

① 检查井的尺寸应符合设计要求，允许偏差为±20mm（圆形井指其内径；矩形井指内边长）。

② 安装混凝土预制井圈，应将井圈端部洗干净并用水泥砂浆将接缝抹光。

③ 砖砌检查井，地下水位较低，内壁可用水泥砂浆勾缝；地下水位较高，井的外壁应用防水砂浆抹面，其高度应高出最高水位200~300mm。含酸性污水检查井，内壁应用耐酸水泥砂浆抹面。

④ 排水检查井内需做流槽，应用混凝土或用砖砌筑，并用水泥砂浆抹光。流槽的高度等于引入管中的最大管径，允许偏差为±10mm。流槽下部断面为半圆形，其直径同引入管管径。流槽上部应作垂直墙，其顶面应有5%的坡度。排出管同引入管直径不相等，流槽应按两个不同直径做成渐扩形。弯曲流槽同管口连接处应有0.5倍直径的直线部分，弯曲部分为圆弧形，管端应同井壁内表面齐平。管径大于500mm，弯曲流槽同管口的连接形式应由设计确定。

⑤ 井盖上表面应同路面相平，允许偏差为±5mm。无路面时，井盖应高出室外设计标高50mm，并应在井口周围以2%的坡度向外做护坡。如采用混凝土井盖，标高应以井口计算。用铸铁井盖，应与其他管道井盖有明显区别，重型和轻型井盖不得混用。

⑥ 管道穿过井壁处，应严密、不漏水。

4.3.3 园林排水工程现场施工常见问题

① 排水管道安装要严格按设计要求或规范规定的坡度进行安装。

② 排水管变径时，要设检查井排水管道在检查井内的衔接方法：通常，不同管径采用管顶平接，相同管径采用水面平接，但在任何情况下，进水管底不能低于出水管底。排水管道在直管管段处，为方便定期维修及清理疏通管道，每隔30~50m设置一处检查井；在管道转弯处、交汇处、坡度改变处，均应设检查井。

③ 产生排水管道漏水现象的原因如下：

• 管沟超挖后，填土不实或沟底石头未打平，管道局部受力不均匀而造成管材或接口处断裂或活动。

• 管道接口养护不好，强度不够而又过早摇动，使接口产生裂纹而漏水。

• 未认真检查管材是否有裂纹、砂眼等缺陷，施工完毕又未进行闭水试验，造成通水后渗水、漏水。

• 管沟回填土未严格执行回填土操作程序，随便回填而造成局部土方塌陷或硬土块砸裂管道。

• 冬季施工做完闭水试验时，未能及时放净水，以致冻裂管道造成通水后漏水。

④ 安全保障措施如下：

- 在现场堆码管道时,要按规定的地点堆放,严禁超高堆放。人不准上去踩蹬。
- 管沟开挖必须按规定放边坡,对土质不好或深度太大的沟槽,必须按照有关规定加固、设支撑,施工严禁以固壁支撑代替上下管沟的梯子和吊装管子的支架。较深的沟槽应分层开挖,人工挖槽一般以每层 2m 为宜。弃土要按规定堆放,防止造成坍方。
- 采用人力往沟内下管时,使用的绳索和地桩必须牢固可靠,两端放绳速度应一致,且沟下不得站人。
- 管道吊装的吊点应绑扎牢固,起吊时应服从统一指挥,动作协调一致。非操作人员不得进入作业区域。

⑤ 窜动管子或进行管子对口时,动作应协调,操作人员不得将手放在管口连接处。

任务 4.4　园林给排水工程施工质量检测

4.4.1　园林给排水工程施工质量检测方法

给排水工程是园林工程中的重要组成部分,建设质量好坏直接影响着园区内人们的生产生活。而且给排水工程大部分属于隐蔽工程,若要大面积维修会造成园区无法正常使用。因此,严格遵守施工规范施工,切实保证施工材料质量,加强施工人员质量意识管理,才能保证施工产品的质量。在检测给排水工程管道施工质量时,我们常采用以下几种方法。

4.4.1.1　注水法试验

给水网管,根据不同的管径,对管道两端进行封堵处理后,注入水,静泡。压力表压力升至试验压力后开始计时,每当压力下降,应及时向管道内补水,但最大压降不得大于 0.03MPa,保持管道试验压力恒定,恒压延续时间不得少于 2h,并计量恒压时间内补入试验管段内的水量。实测渗水量应按下式计算:

$$q = \frac{W}{T \cdot L} \times 1000$$

式中　q——实测渗水量[L/(min·km)];

　　　W——恒压时间内补入管道的水量(L);

　　　T——从开始记时至保持恒压结束的时间(min);

　　　L——试验管段的长度(m)。

4.4.1.2　闭水法试验

在排水管道中注入水,当试验管段灌满水后,浸泡时间不应少于 24h。当试验水头达到规定水头时开始计时,观测管道的渗水量,直至观测结束时,应不断地向试验管段内补水,保持试验水头恒定。渗水量的观测时间不得小于 30min。实测渗水量应按下式计算：

$$q = \frac{W}{T \cdot L} \times 1000$$

式中　q——实测渗水量[L/(min·km)]；
　　　W——补水量(L)；
　　　T——实测渗水观测时间(min)；
　　　L——试验管段的长度(m)。

4.4.1.3 闭气法试验

将进行闭气检验的排水管道两端用管堵密封，然后向管道内填充空气至一定的压力，在规定闭气时间测定管道内气体的压降值。

试验步骤应符合下列规定：

① 对闭气试验的排水管道两端管口与管堵接触部分的内壁应进行处理，使其洁净磨光。

② 调整管堵支撑脚，分别将管堵安装在管道内部两端，每端接上压力表和充气罐。

③ 用打气筒向管堵密封胶圈内充气加压，观察压力表显示至0.05~0.20MPa，且不宜超0.20MPa，将管道密封。锁紧管堵支撑脚，将其固定。

④ 用空气压缩机向管道内充气，膜盒表显示管道内气体压力至3000Pa，关闭气阀，使气体趋于稳定。记录膜盒表读数从3000Pa降至2000Pa历时不应少于5min。气压下降较快，可适当补气；下降太慢，可适当放气。

⑤ 膜盒表显示管道内气体压力达到2000Pa时开始计时，在满足该管径的标准闭气时间规定时，计时结束，记录此时管内实测气体压力P，如$P \geq 1500$Pa，则管道闭气试验合格，反之为不合格。

⑥ 管道内气体趋于稳定过程中，用喷雾器喷洒发泡液检查管道漏气情况。

检查方法：检查管堵对管口的密封，不得出现气泡；检查管口及管壁漏气，发现漏气应及时用密封修补材料封堵或做相应处理；漏气部位较多时，管内压力下降较快，要及时进行补气，以便做详细检查。

4.4.2 园林给排水工程施工质量检测标准

园林给排水工程质量检测的标准和其他园林工程的质量检测、验收标准大致相同，要求各分部分项工程质量在质量控制标准范围内，外观质量符合要求，有关安全和使用功能检测符合使用要求。其中，所检测的主要内容在《给水排水管道工程施工及验收规范》(GB 50268—2008)中都有具体范围。

思考与练习

1. 给水网管的布置形式各有哪些优缺点？
2. 排水网管在布置时要遵循哪些事项？

3. 园林给排水网管常用材料有哪些优缺点?
4. 喷灌系统施工的技术要点有哪些?
5. 给水工程施工中一般的施工流程是什么?
6. 混凝土排水管施工方法是什么?
7. 给排水工程施工质量检测方法有哪些?

项目 5　园林供电照明工程施工

技能点

1. 能依据园林景观照明施工图纸等，制定园林供电照明工程施工流程；
2. 能完成园林景观供电照明工程施工准备；
3. 会简单园林景观供电照明工程施工操作；
4. 会园林景观供电照明工程施工质量检验。

知识点

1. 了解园林照明的基本理论知识；
2. 了解园林供电照明设计的基本知识；
3. 掌握园林景观照明施工的步骤和方法。

工作环境

园林工程实训基地。

任务 5.1　认识园林供电照明工程施工

园林景观照明除了创造一个明亮的游憩环境，满足夜间游园活动、节日庆祝活动以及保卫工作等功能要求之外，最重要的一点是照明与园景密切相关，是创造新园林景观的手段之一。园林供电照明施工主要是供电线路安装和园林灯具的安装任务。

5.1.1　园林景观照明相关知识

5.1.1.1　园林景观照明的相关概念

围绕园林景观照明的视觉问题是复杂的，在设计和评价一个园林环境照明时，通常要考虑以下一些技术参数，如照度、发光强度、亮度、眩光以及视觉敏锐度等。

① 光通量　是指单位时间内光源发出可见光的总能量，单位为流明(lm)。例如，当发出波长为555nm黄绿色光的单色光源，其辐射功率为1W时，它所发出的光通量为683lm。100W的普通白炽灯发光通量为1400 lm。

② 光照强度　是一种物理术语，指单位面积上所接受可见光的光通量，简称照度，用符号E表示，单位为勒克斯(lx)。照度是决定物体明亮程度的间接指标；在一定范围内，照度增加，视觉能力也相应提高。

③ 发光强度　点光源在给定方向的发光强度，是光源在这一方向上立体角元内发射的光通量与该立体角元之商，用符号I表示，单位为坎德拉(cd)。发光强度常用于说明光源和照明灯具发出的光通量在空间各方向或在选定方向上的分布密度。

④ 亮度　光源或受照物体反射的光线进入眼睛，在视网膜上成像，使人能够识别它的形状和明暗。亮度是一单元表面在某一方向上的光强密度。它等于该方向上的发光强度与此面元在这个方向上的投影面积之商，用符号L表示，单位是cd/cm^2或fL($1fL=3.426cd/m^2$)。亮度是观察者所看到的，环境中的道路、停车场、广场等经过照明会变成水平方向的亮度表面；而建筑的立面、构筑物、雕塑以及树木等经过照明会变成垂直方向的亮度表面。各种亮度的表面构成了夜间的园林景观。

⑤ 眩光　可能使人看不清目标物体，使人感到视觉不舒适，或使人感到不快。眩光表现出失能眩光(光幕)、不适眩光和干扰眩光三类。失能眩光是由于杂散光进入人眼从而降低视网膜上影像的对比度而造成的。不适眩光是由视野中过强的亮度对比或亮度分布不均匀造成的。

⑥ 视觉敏锐度　在园林环境中，人眼的视觉适应和识别过程包括明视觉、暗视觉和中间视觉三种。明视觉反应状态通常是在适应亮度$\geq 3cd/cm^2$时存在；暗视觉反应状态通常是在适应亮度$\leq 0.0013cd/cm^2$时存在。中间视觉出现在大多数的园林景观照明中，这种视觉反应状态通常在适应亮度处于$0.001 \sim 3.000cd/cm^2$时存在。

⑦ 色温　是灯的色表的定量指标。光源的发光颜色与温度有关。光源的发光颜色与黑体(指能吸收全部光能的物体)加热到某一温度所发出的颜色相同时的温度，就称为该光源的颜色温度，简称色温，用绝对温标K来表示。例如，白炽灯的色温为2400~2900K，管型氙灯为5500~6000K。

⑧ 显色性与显色指数　当某种光源的光照射到物体上时，所显现的色彩不完全一样，有一定的失真度。这种同一颜色的物体在具有不同光谱的光源照射下，显出不同颜色的特性，就是光源的显色性，通常用显色指数(Ra)来表示。显色指数越高，

表5-1　常见光源的显色指数

光　源	显色指数(Ra)
白色荧光灯	65
荧光水银灯	44
日光色荧光灯	77
金属卤化物灯	65
暖色荧光灯	59
高显色金属卤化物灯	92
高显色荧光灯	92
高压钠灯	29
水银灯	23
氙灯	94

颜色失真越少,光源的显色性就越好。国际上规定参照光源的显色指数为100。常见光源的显色指数见表5-1所列。

5.1.1.2 园林照明的方式和照明质量

(1) 照明方式

进行园林照明设计必须对照明方式有所了解,方能正确规划照明系统。其方式可分为下列三种。

① 一般照明　是不考虑局部的特殊需要,为整个被照场所而设置的照明。这种照明方式的一次性投资少,照度均匀。

② 局部照明　对于景区(点)某一局部的照明。当局部地点需要高照度并对照度方向有要求时,宜采用局部照明,但在整个景(区)点不应只设局部照明而无一般照明。

③ 混合照明　由一般照明和局部照明共同组成的照明。在需要较高照度并对照射方向有特殊要求的场合,宜采用混合照明。此时,一般照明照度按不低于混合照明总照度的5%~10%选取,且不低于20lx。

(2) 照明质量

良好的视觉效果不仅单纯地依靠充足的光通量,还需要有一定的光照质量要求。

① 合理的照度　照度是决定物体明亮程度的间接指标。在一定范围内,照度增加,视觉能力也相应提高。广场、大型停车场、庭院道路、住宅小区道路推荐照度分别为5~15lx、3~10lx、2~5lx、0.2~1.0lx。

② 照明均匀度　游人置身园林环境中,如果有彼此亮度不相同的表面,当视觉从一个面转到另一个面时,眼睛被迫经过一个适应过程。当适应过程经常反复时,就会导致视觉的疲劳。在考虑园林照明中,除力图满足景观的需要外,还要注意周围环境中的亮度分布应力求均匀。

③ 眩光限制　眩光是影响照明质量的主要因素。所谓眩光是指由于亮度分布不适当或亮度的变化幅度大,或由于在时间上相继出现的亮度相差过大所造成的观看物体时感觉不适或视力降低的视觉条件。

为防止眩光产生,常采用的方法包括:
- 注意照明灯具的最低悬挂高度。
- 力求使照明光源来自适宜的方向。
- 使用发光表面面积大、亮度低的灯具。

5.1.1.3 电光源及其应用

(1) 园林中常用光源

人工光源发光方式大致分为三类:热辐射、气体放电和固体发光。人工照明光源受此启发,经过100多年的发展,大致经历了白炽灯、荧光灯、高压气体放电灯和发光二极管(LED)四个阶段。对光源的了解将有助于根据环境的特性选择合适的光源，利用它们的特性和长处，充分发挥特定光源在园林照明中的优势。

① 热辐射光源　是指当电流通过并加热安装在填充气体泡壳内的灯丝，其发光光谱类似于黑体辐射的一类光源，包括白炽灯、卤素灯和反射型白炽灯。在景观照明中的优点主要有：显色性好；色温适应于照明效果很宽的一个范围；品种众多，额定参数亦众多，便于选择；可以用在超低电压的电源上；可即开即关，为动感照明效果提供了可能性；可以调光。

② 气体放电发光光源　是利用气体放电辐射发光原理制成的，包括高低压汞灯、高低压钠灯、氙灯、荧光灯、霓虹灯和金属卤化物灯。气体放电光源的优点是：光效高，寿命长。而且气体放电灯品种甚多，特色不同，适于各种环境的照明。

③ 固体发光光源　是指某种固体材料与电场相互作用而发光的现象。如无极感应灯、微波硫灯、发光二极管 LED 灯等。固体发光光源是光源家族的新生代，具有高效、节能、长寿命等特点。

(2) 光源寿命

光源的寿命分全寿命、有效寿命和平均寿命。全寿命指光源从开始点燃到不能再启动的时间总和。有效寿命是指光源的总光通量衰减到初始额定光通量的某一百分比(通常是70%~80%)所经过的点燃时数。平均寿命是一批灯在额定电源电压和实验室条件下点燃，且每启动一次至少点燃 10h，至少有 50% 的实验灯能继续点燃时的累计点燃时数。

(3) 光源应用

园林景观照明中，一般宜采用白炽灯、荧光灯、节能灯、LED 灯或其他气体放电光源。

但因频闪效应而影响视觉的场合，不宜采用气体放电光源。震动较大的场所，宜采用荧光高压汞灯或高压钠灯。在有高挂条件又需要大面积照明的场所，宜采用金属卤化物灯、高压钠灯或长弧氙灯。当需要人工照明和天然采光相结合时，应使照明光源与天然光相协调。常选用色温在 4000~4500K 的荧光灯或其他气体放电光源。

5.1.2　园林供电设计相关知识

5.1.2.1　交流电源

大小和方向随时间作周期性变化的电流(电动势、电压)统称为交流量。以交流电的形式产生电能或供给电能的设备，称为交流电源。我国规定电力标准频率为 50Hz。频率、幅值相同而相位互差 120°的三个正弦电动势按照一定的方式连接而成的电源，并接上负载相同的三相电路，叫三相交流电路。园林供电电源基本上都为交流电源。

5.1.2.2 电压与电功率

电压是电路中两点之间的电势(电位)差,以 V(伏特)来表示。电功率是电所具有的做功的能力,用 W(瓦)表示,园林设施所直接使用的电源电压主要是 220V 和 380V,属于低压供电系统的电压。

5.1.2.3 输配电

发电厂→升压变压器→高压配电线→降压变压器→高压配电线→降压变压器→低压配电线→配电器→低压配电线→用电器。

5.1.2.4 负荷分级及供电要求

根据《供配电系统设计规范》(GB 50052—2016),以供电可靠性的要求及中断供电在政治、经济上所造成损失或影响程度,把负荷分为三级:

一级负荷:中断供电造成人身伤亡、重大经济损失及政治影响。必须两个独立电源供电。

二级负荷:中断供电造成较大的经济损失、政治影响和公共场所秩序混乱。可考虑一回架空线(或电缆)供电。

三级负荷:不属于一级负荷和二级负荷者。

园林景观一般属于休闲场所,供电负荷可按三级负荷考虑,但大型公园其照明负荷应按二级负荷供电,应急照明按一级负荷供电。

5.1.2.5 照明线路的供电方式

总配电箱到分配电箱的供电方式有放射式、树干式和混合式三种,如图 5-1 所示。

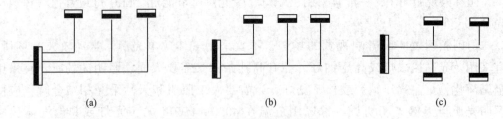

图 5-1 照明干线供电方式
(a)放射式 (b)树干式 (c)混合式

① 放射式 各分配电箱分别由各干线供电。当某分配电箱发生故障时,保护开关将其电源切断,不影响其他分配电箱的工作。所以放射式供电方式的电源较为可靠,但材料消耗较大。

② 树干式 各分配箱的电压由一条干线供电。当某分配电箱发生故障时,将影响到其他分配电箱的工作,所以电源的可靠性差。但这种供电方式节省材料,较经济。

③ 混合式 放射式和树干式混合使用供电。吸取两者的优点,即兼顾材料消耗的经济性又保证电源具有一定的可靠性。

任务5.2 园林景观照明工程施工技术操作

园林景观照明工程施工是众多电气工程中的一项，除了特别突出美观以外，在技术规范、安装标准、施工和管理流程方面同普通的电气工程施工一样，其施工程序可分为施工准备、施工阶段和竣工验收阶段。

5.2.1 园林景观照明工程施工准备

施工前应熟悉和审查园林景观照明工程图纸文件，了解与景观照明工程有关的土建施工情况。施工应具备的条件如下：①照明设备、材料；②一般工具、机具、仪器、仪表和特殊机具；③有关建筑物和设备基础；④工程需要的安全技术措施；⑤施工现场的电源及工具、材料存放场所等；⑥建筑安装综合进度安排和施工现场总平面布置。

5.2.1.1 园林绿化配电线路的常用布置

确定电源供给点，变压器的容量是否能满足新增园林绿化中各用电设施的需要。配电线路的布置，要全面统筹安排考虑，经济合理，使用维修方便，不影响园林景观，从供电点到用电点，要尽量取近，走直路，并尽量敷设在道路一侧。

5.2.1.2 直埋电缆施工准备

在园林供配电线路中，使用的导线主要有线和电缆。选择方法主要有机械强度法和发热条件法两种。材料及设备准备施工前应对电缆进行详细检查；规格、型号、截面电压等级均符合设计要求，外观无扭曲、坏损现象。

5.2.1.3 配电箱安装施工准备

配电箱本体外观检查应无损伤及变形，油漆完整无损。柜（盘）内部检查：电器装置及元件、绝缘瓷件齐全，无损伤、裂纹等缺陷。

5.2.1.4 园林灯具安装施工准备

各种灯具的型号、规格必须符合设计要求和国家标准的规定。配件齐全，无机械损伤、变形、油漆剥落、灯罩破裂和灯箱歪翘等现象，各种型号的照明灯具应有出厂合格证、"CCC"认证标志和认证证书复印件，进场时做验收检查并做好记录。

5.2.2 园林景观照明工程施工主要内容及方法

5.2.2.1 非直埋电缆的园林照明工程施工

施工中配线、配管和管内穿线应符合国家标准《电气装置安装工程1kV及以下配线工程施工及验收规范》（GB 50258—2006）中规定。非直埋施工流程如下：

施工放线→开挖沟槽→配线施工→配管（非直埋电缆）→管内穿线（非直埋电缆）→土方回填→灯具安装→配电箱安装→线路及设备调试→成品保护

(1) 施工放线

按施工图找出电缆的走向后,再按图示方位打桩放线,确定电气管线敷设位置、开挖宽度、深度等及灯具位置,以便于连接。

(2) 开挖沟槽

采用机械挖槽或人工挖槽,严禁扰动槽底土,机械挖至30cm,余土由人工清理,防止扰动槽底原土或雨水泡槽影响基础土质,保证基础良好性,土方堆放在沟侧,土堆底边与沟边的距离不得小于0.5m。埋设深度应满足设计要求或规范规定。

(3) 配线施工

① 在剖开导线的绝缘层时,不应损伤线芯。

② 铜芯导线的中间连接和分支连接应使用压接法或焊接。

③ 采用压接法时多股铜芯线的线芯应先拧紧,连接管的接线端子压模的规格应与线芯截面相符。

④ 电缆和绝缘导线的分支接头,宜不断开干线,采用导电性能、防护性能良好的接线端子或线夹的连接方法,以减少发热、提高可靠性。允许在电缆桥架上或线槽内,采用绝缘穿刺线夹作电缆或导线的分支连接。

采用传统做法时,绝缘导线的中间和分支接头处,应用绝缘带包缠均匀、严密,并不低于原有的绝缘强度。在接线端子的端部与单线绝缘层的空隙处,应用绝缘带包缠严密。

(4) 配管施工

① 敷设于多尘和潮湿场所的电线管路、管口、管子连接处均应做密封处理。

② 暗配的电线管路应沿最近的路线敷设并减少弯曲。

③ 塑料管在进入接线盒或配电箱时,应加以固定。

④ 硬塑料管的相互连接处应用胶合剂,接口必须牢固、密封,插入深度应为管内径的1.1~1.8倍。

⑤ 明配硬塑料管应排列整齐,固定点的距离应均匀,管卡与终端、转弯中点、电气器具或接线盒边缘的距离为150~500mm,中间的管卡最大距离内径20mm以下为1.0m,内径25~40mm为1.5m,内径50mm以下为2.0m。

(5) 管内穿线施工

① 同类照明的几个分支回路,可以穿入同一根管子内,但管内导线数不应多于8根。几个单相分支回路的中性线,不可共用一根线。

② 导线在管内不得有接头和扭结,其接头应在线盒内连接。

(6) 土方回填

电气管线敷设前先在电缆沟内铺砂不低于10cm,电缆敷设完后再铺砂5cm,然后根据电缆根数确定盖砖或盖板。

(7) 灯具安装施工

① 固定灯具用的螺钉或螺栓应不少于两个。

② 应将灯具出进线口做密封处理。

③ 振动场所的灯具，应用防震措施，并应符合设计要求。
④ 灯头的绝缘外壳不应有损伤和漏电。
⑤ 灯头开关的手柄不应有裸露的金属部分。
⑥ 室外照明用灯头线最小线芯截面为1.0铜线。
⑦ 灯具不得直接安装在可燃构件上。
⑧ 需要在树干上安装灯时，必须小心不要伤害树木或影响其生长。要安装支架时，应用保护性皮革或塑料带包裹树干以利树木生长。

(8) 配电箱施工
① 导线引出时，面板线孔应光滑无毛刺，并均应装设绝缘管保护。
② 三相四线制供电的照明工程，其各相负荷应均匀分配。
③ 配电箱(板)上应标明用电回路名称。
④ 户外安装应注意防水。

(9) 线路及设备调试
线路、设备安装结束后，应对照明设备、配电系统及控制保护装置进行调整试验，调试项目和标准应按国家施工验收规范，发现问题应及时进行整改。

5.2.2.2 直埋电缆的园林照明工程施工

园林工程电缆敷设、照明设施安装等低压电缆配线工程的施工流程为：施工准备→直埋电缆敷设→变压器安装→园林灯具安装→动力、照明配电箱(盘)安装→低压电气设备安装→接地避雷装置安装。

① 施工准备　分为材料准备、机具准备和作业条件准备。
② 直埋电缆敷设流程　产品质量检查→放线定位→挖沟→敷设电缆→铺砂、盖砖→回填→做终端头→电气性能测试→接线→标志牌。
③ 变压器安装流程　安装机具准备→器具检查→本体及附件安装→接地(按零)支线敷设→进行电气试验→本体密封检查→试运行。
④ 园林灯具安装流程　熟悉图纸→检查灯具→安装灯具→通电试运行。
⑤ 动力、照明配电箱(盘)安装流程　器具、配电箱进场→安装机具准备→灯具、开关安装→配电盘安装→导线与器具连接→绝缘电阻测试→通电试运行。
⑥ 低压电气设备安装流程　低压电气进场、安装及试验机具准备→低压电气安装前检查→电气安装→电气操作机构安装→电气引线焊接→接地(接零)支线敷设→电气绝缘测量电阻试验→工程验收。
⑦ 接地与避雷装置安装流程　材料和机具准备→接地体安装→接地线安装→引下线敷设安装→避雷针安装→接地电阻测试。

5.2.3 园林景观照明工程现场施工常见问题

园林景观照明工程是一项涉及很多技术领域的设计和施工，景观照明施工除了要考虑景观效果外，还要针对每一项工程的电气安全问题进行深入综合考虑，才能达到完美的园林景观效果。

(1) 呈现出一种简单粗糙的面貌

灯具虽然能够满足夜间基本的照明要求,但是由于不够美观,在白天与周围的环境很不协调,有的甚至威胁着人们的人身安全。

解决措施:在实际的施工过程中,按照设计者的意图认真选择各种类型的灯具,园林景观的电气工程在施工时做好漏电保护工作和良好的接地系统。

(2) 施工规范性不够

在实际的电气施工过程中,电工的整体素质普遍比较低,整个建设队伍缺乏相应的规章制度。

解决措施:建章立制,加强对现场施工人员监督,在电气设备的选择上严格把关,电气设备必须符合国家的安全防护等级标准,确保电气设备在日后使用中的安全性。

(3) 电气施工得不到重视

电气施工范围包括园林景观照明、音响、水泵等设备的线路布置安装,混凝土、防水层等施工过程不规范,往往造成地面大量积水。一旦绝缘老化的接头掉入水中产生微小的故障电流,就会使线路首端的过流保护器不能工作,导致电气装置发生故障,容易发生火灾甚至威胁施工人员的人身安全。

任务5.3 园林供电照明工程施工质量检测

5.3.1 园林景观照明工程施工质量检测方法

5.3.1.1 电缆敷设检测

① 原材料检验方法 检查合格证、检验报告,观察、表测、尺量。检查数量为按批抽样,全数检查。

② 沟槽工程检验方法 观察、尺量。检查数量为全数检查。

③ 直埋电缆敷设检验方法 观察、尺量。检查数量为全数检查。

④ 沟槽回填检验方法 环刀法。检查数量为每100m检查一组。

⑤ 电缆头制作、接线和线路绝缘测试检测方法 观察、尺量。检查数量为全数检查。

5.3.1.2 园林灯具安装检测

① 原材料检测方法 检查合格证、检验报告,表测、尺量。检查数量为按批抽样。

② 基础检测方法 尺量、观察。检查数量为全数检查。

③ 安装检测方法 观察、尺量。检查数量为全数检查。

5.3.1.3 配电箱安装质量检测

① 原材料检测方法　检查合格证、检验报告，表测、尺量。检查数量为按批抽样。

② 安装检测方法　尺量、观察。检查数量为全数检查。

5.3.2 园林景观照明工程施工质量检测标准

本规定适用于10kV及以下的园林工程电缆敷设、照明设施安装等低压电缆配线工程的施工与验收。照明及供电工程作为园林工程的子单位进行验收评定。验收的分部分项工程见表5-2所列。

表5-2　园林供电及照明工程验收的分部、分项工程

序号	分部工程	分项工程
1	电缆敷设	原材料、沟槽工程、直埋电缆敷设、沟槽回填、非直埋电缆敷设、电缆头制作、接线和线路绝缘测试
2	园林灯具安装	原材料、灯具基础、灯具安装
3	配电室	执行《建筑电气工程施工质量验收规范》(GB 50303—2011)
4	成套配电柜、控制柜(屏、台)和动力、照明配电箱(盘)安装	执行《建筑电气工程施工质量验收规范》(GB 50303—2011)
5	低压电气设备安装	执行《建筑电气工程施工质量验收规范》(GB 50303—2011)
6	接地装置安装	执行《建筑电气工程施工质量验收规范》(GB 50303—2011)
7	避雷装置	执行《建筑电气工程施工质量验收规范》(GB 50303—2011)
8	通电试验	执行《建筑电气工程施工质量验收规范》(GB 50303—2011)
9	安全保护	执行《城市道路照明工程施工及验收规程》(CJJ 89—2012)

5.3.2.1 电缆敷设检测

当电缆的规格、型号需作变更时，应办理设计变更文件；在回填之前，应进行隐蔽工程验收。其内容包括：电缆的规格、型号、数量、位置、间距等。

(1) 原材料

主控项目如下：

① 电缆必须有合格证、检验报告。合格证有生产许可证编号，有安全认证标志。外护层有明显标识和制造厂标。

② 电缆在敷设前应用500V兆欧表进行绝缘电阻测量，阻值不得小于10MΩ。

③ 电缆外观应无损伤，绝缘良好，严禁有绞拧、铠装压扁、护层断裂和表面严重划伤等缺陷。电缆保护管必须有合格证、检验报告。

④ 金属电缆管连接应牢固，密封良好；金属电缆管严禁对口熔焊连接；镀锌和壁厚小于等于2cm的钢导管不得套管熔焊连接。

一般项目如下:

① 直埋电缆宜采用铠装电缆。

② 三相四线制应采用等芯电缆;三相五线制的 PE 线可小一级,但不应小于 16mm²。

③ 电缆保护管不应有空洞、裂缝和明显的凹凸不平,内壁应光滑无毛刺,管口宜做成喇叭形,金属电缆管应采用热镀锌管或铸铁管,其内径不宜小于电缆外径的 1.5 倍,混凝土管、陶土管、石棉水泥管其内径不宜小于 100mm。

④ 电缆管在弯制后不应有裂缝和明显的凹凸现象,其弯扁程度不宜大于管子外径的 10%。

⑤ 硬制塑料管连接应采用插接,插入深度宜为管子内径的 1.1~1.8 倍,在插接面上应涂以胶合剂粘牢密封。

⑥ 电缆管连接时,管孔应对接,接缝应严密,不得有地下水和泥浆渗入。电缆管应有不小于 0.1% 排水坡度。

⑦ 金属电缆管应在外表涂防腐漆或涂沥青,镀锡管锌层剥落处应涂防腐漆。

⑧ 电缆管的弯曲半径不应小于所穿入电缆的最小允许弯曲。

(2) 沟槽工程

① 主控项目　沟槽必须清理干净,不得受水浸泡;沟槽位置必须符合设计要求。

② 一般项目　电缆在埋地敷设时,覆土深度不得小于 700mm。

③ 允许偏差项目　沟槽高程、宽度、长度允许偏差符合表 5-3 规定:

表 5-3　沟槽高程、宽度、长度允许偏差

序　号	项　目	允许偏差	检验方法
1	槽底高度	±30mm	水准仪测量
2	沟槽高度	0~50mm	钢尺测量
3	沟槽长度	与设计间距差小于 2%	钢尺测量

(3) 直埋电缆敷设

① 主控项目　交流单相电缆单根穿管时,不得用钢管或铸铁管。不同回路和不同电压等级的电缆不得穿于同一根金属管,电缆管内电缆不得有接头。

② 一般项目　电缆直埋敷设时,沿电缆全长上下应铺设厚度不小于 100mm 细土或细砂,沿电缆全长应覆盖宽度不小于电缆两侧各 50mm 的保护板,保护板上宜设醒目的标志。

直埋敷设的电缆穿越广场、园路时应穿管敷设,电缆埋设深度应符合下列规定:

• 绿地、车行道下不应小于 0.7m;在不能满足上述要求的地段应按设计要求敷设。电缆之间、电缆与管道之间平行和交叉时的最小净距应符合表 5-4 的指标。

表 5-4 电缆之间、电缆与管道之间平行和交叉时的最小净距

项 目	最小净距(m)	
	平 行	交 叉
电力电缆间及控制电缆间	0.1	0.5
不同使用部门的电缆间	0.5	0.5
电缆与地下管道间	0.5	0.5
电缆与油管道、可燃气体管道间	1.0	0.5
电缆与建筑物基础(边线间)	0.6	—
电缆与热力管道及热力设备间	2.0	0.5

- 过街管道、绿地与绿地间管道应在两端设置工作井,超过 50m 时应增设工作井,灯杆处宜设置工作井。
- 工作井规定:井盖应有防盗措施;井深不得小于 1m,并应有渗水孔;井宽不应小于 70cm。
- 直埋电缆进入电缆沟、隧道、竖井、构筑物、盘(柜)以及穿入管子时,出入口应封闭,管口应密封。
- 直埋电缆在直线段每隔 50~100m,以及转弯处和进入构筑物处应设置固定明显的标记。

(4) 沟槽回填

① 主控项目 回填前应将槽内清理干净,不得有积水、淤泥。严禁含有建筑垃圾、碎砖等块料。

② 一般项目 直埋电缆沟回填应分层夯实。压实密度应满足如下要求:在电缆上 30cm 以内达到 75%~80%,30cm 以上达到 85% 以上。

(5) 电缆头制作、接线和线路绝缘测试

低压电线和电缆,线间和线对地间的绝缘电阻值必须大于 0.5MΩ。铠装电力电缆头的接地线应采用铜绞线或镀锡铜编织线。电缆线芯线截面积在 16mm² 及以下,接地线截面积与电缆芯线截面积相等;电缆芯线截面积在 16~120mm² 的,接地线截面积为 16mm²。电线、电缆接线必须准确,并联运行电线或电缆的型号、规格、长度、相位应一致。

芯线与电器设备的连接应符合下列规定:

① 截面积在 1.0mm² 及以下的单股铜芯线和单股铝芯线直接与设备、器具的端子连接。截面积在 2.5mm² 及以下的多股铜芯线拧紧搪锡或接续端子后与设备的端子连接。

② 截面积大于 2.5mm² 的多股铜芯线,除设备自带插接式端子外,接续端子后与设备或器具的端子连接;多股铜芯线与插接式端子连接前,端部拧紧搪锡。

③ 多股铝芯线接续端子后与设备、器具的端子连接。
④ 每个设备和器具的端子接线不多于2根电线。
⑤ 电线、电缆的芯线连接金具(连接管和端子)，规格应与芯线的规格适配，且不得采用开口端子。电线、电缆的回路标记应清晰、编号准确。

5.3.2.2 园林灯具安装检测

(1) 原材料

① 主控项目

- 灯具必须有合格证，检验报告。每套灯具的导电部分对地绝缘电阻值必须大于2MΩ，有安全认证标志。
- 灯具内部接线为铜芯绝缘电线截面积不小于$0.5mm^2$，橡胶或聚氯乙烯(PVC)绝缘电线绝缘层厚度不小于$0.6mm$。
- 使用额定电压不低于500V的铜芯绝缘线。功率小于400W的最小允许线芯截面积应为$1.5mm^2$，功率在400~1000W的最小允许线芯截面积应为$2.5mm^2$。
- 水池和类似场所灯具(水下灯和防水灯)的密闭和绝缘性能有异议时，按批抽样送有资质的实验室检测。

② 一般项目

- 灯具配件应齐全，无机械损伤、变形、油漆剥落、灯罩破裂等现象；反光器应干净整洁，表面应无明显划痕；灯头应牢固可靠，可调灯头应按设计调整至正确位置。
- 灯具的自动通、断电源控制装置动作准确，每套灯具熔断器盒内熔丝齐全。规格与灯具适配。
- 灯具应防水、防虫并能耐除草剂与除虫药水的腐蚀。

(2) 灯具基础

① 主控项目

- 灯具基础不应有影响结构性能和安全性能的尺寸偏差。
- 灯具基础不应有影响灯具安装的尺寸偏差。
- 灯具基础外观质量不应有严重缺陷。

② 一般项目

- 灯具基础尺寸、位置应符合设计规定。设计无要求时，基础埋深不小于600mm，基础平面尺寸应比灯座尺寸大100mm，基础应采用钢筋混凝土基础，基础混凝土强度等级不应低于C20。
- 基础内电缆护管从基础中心穿出并应超出基础平面30~50mm，浇筑钢筋混凝土基前必须排出坑内积水。
- 在保证安全情况下基础不宜高出草地，以避免破坏景观效果。

允许偏差项目见表5-5所列。

表 5-5 灯具基础允许偏差项目

序 号	项 目		允许偏差(mm)	检验方法
1	坐标位置		20	钢尺检查
2	平面标高		0, -20	水准仪或拉线,钢尺检查
3	平面外形尺寸		±20	钢尺检查
4	平面水平度		5	水平尺、水准仪或拉线,钢尺检查
5	垂直度		5	经纬仪或吊线,钢尺检查
6	预埋地脚螺栓	标高	+20, 0	水准仪或拉线,钢尺检查
		中心距	2	钢尺检查
7	预埋地脚螺栓孔	中心线位置	10	钢尺检查
		深度	+20, 0	钢尺检查
		孔垂直度	10	吊线,钢尺检查
8	预埋活动地脚螺旋锚板	标高	+20, 0	水准仪或拉线,钢尺检查
		中心线位置	5	钢尺检查
		带梢锚板平整度	5	钢尺、塞尺检查
		带螺纹孔锚板平整度	2	钢尺、塞尺检查

(3) 灯具安装

① 主控项目

• 立柱式路灯、落地式路灯、草坪灯、特种园艺灯等灯具与基础固定可靠,地脚螺栓备帽齐全。

• 灯具的接线盒或熔断器盒盒盖的防水密封垫完整。

• 立柱及灯具可接近裸露导体接地(PE)或接零(PEN)可靠。

• 接地线单设干线,干线沿庭院灯布置位置形成环网状,且不少于2处与接地装置引出线连接。

• 由线引出支线与金属灯柱及灯具的接地端子连接,且有标识。

• 水下灯具安装应符合设计要求,电线接头应严密防水。

• 要能够易于清洁或检查表面。对必须安装在树上的灯具,其安装环应可调,电线接头部分绝缘良好。

② 一般项目

• 园路、广场的固灯安装高度、仰角、装灯方向宜保持一致,并与环境协调一致。

• 灯杆不得设在易被车辆碰撞的点,且与供电线路等空中障碍物的安全距离应符合供电有关规定。

③ 允许偏差项目 灯杆的允许偏差应符合下列规定:

• 长度允许偏差宜为杆长的±0.5%。

• 杆身横截面尺寸允许偏差宜为±0.5%。

- 一次成型悬臂灯杆仰角允许偏差宜为±1°。
- 接线孔尺寸允许偏差宜为±0.5%。
- 灯杆应固定牢固,与园路中心线垂直,允许偏差应为3mm。
- 灯间距与设计间距的偏差应小于2%。

5.3.2.3 配电箱安装质量检测

① 低压成套柜(屏、台)质量要求符合《建筑电气工程施工质量验收规范》(GB 50303—2011)的规定。

② 照明配电箱(盘)质量要求符合《建筑电气工程施工质量验收规范》(GB 50303—2011)的规定。

5.3.2.4 通电试验检测

① 照明系统通电,灯具回路控制应与照明配电箱及回路的标识一致;开关与灯具控制顺序相对应,风扇的转向及调速开关应正常。

② 公园广场照明系统通电连续试运行时间应为24h,游园、单位及居住区绿地照明系统通电连续试运行时间应为8h。所有照明灯其均应开启,且应2h记录运行状态1次,连续试运行时间内无故障。

思考与练习

1. 园林照明的方式有哪些?
2. 如何阅读园林供电照明工程施工图?
3. 园林供电照明工程施工准备工作有哪些内容?
4. 叙述直埋电缆的施工工艺流程与操作方法。
5. 简述各种园林灯具的安装方法。
6. 简述直埋电缆工程的验收标准和验收方法。
7. 简述园林灯具安装工程的验收标准和验收方法。

项目 6　园林水景工程施工

技能点

1. 能阅读水景工程施工图纸，了解设计目的及其所要达到的施工效果，明确施工要求。
2. 能制定园林水景工程施工流程，会按技术要求进行水景工程施工。
3. 能分析解决施工现场遇到的困难，控制施工质量及施工进度。
4. 能按照相关的规范操作，进行土方工程施工质量检测和验收。

知识点

1. 了解园林水景施工相关技术标准及规程。
2. 熟悉园林水景工程施工特点。
3. 掌握园林水景工程的施工内容、工艺流程及技术要求。
4. 掌握园林水景工程施工的质量标准及验收规范。

工作环境

园林工程实训基地。

任务6.1　园林水景工程施工概述

水景在我国园林工程中占据相当的地位，它与其他景观相比，无论是在水体、植物、气候还是温度上都有着差异，因此，在其施工中必须要综合考虑各种综合的因素。在工作中，施工人员要不断思考创新施工技术、钻研新的施工方法，进而满足水景建设形式的多样化、自然化要求。

6.1.1　水体的分类

园林水体的分类多种多样，一般可按水体的形式、功能、状态和表现形态来分。

6.1.1.1 按水体的形式分

将水体分为自然水体、规则式水体和混合式水体三种。

(1) 自然式水体

自然式水体指岸线不规则、变化自然的水体，如保持天然的或模仿天然形状的河、湖、池、溪、涧、泉、瀑等，水体随地形变化而变化，常与山石结合。在园林中一般多以湖、溪流等形式出现。

(2) 规则式水体

规则式水体指园林水域水体的平面形状呈现出规则整齐的几何形状。根据对水体平面设计上的特点，规则式水体又划分为方形系列、斜边形系列、圆形系列和混合形系列四类。

① 方形系列水体 其平面形状，当面积较小时设计成正方形和长方形；面积较大时，则在正方形和长方形基础上加以变化，如设计为亚字形、凸角形、曲尺形、凹字形、凸字形、组合形等，还有直线形的带状水渠，也属于矩形系列的水体形状。

② 斜边形系列水体 水体平面形状设计为各种斜边的规则几何形，如三角形、六边形、菱形、五角形，以及带有斜边不对称、不规则的几何形水体形状。

③ 圆形系列水体 水体平面形状有圆形、矩圆形、椭圆形、半圆形、月牙形等。这类水域形状主要适用于面积较小的水域造形。

④ 混合形系列水体 是由圆形、方形、矩形相互组合变化出的一系列水体平面形状。

(3) 混合式水体

规则式与自然式两种水体相互结合后的水体形式。在园林水体布置中，为与岸边的园林建筑风格协调，常把水体这侧的岸边线设计成为对应的局部直线段和直角转折形式，而水体另一侧的岸边线完全按自然式水体形式来设计，如此形成的水体即为混合式水体。

6.1.1.2 按水体的功能分

将水体分成观赏性水体和开展水上活动水体两种。

(1) 观赏性水体

观赏性水体指以装饰性构景为主的面积较小的水体。具有很强的可视性、进景性，常利用岸线、曲桥、小岛、点石、雕塑、汀步、植物、水生动物等加强观赏性和层次感，如观鱼池、荷花池等。

(2) 开展水上活动的水体

开展水上活动的水体指可以开展水上活动，如划船、游泳、垂钓、滑冰等具有一定面积的水环境。此类水体活动性与观赏性相结合，并有适当的水深、良好的水质、较缓的岸坡和流畅的岸线。大多综合性公园中的湖都属此类。

6.1.1.3 按水流的状态分

根据水流的状态下同,可将水体分为静态水体和动态水体两种。

(1) 静态水体

静态水体是指园林中成片状汇集的水面,以湖、塘、池等形式出现。主要特点为安详、宁静、朴实、明朗。能映出周围景物的倒影,微波荡漾,波光潋滟,给人以无穷的想象,丰富了环境景观,增加了环境气氛。

(2) 动态水体

动态水体是指流动的水体。流动的水具有活力和动感,以溪、涧、喷水、瀑布、跌水等形式出现。常利用水姿、水色、水声创造动态的活泼的水景景观,使人心旷神怡、精神振奋。如无锡寄畅园的八音涧、音乐喷泉等。

6.1.1.4 按水体的表现形态分

将水体分为开阔的水体、闭合的水体和幽深的水体三种。

(1) 开阔式水景

水域辽阔坦荡,仿佛无边无际。水景空间开朗、宽畅,极目远望,天水相连,天光水色,一泥空明。

① 开阔式水景内涵 园林水域辽阔坦荡,仿佛无边无际,从而形成园林水景空间的开阔、宽敞特点,游人极目远望,似乎天连着水、水连着天,天光水色,碧浪晴空。

② 开阔式水景获得方式 将建在江(海或湖)边的园林工程区域向宽阔的江(海或湖)面借景,就能够获得这种开阔式水景的效果,这是获得天然开阔式水景的主要方式。

③ 开阔式水景类型 主要分为江、海、湖泊等大规模的园林水体或水域。

(2) 闭合式水景

水面积不大,但水域周围景物较高,形成了闭合式的水域空间。该类水景基本上不受外界环境对水域的影响。水景常常表现出幽静、亲切、祥和的特性。园林庭院中的水景池、观鱼池、游泳池等水体都具有这种水景效果。

(3) 幽深式水景

园林带状水体,如河、渠、溪、涧等,具有狭长的水域流系形状。这类水景表现出幽远、深邃的特点,水域的景观环境显得特别平和、幽静,暗示着空间的流动和延伸。

6.1.2 湖、池工程概述

湖是静态的水体,有天然湖和人工湖之分。池是静态水体,园林中常以人工池形式出现。

人工湖是人工依地势就低挖凿而成的水域,沿境设景,自成天然图画。天然湖是自然的水域景观。湖的特点是水面宽阔平静,平远开朗,有好的湖岸线及周边的天际线。

一般而言，池面积比较小，岸线变化丰富，装饰性很强，水比较浅，以观赏为主。

6.1.2.1 湖的布置要点

① 应充分利用湖的水景特色。

② 湖岸线处理要讲究线形艺术，有凹有凸，不宜成角、对称、圆弧、直线等线型。园林湖面忌"一览无余"，可用岛、堤、桥、舫等形成阴阳虚实、湖岛相间的空间分隔，使湖面有丰富的变化。同时，岸顶应有高低错落的变化，水位适当，使人有亲切感。

③ 湖的形状大致与所在地块的形状保持一致。

④ 水面的大小宽窄要与环境相协调。

⑤ 湖常与桥、岛、堤、过水、汀步、建筑物（如榭、舫、阁等）结合造景。

⑥ 湖的水深一般为 1.5~3.0m。

⑦ 开挖人工湖要注意地基情况，要选择土质密细、厚实的壤土，不选黏土或渗透性强的土。

6.1.2.2 人工湖施工方法

① 按设计图纸，确定土方量，定点放线。

② 勘察基址渗漏情况，制定施工方法及工程措施。好的湖底全年水量损失占水体体积的 5%~10%；一般的湖底 10%~20%；较差的湖底 20%~40%。

③ 挖湖。一般选择机械挖掘。

④ 做湖底。湖底做法因地制宜，可用灰土层湖底、塑料薄膜湖底和混凝土湖底等。其中灰土适用于大面积湖体，混凝土适用于小面积的湖池。图 6-1 所示是常见的几种做法。

⑤ 做岸顶。一般作成自然式。

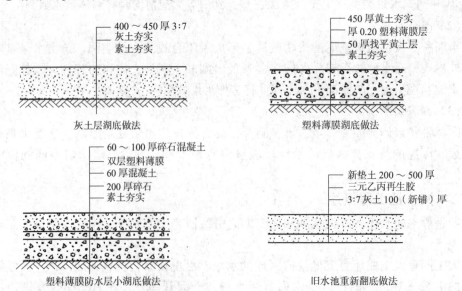

图 6-1 湖底常见的几种做法

6.1.2.3 池的形式

池的形式分为自然式水池、规则式水池和混合式水池三种。在设计中可通过铺装、点石、雕塑、配置植物等方法使岸线产生变化,增加观赏性。

规则式水池需要较大的欣赏空间,一般要有一定面积的铺装或大片草坪来陪衬,有时还需雕塑、喷泉共同组景。

自然式人工池装饰性强,设计时要很好地组合山石、植物及其他要素,使水池融于环境之中,呈现自然美。

6.1.2.4 水池布置

人工池通常是园林构图中心,一般设置在广场中心、道路尽端、公园的主入口、主要建筑物的前方等显要位置,常和亭、廊、花架、花坛组合形成独特的景观。

水池布置要因地制宜,充分考虑园址现状。大水面宜用自然式或混合式,小水面宜用规则式。此外,还要注意池岸设计,做到开合有效、聚散得体。

有时,因造景需要,可在池内养鱼,种植花草。但是,水生植物不宜过多,而且要根据水生植物的特性配置,池水不宜过深,为水生植物提供适宜生长的环境条件。

6.1.2.5 池的结构

池主要由池底、池壁、防水层、压顶、进水口、溢水口和泄水口等组成。

6.1.2.6 人工水池的施工过程

① 根据设计图纸进行放线。
② 挖水池土方。
③ 做水池基础。
④ 做池底、池壁、进水口、溢水口和泄水口等。施工时要注意预留收缩缝。
⑤ 做防水层或刷防水涂料。
⑥ 压顶。

注意:在北方地区主要是注意池底的开裂造成的漏水。主要的解决办法是采用双层双向配筋混凝土池底池壁,防水采用高分子材料进行防水。

6.1.3 溪流、跌水工程概述

6.1.3.1 溪涧

园林中的溪涧是自然界中溪涧的艺术再现,是连续的带状水体。溪浅而阔,水沿溪而下,柔和随意,清澈见底,岸边多水草;涧深而窄,水量充足,水流湍急,扣人心弦,水底及两岸一般由山石所构成,岸边少水草。

溪涧的一般特点:溪涧有曲折而长的带状水面,明显的宽窄对比,溪中常有汀步、小桥、滩、点石等,且随流水走向有若隐若现的小路。

溪涧一般多设计于瀑布或涌泉与水体之间。上通水源,下达水体,布置讲究师法自然。平面上蜿蜒曲折,宽窄变化对比强烈;立面有缓有陡,空间分隔开合有序。整个带状空间层次分明，组合合理，富于节奏感。

溪涧布置时，宜选陡坡之地，并利用水姿、水色、水声及配置一些水生动植物来增强溪涧的景观效果。

6.1.3.2 跌水

跌水是指水流从高向低呈台阶状分级跌落的动态水景。

(1) 跌水的特点

① 跌水是自然界落水现象之一，是防止水冲刷下游的重要工程设施，是连续落水组景的方法，因而跌水选址宜在坡面较陡、易被冲刷或景致需要的地方。

② 跌水人工化明显，其供水管、排水管应注意藏而不露。多布置于水源源头，水量较瀑布少。

(2) 跌水的设计布置要点

首先要分析地形条件，重点在于地势高低变化，水源水量情况及周围景观空间等。其次确定跌水的形式。水量大，落差大，可选择单级跌水；水量小，地形具有台阶状落差，可选用多级跌水。再者，跌水应结合泉、溪涧、水池等其他水景综合考虑，并注重利用山石、树木、藤本隐蔽供水管、排水管，增加自然气息，丰富立面层次。跌水的形式有多种，就其落水的水态，一般将其分为以下几种形式：

① 单级跌水　也称一级跌水。溪流下落时，如果无阶状落差，即为单级跌水。在落差较小的情况下，一般3~5m的落差时，采用单级跌水。单级跌水由五部分组成。

进口连接段：即上游渠道和控制堰口间的渐变段。常用形式有扭曲面、八字墙等。

控制缺口：是控制上游渠道水位流量的咽喉，也称控制堰口。它控制和调节上游水位和通过的流量，常见缺口断面形式有矩形、梯形等，可设或不设底槛，可安装或不安装闸门。矩形缺口只能在通过设计流量时使缺口处水位与渠道水位相近，而在其他流量时，上游渠道将产生壅水或降水现象。梯形缺口较能适应上游渠道的变化，在实际中广泛采用。为了减小上游水面降落段长度，也可将缺口底部抬高做成抬堰式缺口。渠道底宽和流量较大时，可布置成多缺口。有时在控制缺口处设置闸门，以调节上游渠道水位。

跌水墙：即跌坎处的挡土墙，用以承受墙后填土的压力，有竖直式及倾斜式两种，在结构上跌水墙应与控制缺口连接成整体同控制堰口。

消力池：位于跌坎之下，其平面布置有扩散和等宽两种形式。横断面有矩形、梯形、复合断面形，用于消除因落差产生的水流动能。

出口连接段：其作用是调整出池水流，将水流平稳引至下游渠道。

② 多级跌水　即溪流下落时，具有两阶或两阶以上落差的跌水，可设蓄水池，水池可为规则式，也可为自然式，视环境立地条件而定。

落差在5m以上时，一般采用多级跌水。多级跌水的结构与单级跌水相似。其中间各级的上级跌水消力池的末端，即下一级跌水的控制堰口。多级跌水的分级数目和各级落差大小，应根据地形、地基、工程量、建筑材料、施工条件及管理运用等综合比较确定。一般各级跌水均采用相同的跌差与布置。跌水设计需要解决的主要问题是上游进流和下游充分消能。

6.1.4 喷泉工程概述

喷泉是理水的手法之一，也可称为喷水，是一种将水或其他液体经过一定压力通过喷头喷洒出来具有特定形状的组合体，是一种用于观赏的动态水景，起着装饰点缀远景的作用。喷泉常用于城市广场、公共建筑、园林小品，广泛应用于室内外空间。可陶冶情操，丰富城市面貌。也是一种独立的艺术品，可以增加小范围空气湿度和负氧离子浓度，有益于改善环境，提高人们的身心健康。

6.1.4.1 喷头

喷头是喷泉的一个重要组成部分。它的作用是把具有一定压力的水，经过喷嘴的造型，形成各种预想的、绚丽的水花，喷射在水面的上空。喷头一般耐磨性好，不易锈蚀，由有一定强度的黄铜或青铜制成。

① 单射流喷头　是喷泉中使用最广泛的一种喷头，其垂直射程在15m以下，喷水线条清晰，当承托底部有球状接头时，可做角度调整。

② 喷雾喷头　这种喷头的内部装有一个螺旋状导流板，使水能进行圆周运动，水喷出后，形成细细的水流弥漫的雾状水滴。

③ 环形喷头　环形喷头出水口成环状断面，水沿孔壁喷出形成外实内空的环形水柱，气势粗犷、雄伟，形成一种向上激进的气氛。

④ 蒲公英形喷头　这种喷头是在圆球形壳体上，装有很多同心放射状喷管，并在每个管头上装一个半球形变形喷头。它能喷出像蒲公英一样美丽的球形或半球形水花，它可以单独使用，也可以几个喷头高低错落地布置，显得格外新颖。

⑤ 变形喷头　这种喷头的类型很多，它们的共同特点是在出水口的前面，有一个可以调节的形状各异的反射器，使射流通过反射器，起到使水花造型的作用。从而形成各式各样的、均匀的水膜，如牵牛花形、半球形、扶桑花形等。

⑥ 旋转喷头　它利用压力水由喷嘴喷出时的反作用力或用其他动力带动回转器转动。使喷嘴不断地旋转运动。喷出的水花或欢快旋转或飘逸荡漾，形成各种扭曲线型，婀娜多姿。

⑦ 扇形喷头　这种喷头的外形很像扁扁的鸭嘴，它能喷出扇形的水膜或像孔雀开屏一样美丽的水花。

⑧ 多孔喷头　这种喷头可以由多个单射流喷嘴组成一个大喷头；也可以由平面、曲面或半球形的带有很多细小的孔眼的壳体构成喷头，它们能呈现出造型各异的盛开的水花。

⑨ 吸力喷头　这种喷头是利用压力水喷出时，在喷嘴的喷口附近形成负压区。由于压差的作用，它能把空气和水吸入喷嘴外的套筒内，与喷嘴内的水混合后一并喷出，这时水柱的体积膨大，形成白色不透明的水柱。它能充分反射阳光，因此光彩艳丽。夜晚如有彩色灯光照射则更加光彩夺目。吸力喷头又可分为吸水喷头、加气喷头和吸水加气吸力喷头。

6.1.4.2 喷泉供水形式

喷泉的水源应为无色、无味、无有害杂质的清洁水。因此，喷泉除用城市自来水作为水源外，其他如冷却设备和空调系统的废水也可作为喷泉的水源。

喷泉供水的形式，简单地说可以有以下几种形式(图6-2)：

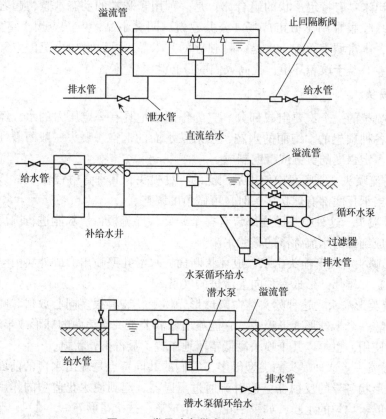

图6-2 常见喷泉供水形式示意图

① 直接用自来水供水，使用过的水排入城市雨水管网。供水系统简单，占地小，造价低，管理简单；但给水不能重复使用，耗水量大，运行费用高，再者如水压不稳，会影响喷泉的水型。一般此种供水形式主要用于做小型喷泉，或孔流、涌泉、水膜、瀑布、壁流等，或与假山石结合，适合于小庭院、室内大厅和临时场所。

② 为保证喷水具有稳定的高度和射程，给水需经过特设的水泵房加压。喷出的水仍排入城市雨水管网。

③ 为了节约用水，有足够的水压和用水，大型喷泉可用循环供水的方式。循环供水的方式有用离心泵和用潜水泵两种，前者将水泵房置于地面上较隐蔽处，以不影响绿化效果为宜；后者将潜水泵直接放在喷水池中或水体内低处。

④ 在有条件的地方，可利用高位的天然水源供水，用毕排出。为了喷水池的卫生，要在池中设过滤器和消毒设备，以清除水中的污物、藻类等，喷水池的水应及时更换。

6.1.4.3 喷泉管道布置的基本要求

喷泉设计中，当喷水池形式、喷头位置确定后，就要考虑管网的布置。喷泉管网主要由吸水管、供水管、补给水管、溢水管、泄水管及供电线路等组成，以下是管网布置时应注意的几个问题：

① 喷泉管道要根据实际情况布置。装饰性小型喷泉，其管道可直接埋入土中，或用山石、矮灌木遮盖。大型喷泉分主管和次管，主管要敷设在可行人的地沟中，为了便于维修应设检查井，次管直接置于水池内，管网布置应排列有序，整齐美观。

② 环形管道最好采用十字形供水，组合式配水管宜用分水箱供水，其目的是要获得稳定等高的喷流。

③ 为了保持喷水池正常水位，水池要设溢水口。溢水口面积应是进水口面积的两倍，要在其外侧配备拦污栅，但不得安装阀门。溢水管要有3%的顺坡，直接与泄水管连接。

④ 补给水管的作用是启动前的注水及弥补池水蒸发和喷射的损耗，以保证水池正常水位。补给水管与城市供水管相连，并安装阀门控制。

⑤ 泄水口要设于池底最低处，用于检修和定期换水时的排水。管径一般为100mm或150mm，也可计算确定，安装单向阀门，与公园水体或城市排水管网连接。

⑥ 连接喷头的水管不能有急剧变化，要求连接管至少有其管径20倍的长度，如果不能满足，需安装整流器。

⑦ 喷泉所有的管线都要具有不小于2%的坡度，便于停止使用时将水排空；所有管道均要进行防腐处理；管道接头要严密，安装必须牢固。

⑧ 管道安装完毕后，应认真检查并进行水压试验，保证管道安全，一切正常后再安装喷头。为了便于水形的调整，每个喷头都应安装阀门控制。

⑨ 喷泉照明多为内侧给光，给光位置为喷高2/3处（图6-3），照明线路采用防水电缆，以保证供电安全。

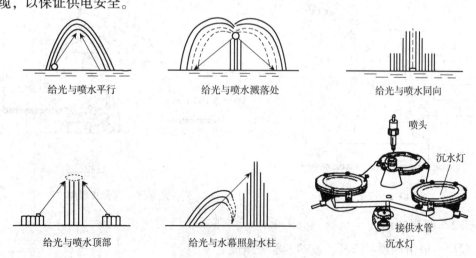

图6-3 喷泉给光示意图

⑩ 在大型的自控喷泉中,管线布置极为复杂,并安装功能独特的阀门和电器元件,如电磁阀、时间继电器等,并配备中心控制室,用以控制水形的变化。

6.1.5 驳岸工程概述

驳岸是一面临水的挡土墙,是支持和防止坍塌的水工构筑物。是指在水体边缘与陆地交界处,为稳定岸壁,保护水体不被冲刷或水淹等因素破坏而设置的构建物。

园林驳岸是起防护作用的工程构筑物,维系陆地与水面的界限,使其保持一定的比例关系;能保持水体岸坡不受冲刷;建造时必须坚固和稳定,并要求造型美观,与周围环境景色相协调,可强化岸线的景观层次,增强景观的艺术效果。

6.1.5.1 驳岸的形式

(1) 规则式驳岸

用块石、砖、混凝土砌筑的几何形式的岸壁,如常见的重力式驳岸、半重力式驳岸、扶壁式驳岸等。规则式驳岸简洁明快,缺少变化,一般为永久性的,要求好的砌筑材料和较高的施工技术(图6-4)。

(2) 自然式驳岸

外观无固定形状或规格的岸坡处理。此种驳岸自然亲切、景观效果好,如山石驳岸等。

(3) 混合式驳岸

规则式与自然式驳岸相结合的驳岸形式。一般为毛石岸墙、自然山石岸顶。混合式驳岸易于施工,具有一定的装饰性,适于地形许可并有一定装饰要求的湖岸(图6-5)。

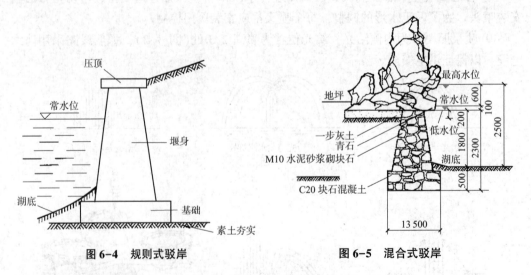

图6-4 规则式驳岸　　　　图6-5 混合式驳岸

6.1.5.2 驳岸的结构

驳岸一般由压顶、墙身、基础三部分组成。

压顶指园林驳岸的顶端部分结构,一般向水面侧有所悬挑。

墙身是园林驳岸构造的主体部分，其常规建造材料为混凝土、毛石、砖等，以及采用木板、毛竹板等材料作为临时性驳岸材料。

基础驳岸底层结构，为承重部分，厚度是400mm，宽度在高度的0.6~0.8倍范围内。

① 垫层基础的下层，常用矿渣、碎石、碎砖等整平地坪，以保证基础与土层均匀接触。

② 基础桩用来增加基础的稳定性，是防止驳岸滑移或倒塌的必需设施，同时它又起到加强地基承载力的作用。建造驳岸基础桩使用的材料有木桩、灰土桩等。

③ 沉降缝因驳岸的墙高度不等，当在墙后土方压力、地基沉降不均匀的变化差异发生时，必须设置的断裂缝也驳岸的沉降缝。

④ 伸缩缝是驳岸为避免因温度等变化引起的破裂而设置的缝。一般在驳岸每隔长度10~25m段设置一道伸缩缝，缝宽10~20mm，有时也兼做沉降缝用。

6.1.5.3 护坡

护坡是保护坡面、防止雨水径流冲刷及风浪拍击对岸坡的破坏的一种水工措施。在土壤斜坡45°内可用护坡。护坡的主要作用是防止滑坡，减少地面水和风浪的冲刷，保证岸坡稳定；自然的缓坡能产生自然亲水的效果。

护坡的方法有草皮护坡、灌木护坡和铺石护坡。

(1) 草皮护坡

适于坡度在1∶20~1∶5之间的湖岸缓坡。可用假俭草、狗牙根等耐水湿、根系发达、生长快、生存能力强的草种（图6-6）。

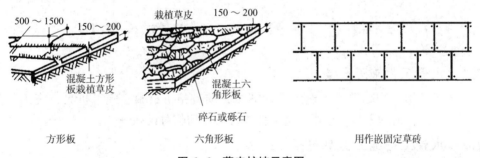

图6-6 草皮护坡示意图

(2) 灌木护坡

适于大水面平缓的坡岸。护坡灌木要具备速生、根系发达、株矮常绿等特点，可用沼生植物（图6-7）。

(3) 铺石护坡

当坡岸较陡、风浪较大或因造景需要时，可采用铺石护坡（图6-8）。护坡石料要求吸水率低，比重大和较强的抗冻性，如石灰岩、

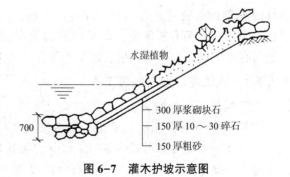

图6-7 灌木护坡示意图

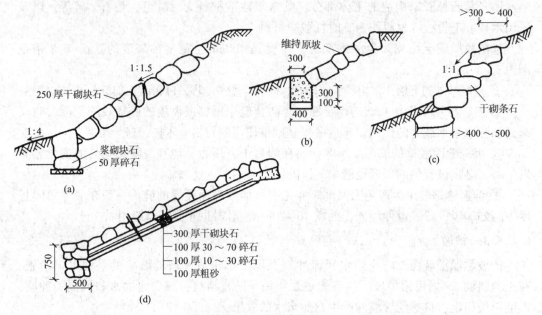

图 6-8 铺石护坡示意图

砂岩、花岗岩等。铺石护坡施工容易，抗冲刷能力强，经久耐用，具有造景效果。因此是园林常见的护坡形式。

任务 6.2 水景工程施工技术操作

6.2.1 水景工程施工准备

主要进行施工现场踏查，熟悉设计图纸，准备施工材料、施工机具、施工人员。对施工现场进行清理平整，接通水电，搭置好必需的临时设施等。

6.2.2 水景工程施工主要内容及方法

水景是由一定的水型和岸型所构成的景域。不同的水型和岸型，可以构造出各种各样的水景，水型可分为湖池、瀑布、溪涧、泉、潭、滩等类。不同的水型和岸型，其施工和用材也都有所区别。园景中的湖池有方池、圆池、不规则池、喷水池等，喷水池又有平面型、立体型、喷水瀑布型等。

6.2.2.1 人工湖、池工程施工

人工湖施工流程如下：

测量放线→土方开挖→基土平整夯实施工→铺设级配碎石垫层施工→混凝土基础垫层施工→水池壁砖模砌筑施工(水电安装预埋配合施工)→找平层施工→钢筋混凝土施工→防水层施工→水池面层石材铺设施工→水电安装施工→竣工验收。

(1) 湖、池施工测量控制

根据勘测设计单位测设提供的平面控制点、高程控制点、工程地形图等有关测量数据，现场交接各类控制点，并对坝区原设计控制点进行复查和校测，并补充不足或丢失部分。然后根据勘测阶段的控制点建立满足施工需要的施工控制网。

(2) 湖、池填挖、整形及运输

开挖前布置好临时道路，并结合施工开挖区的开挖方法和开挖运输机械，规划好开挖区域的施工道路。然后根据各控制点，采用自上而下分层开挖的施工方法。开挖必须符合施工图规定的断面尺寸和高程，并由测量人员进行放线，不得欠挖和超挖。开挖过程中要校核、测量开挖平面的位置、水平标高、控制桩、水准点和边坡坡度等是否符合施工图纸的要求。因湖池开挖面积较大，一般采用挖掘机进行机械开挖，用人工修边坡的方法开挖，由自卸汽车进行土方的装运。

设计边坡开挖前，必须做好开挖线外的危石清理、加固工作。然后根据设计高程进行回填夯实。填方原则上采用挖方弃土，选择的土料黏粒较高，不得含有杂物，有机质含量要小于5%，采用分层填筑、分层压实的施工方法填土。施工时按水平分层由低处开始逐层填筑，每层不得大于50cm，回填料直径不得大于10cm，回填土应每填一层，按要求及时取土样试验，土样组数、试验数据等应符合规范规定。边坡回填亦采用此方法。

最后进行修帮和清底。为不破坏基础土壤结构，在距池底设计标高15cm处预留保护层，采用人工修整到设计标高，并满足设计要求的坡度和平整度。

(3) 复合土工膜防渗工程

① 基层施工

• 基础造形和开挖后，须进行削坡、平整碾压或夯实处理，扰动土质的置换与回填，应分层洒水碾压或夯实，每层厚度应不大于400mm。

• 清除基层表面裸露的具有刺破隐患的物质，如砖、石、瓦块、玻璃和金属碎屑、树枝、植物根茎等基层表面按设计要求铺设砂土、砂浆作为保护层，在施工过程中保持基层不受破坏。

• 当面层存在对复合土工膜有影响的特殊菌类时，可用土壤杀菌剂处理。

② 复合土工膜的铺设施工

• 复合土工膜的储运应符合安全规定，运至现场的土工膜应在当日用完。

• 复合土工膜铺设前应做好下列准备工作：检查并确认基础支持层已具备铺设复合土工膜的条件，做下料分析，画出复合土工膜铺设顺序和裁剪图；检查复合土工膜的外观质量，进行现场铺设试验，确定焊接温度、速度等施工工艺参数。

• 按先上游、后下游，先边坡、后池底的顺序分区分块进行人工铺设，坡面上复合土工膜的铺设，其接缝排列方向应平行或垂直于最大坡度线，且应按由下而上的顺序铺设。坡面弯曲处应使膜和接缝妥贴坡面。

• 铺设复合土工膜时，应自然松弛与支持层贴实，不宜折褶、悬空，避免人为硬折和损伤，并根据当地气温变化幅度和工厂产品说明书，预留出温度变化引起的伸缩变形量。膜块间形成的结点应为T字形，不得做成十字形。

- 复合土工膜焊缝搭接面不得有污垢、砂土、积水(包括露水)等影响焊接质量的杂质存在；铺设完毕未覆盖保护层前，应在膜的边角处每隔2~5m放一个20~40kg重的沙袋。
- 铺膜过程中应随时检查膜的外观有无破损、麻点、孔眼等缺陷；发现膜面有缺陷或损伤，应及时用新鲜母材修补。补疤每边应超过破损部位10~20cm。

③ 现场连接复合土工膜焊接技术　先用干净纱布擦拭焊缝搭接处，做到无水、无尘、无垢；土工膜平行对齐，适量搭接。焊接宽度为5m。做小样焊接试验，试焊接1m长的复合土工膜样品。再采用现场撕拉检验试样，焊缝不被撕拉破坏、母材不被撕裂，即为合格，才可用已调节好工作状态的焊膜机逐幅进行正式焊接。

④ 保护层施工　保护层材料采用满足设计要求的细砂土，其中不得含有任何易刺破土工膜的尖锐物体或杂物。不得使用可能损伤土工膜的工具。

垫层采用筛细土料摊平后人工压实，再铺设沙砾石料保护层。铺放在边坡上，砂土压实在土工膜铺设及焊接验收合格后，应及时填筑保护层。填筑保护层的速度应与铺膜速度相配。

必须按保护层施工设计进行，不得在垫层施工中破坏已铺设完工的土工膜。保护层施工工作面不宜上重型机械和车辆，应采用铺放木板，用手推车运输的方式。

(4) 坝体及连接堤工程

① 坝基与岸坡处理　坝基与岸坡处理为隐蔽工程，应根据合同技术条款要求以及有关规定，充分研究工程地质和水文地质资料，制定相应的技术措施或作业指导书，报监理工程师批准后实施。必须按照设计要求并遵循有关规定认真施工。

清理坝基、岸坡和铺盖地基时，应将树木、草皮、树根、乱石等全部清除，并认真做好地下水、洞穴等处坝肩岸坡的开挖清理工作，自上而下一次完成。凡坝基和岸坡易风化、易崩解的岩石和土层，开挖后不能及时回填者，应留保护层。

坝基与岸坡处理和验收过程中，系统地进行地质描绘、编录，必要时进行摄影、录像和取样、试验。取样时应布置边长50cm的方格网，在每一个角点取样，检验深度应深入清基表面1m。若方格网中土层不同，亦应取样。如发现新的地质问题或检验结果与勘探有较大出入，应及时与建设、设计单位联系。

② 筑坝材料的选择和加工　坝料应充分合理利用工程开挖料，选择挖方土石料渣中符合要求的部分作为坝料，当工程开挖料不足或不能满足要求时，应考虑外购符合要求的筑坝材料。

经检验，沙砾料的质量和数量应满足设计要求，有良好的级配，质量均一，压实后能满足设计要求的强度、变形特性和渗透性。严控坝料质量，必须是合格坝料才能运输上坝。不合格的材料应经处理合格后才能上坝。合格坝料和弃料应分别堆放，不得混杂。存料场的位置应靠近上坝路线，使物料流向顺畅合理。

③ 坝体填筑　坝体填筑必须在坝基、岸坡及隐蔽工程验收合格并经监理工程师批准后，方可填筑。

坝面施工应统一管理、合理安排、分段流水作业，使填筑面层次分明，作业面平整、均衡上升。坝体各部位的填筑必须按设计断面进行。

铺料方法应遵循下列原则：铺料厚度容易控制；铺实过程中料物不产生料级分离；已压实合格的机体，不因上层料物铺筑而遭到破坏；铺料效率高、易操作、便于施工。

④ 坝料压实　坝料碾压前先对铺料洒水一次，然后边加水边碾压。加水力求均匀，加水量应通过现场碾压试验确定。

碾压方法应便于施工，便于质量控制，避免或减少欠碾和超碾。采用进退错距法，碾压遍数为4~8遍，压实厚度控制为每层50cm。要严格控制压实参数，按规定取样测定干密度和级配作为记录。检验方法、仪器和操作方法，应符合国家及行业颁布的有关规程、规范要求。

坝体填筑、压实、坝坡修整同步进行。

6.2.2.2　溪流施工

溪流施工流程如下：

溪道放线→溪槽开挖→溪底、溪壁施工→溪道装饰→试水。

(1) 溪道放线

依据已确定的小溪设计图纸，用石灰、黄沙或绳子等在地面上勾画出小溪的轮廓，同时确定小溪循环用水的出水口和承水池间的管线走向。由于溪道宽窄变化多，放线时应加密打桩量，特别是转弯点。各桩要标注清楚相应的设计高程，变坡点（即设计跌水之处）要做特殊标记。

(2) 溪槽开挖

小溪要按设计要求开挖，最好掘成U形坑，因小溪多数较浅，表层土壤较肥沃，要注意将表土堆放好，作为溪涧种植用土。溪道开挖要求有足够的宽度和深度，以便安装散点石。值得注意的是，一般的溪流在落入下一段之前都应有至少7cm的水深，故挖溪道时每一段最前面的深度都要深些，以确保小溪的自然。溪道挖好后，必须将溪底基土夯实，溪壁拍实。如果溪底用混凝土结构，先在溪底铺10~15cm厚碎石层作为垫层。

(3) 溪底、溪壁施工

① 混凝土结构　在碎石垫层上铺上砂（中砂或细砂），垫层2.5~5cm，盖上防水材料（EPDM、油毡卷材等），然后现浇混凝土（水泥标号、配比参阅水池施工），厚度10~15cm（北方地区可适当加厚），其上铺水泥砂浆约3cm，然后再铺素水泥浆2cm，按设计放入卵石即可。

基土处理：对基土进行碾压、夯实，对软弱土层要进行处理。分层夯实，填土质量符合国家标准《建筑地基基础工程施工质量验收标准》（GB 50202—2018）的有关规定，填土时应为最优含水量，取土样做击实试验确定最优含水量与相应的最大干密度。基土应均匀密实，压实系数应符合设计要求，应小于0.94。

垫层施工：

- 灰土垫层施工：严格按规范施工，灰和土严格过筛，土粒径不大于15mm，灰颗粒不大于5mm，搅拌均匀才能回填，机械碾压夯实。灰土回填厚度不大于250mm，同时注意监测含水率，认真做好压实取样工作。
- 混凝土垫层施工：混凝土垫层应采用粗骨料，其最在粒径不应大于垫层粒径的2/3，含泥量不大于5%；砂为中粗砂，其含泥量不大于3%，垫层铺设前其下一层应湿润，垫层应设置伸缩缝，混凝土垫层表面的允许偏差值应不大于±10mm。

钢筋工程：

- 钢筋进场时，应按国际规定抽样进行力学性能检验。
- 纵向受力钢筋的连接方式应符合设计要求。
- 钢筋安装位的偏差，网的长宽不大于±10mm，保护层不大于±3mm，预埋件与中心线位置的偏差不大于±5mm。

支模板：

- 模板及其支架应具有承载能力、刚度和稳定性，能可靠地承受浇筑混凝土的重量、侧压力以及施上荷载。
- 板的接缝不应漏浆，模板与混凝土的接触面应清理干净，并涂隔离层。
- 模板安装的偏差应符合施工规范规定，如轴线位置5mm，表面平整度5mm，垂直度6mm。

溪底、壁浇筑施工：溪底整体一次现浇，不留施工缝，在支模板前要绑扎钢筋，注意钢筋网的密度，池壁用钢模板双面支模，严禁出现断面尺寸偏差、轴线偏差、露筋、蜂窝、孔洞等现象，严把混凝土配合比与混凝土浇捣关。

混凝土浇筑施工要求如下：

- 结构混凝土的强度等级必须符合设计要求。
- 混凝土运输、浇筑及间歇的全部时间不应超过混凝土的初凝时间。同一施工段的混凝土应连续浇筑，并应在底层混凝土初凝之前将上一层混凝土浇筑完毕。
- 施工缝的位置应在混凝土浇筑前按设计要求和施工技术方案确定。
- 对有抗渗要求的混凝土，浇水养护时间不得少于14天。
- 现浇混凝土拆模后，应由监理单位、施工单位对外观质量尺寸偏差进行检查，做出记录，并及时按技工技术方案对缺陷进行处理。

② 柔性结构　如图6-9所示，小溪较小，水又浅，溪基土质良好，可直接在夯实的溪道上铺一层2.5~5cm厚的砂，再将衬垫薄膜盖上。衬垫薄膜纵向的搭接长度不得小于30cm，留于溪岸的宽度不得小于20cm，并用砖、石等重物压紧。最后用水泥砂浆把石块直接粘在衬垫薄膜上。

溪岸可用大卵石、砾石、瓷砖、石料等铺砌处理。和溪道底一样，溪岸也必须设

图 6-9 溪流施工剖面图

置防水层，防止溪流渗漏。如果小溪环境开朗，小溪面宽、水浅，可将溪岸做成草坪护坡，且坡度尽量平缓。临水处用卵石封边即可。

（4）溪道装饰

为使溪流更自然有趣，可用较少的鹅卵石放在溪床上，这会使水面产生轻柔的涟漪。同时按设计要求进行管网安装，最后点缀少量景石，配以水生植物，饰以小桥、汀步等小品。

（5）跌水施工

施工流程如下(图 6-10)：

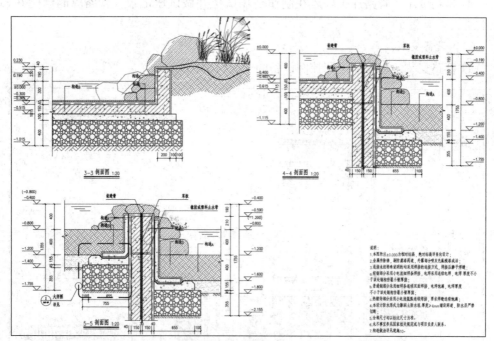

图 6-10 跌水施工详图

施工放线→土方开挖→素土夯实→垫层施工→钢筋绑扎→支模板→浇筑混凝土→水泥砂浆防水层→结合层→装饰施工。

具体的施工过程参照溪流刚性结构施工方法。

(6) 试水

试水前应将溪道全面清洁和检查管路的安装情况。而后打开水源，注意观察水流及岸壁，如达到设计要求，说明溪道施工合格。

6.2.2.3 喷泉施工

喷泉施工流程如下：

水池施工（定位放线→挖基槽/坑→清理基槽/坑→夯实→垫层施工→砌体施工→抹灰施工→防水施工→贴面施工）→管路及设备加工→设备安装→设备调试→设备试运转。

(1) 水池施工

参照湖池施工工艺流程。

(2) 管路及设备加工

① 管路加工 放样画线、切割下料、钢管弯圆、主管打孔、立管套丝、泵口加工、焊接立管、焊接法兰、电缆管封口加工。

② 控制设备 元件检测、线路板焊接、整板调试、组件安装、整机调试、机电试验。

③ 配电设备 机箱加工、电气设备安装与连线。

④ 管路试压 管路加工好后在制作现场试压并做试压记录，管路应能承受0.8Pa以上压力。

(3) 设备安装

① 管路安装、水泵固定和控制设备的安装（图6-11）。

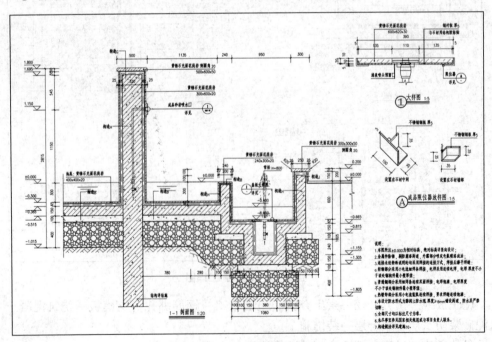

图6-11 喷泉施工剖面图

② 电缆的敷设及防水连接　泵和灯的电缆按规定走线，以减少水下接头为原则，与电缆线连接（进口热缩管防水），电缆集中穿入电缆管，电缆管喇叭口胶封，泵和灯线按图编号，电缆穿管或沿电缆沟铺设到控制室，经电缆桥架进入配电柜。

③ 配电控制设备安装　控制及配电设备在控制室按图就位，按线缆编号将负载设备接入本电设备的相应端口。

(4) 设备调试

① 喷泉　水池充水至规定水位，被调试水型水泵使用临时电源，分组分阶段进行调试，手工调整喷头的喷射角度。完成以后再进行整体观感调整。

② 控制设备调试　手动逐台设备送电，均运转正常后，控制设备工作，调整控制程序及水型造型效果。

③ 灯光角度调试　接通灯光设备的电源，调整光源的角度，使水型的照明效果达到最好。

(5) 设备试运转

① 水泵试运转　水池充水至淹没水泵 0.5m 以上时，试运行水泵 2h 以上；并测量水泵的绝缘、三相电流平衡。

② 电器试运转　水泵试运转同时检查电器设备温升。

③ 灯光试运转　水池放满水到正常水位，灯光设备试运行 2h 以上，检查灯光的颜色、角度及其工作情况。

6.2.2.4　驳岸施工

常见三种类型护岸具体施工方法

(1) 草坡入水驳岸

施工工序：施工前准备→测量放线→坡面修整→基础开挖→混凝土垫层→格宾石笼组装绑扎→石笼就位组装→石笼装填封盖→回填。

① 基础开挖后，进行 20cm 厚 C20 混凝土垫层施工，待混凝土强度达到设计要求后方可进行格宾石笼施工。

② 格宾石笼施工

- 组装双绞格网石笼网箱：石笼钢丝符合设计要求，网片从工厂运至施工现场后在现场加工成规格为 4×0.5×0.5 和 4×1×0.3 的格宾网箱，为加强网面与边端钢丝的连接强度，采用翻边机将网面钢丝缠绕在边端钢丝上≥2 圈，绞合采用间隔 10~15cm 单圈—双圈交替绞合。

- 填充石料施工：采用人工和机械配填装，网箱运至施工现场后进行填石料施工，填充石料选用坚硬、无锋利棱角且不易风化的粒径在 10~30cm 之间的石料。同时均匀地向同层的各箱格内投料，严禁将单格网箱一次性投满，在块石装填至 1/3 和 2/3 位置采用校核钢丝加固，格宾石笼分三层装填，并且往各个方向的格宾石笼单位逐级递推，两相邻格宾石笼单元填石高度不超过 33cm。填充石料顶面宜适当高出网箱，且密实，空隙处宜以小碎石填塞。迎水面及顶面的填充石料，表面以人工砌垒整平，石料间应相互搭接。
- 箱体封盖施工：封盖在顶部石料砌垒平整的基础上进行，先使用封盖夹固定每端相邻结点后，再加以绑扎，封盖与网箱边框相交线，每间隔25cm绑扎一道。

为保证格宾网箱石料填装质量，要求有相关经验的工人施工；项目部在施工前对施工班组进行技术交底，并现场示范填装，在施工中进行现场监控，确保填装质量符合设计要求。

(2) 浆砌块石驳岸

施工工序：施工前准备→测量放线→基础开挖→碎石换填→混凝土垫层施工→混凝土底板施工→挡土墙施工→素土回填。

① 碎石换填及混凝土的浇筑　碎石换填：碎石粒径宜控制在5～40mm自然级配碎石，含泥量不大于5%。在大范围施工前，需先期施工一段标准段，并对换填后地基承载力进行试验，保证承载力大于100kPa。碎石换填后进行夯实，浇筑10cmC15素混凝土垫层和50cm厚的C30钢筋混凝土底板，底板浇筑时每间隔15m设置2cm沉降缝，用聚乙烯硬质低发泡板隔开，同时预埋防滑凸榫，待底板混凝土强度达到设计强度要求后进行挡土墙砌筑。

② 挡墙施工
- 在混凝土基础上放出砌浆块石的边线。
- 本工程为M10浆砌块石挡墙，石料选用强度不小于MU30的块石，厚度不小于15cm，严禁采用风化石或软石。开工前进行砂浆配合比试验，符合设计要求后方可施工。现场采用砂浆搅拌机拌制砂浆，并运至现场备用。
- 片石在使用前必须浇水湿润，表面如有泥土、水锈，应清洗干净，砌筑第一层挡墙时，应先将基底表面清洗、湿润，再坐浆砌筑。
- 挡墙应分层砌筑，挡墙较长时采用分段分层砌筑，但两相邻工作段的砌筑高度一般不宜超过1.5m，分段位置宜尽量设在沉降缝或伸缩缝处。
- 挡墙应先砌面石，然后砌筑腹石，面石与腹石交错连成一体；砌体里外层应砌筑整齐，分层应与外圈一致，应先铺一层适当厚度的砂浆再安放片石和填塞砌缝。
- 片石块应安放稳固，片石间应砂浆饱满，粘接牢固，不得直接贴靠或脱空。砌筑时，底浆应铺满，竖缝砂浆应先在已砌石块侧面铺放一部分，然后于石块放好后填满捣实。用小石头混凝土填塞竖缝时，应以扁铁捣实。
- 挡墙外露面应进行勾缝，并应在砌筑时靠外露面预留深约2cm的空缝备作勾缝之用，迎水面1:2水泥砂浆勾凸缝，迎土面砌筑砂浆抹平缝；勾缝完成和砂浆初凝后，刷洗干净挡土墙表面，并用浸湿的土工布覆盖，进场洒水，使砌体保持湿润。养生期不少于7天。
- 在墙体砌筑至顶后，对压顶进行立模浇筑混凝土，做60cm宽、20cm厚C20钢筋混凝土压顶。
- 挡墙在随时反滤层部位设置泄水孔，挡墙每15m设沉降缝一道，局部可作调整,缝宽设计要求2cm,缝口要求上下对齐呈一垂直线,缝间采用2cm厚聚乙烯硬质泡沫板隔开,表面以聚氨密封膏嵌缝,后包一层土工布,范围为缝两侧各1m。

③ 素土回填施工　浆砌片石挡墙砂浆强度达70%以上时土体方可逐层回填夯实,回填土根据设计要求采用好土回填,并在排水孔下填筑一层粘土,再做好排水孔的反滤层。填土前还需对隐蔽工程进行验收,排除尽积水、杂物、淤泥等,再进行填土作业。回填土用压路机分层压实,每层松铺厚度不大于30cm。施工过程中在挡墙泄水孔位置设置200×200×500的碎石反滤层,用土工布包裹。

压实采用20T重型振动压路机分段分区进行碾压。每层碾压时采取"先轻后重"、"先边后中"的碾压方法,对机械碾压不到的部位采用小型夯实机进行夯实,过程中检测每层的压实度,达到设计压实度后方可进行下一层填土施工。回填土质量控制标准:$r \geq 14.5 kN/m^3$,回填压实度要求≥ 0.93。

(3) 钢筋混凝土挡墙驳岸

施工工序:施工前准备→测量放线→基础开挖→基底平整→混凝土垫层施工→混凝土底板施工→钢筋混凝土墙施工→素土回填。

① 混凝土垫层和底板的浇筑　模板支好了之后,浇筑10cm C15素混凝土垫层和50cm厚的C30钢筋混凝土底板,底板浇筑时每间隔15m设置2cm沉降缝,用聚乙烯硬质低发泡板隔开,同时预埋防滑凸榫,待底板混凝土强度达到设计强度要求后进行混凝土挡墙浇筑。

② 混凝土挡墙施工

• 在混凝土基础上放出混凝土挡墙的边线。

• 本工程为C30混凝土挡墙,厚度为40cm。开工前需设计混凝土配合比并进行试验,符合要求后方可施工。

• 挡墙混凝土浇筑应均质密实、平整,无蜂窝麻面,不漏筋、无缺损、不露筋骨,强度符合设计要求。

• 混凝土灌注完毕后,应按有关规定进行养护。墙背回填应该在挡墙混凝土的强度达到设计强度的75%才能够进行填土。

• 挡墙模板加固采用拉筋联合钢管扣件双重保证措施,保证混凝土在浇筑过程中不发生跑模。

• 混凝土养护主要是保证混凝土表面的湿润,防止混凝土水化反应的各种影响。定期测定混凝土内部温度、环境温度,控制混凝土内外温差,防止混凝土表面产生裂缝。混凝土强度达到2.5MPa以上,且其表面及棱角不因拆模而受损时,可进行拆模施工,在拆模时不要损坏混凝土,正面模板主要采用整体移动,在移动过程中注意模板的稳定性、安全性,保证施工安全。

• 挡墙在随时反滤层部位设置泄水孔,挡墙每15m设沉降缝一道,局部可作调整,缝宽设计要求2cm,缝口要求上下对齐呈一垂直线,缝间采用2cm厚聚乙烯硬质泡沫板隔开,表面以聚氨密封膏嵌缝,后包一层土工布,范围为缝两侧各1m。

③ 素土回填施工 挡土墙的墙体达到设计强度的75%以上时,方可进行墙后填料施工。回填土根据设计要求采用好土回填,并在排水孔下填筑一层粘土,再做好排水孔的反滤层。填土前还需对隐蔽工程进行验收,排除尽积水、杂物、淤泥等,再进行填土作业。回填土用压路机分层压实,每层松铺厚度不大于30cm。墙后必须回填均匀、摊铺平整,填料顶面横坡符合设计要求。墙后1.0m范围内,不得有大型机械行驶或作业,为防止碰坏墙体,应用小型压实机械碾压,分层厚度不得超过20cm。压实度达到设计压实度后方可进行下一层填土施工。回填土质量控制标准:$r \geqslant 14.5 \text{kN/m}^3$,回填压实度要求$\geqslant 0.93$。

6.2.3 水景工程现场施工常见问题

6.2.3.1 湖池工程现场施工常见问题

① 湖体基址情况。主要看基质,如是否为建筑垃圾、堆积土,或是否有漏水洞等。

② 注意选用施工材料。按照施工图给出的资料施工是保证施工质量的保证,但施工中因环境差异还得视实际土质变化来定,不同的施工结构需要的材料不一样。

③ 环境准备时,做好测量放线工作,先测设平面控制点、高程控制点、主要建筑物线方向桩等控制点。根据控制点,建立施工控制网,对三等以上精度的控制网点及湖体线标志点处设固定桩,桩号与设计采用的桩号一致。

④ 填挖、整形要根据各控制点,采用自上而下分层开挖的施工方法,开挖必须符合施工图规定的断面尺寸和高程。

⑤ 湖底防渗工程只能按质施工好,要按"下部支持层施工→防渗层施工→保护层言工"顺序进行,绝不能偷工减料。

⑥ 湖岸立基的土壤必须坚实。在挖湖前必须对湖的基础进行地勘,探明地质情况,决定是否适合挖湖,或施工时应采取适当的工程措施。湖底做法应因地制宜。湖岸对湖体景观有特殊意义,应予以重视。

6.2.3.2 溪流常见情况的处理

在施工过程中,大中型钢筋混凝土结构溪流基础设计要求满足水的势能冲刷力及承重荷载,对地基的承载力要求不高,如果溪流的势能比较大(即坡度落差大),一定要有消能设施,在实际工程中,经常遇到地基不均匀的情况,特别是地质构造的复杂性,黏土层、强风化、中风化等各层土层的断面高差变化较大,如果地基处理不当,会造成地基不均匀沉降引起结构开裂而渗漏。如果设计是端承桩基础,桩端头一般要求置于中风化层或风化层上,溪基沉降量很小,不存在均匀沉降问题,如果设计为平板基础(溪底板),更要求地基除必须满足承载力要求外,更重要的是要满足均匀沉降要求。

6.2.3.3 驳岸工程的质量控制要点

① 首道工序一般会涉及围堰抽水清淤等相关工序,要求施工单位先行上报专项施工方案,并要求施工单位严格按照审批通过的方案施工。

② 在驳岸工程的施工过程中，要明确掌控四条线，即驳岸的轴线、基础边线、内坡和外坡线及顶线。

③ 须严格把关控制五道缝，即沉降缝、咬牙缝、通天缝、三角线和面凸缝，这五道缝是控制驳岸外观质量和内在质量的关键，也是衡量驳岸施工工序是否合理的标志。

④ 对于材料与配合比的质量控制要求：对进场的原材料，材料报审附件中须含出厂合格证或质保书等相关资料；对于水泥砂浆的灌浆工序，安排现场监理员旁站，并做好旁站记录；要求施工单位将配合比挂牌于搅拌机旁，砂浆随拌随用；按规定做试块，进行编号，按时执行送检，并将检测报告记录归档。

⑤ 弄清地基地质，确保基坑和基础尺寸。基坑和基础的尺寸，是满足驳岸整体抗滑、抗倾要求的关键。

⑥ 强化砌体密实度，确保驳岸整体强度。

⑦ 拉线、树样架保外观，外观是衡量工程质量的重要指标。

⑧ 回填土和预埋件。驳岸上设置的泄水孔、系航柱（钩）等均要按设计图纸要求预埋和预留，特别是泄水孔和倒滤层。回填土必须待砌体强度达到80%以上时，方允许施工单位分层夯实，并规定人工夯实每层30cm、机械夯实每层50cm。

任务6.3 园林水景工程施工质量检测

6.3.1 园林水景工程施工质量检测方法

6.3.1.1 检测依据

园林水景景观设计要求及施工图。

6.3.1.2 原材料检验方法

检查合格证、检验报告，观察、表测、尺量。检查数量：按批抽样，全数检查。

6.3.2 园林水景工程施工质量检测标准

6.3.2.1 水景施工质量要求

水景，是通过其形状、色彩、质地、光泽、流动、声响等品性相互作用，紧密联系，形成一个整体，来渲染和烘托空间气氛与情调的。

6.3.2.2 水景施工质量检验要点

（1）施工前质量检验要点

① 设计单位向施工单位交底，除结构构造要求外，主要针对其水形、水的动态及声响等图纸难以表达的内容提出技术和艺术方面的要求。

② 对于构成水容器的装饰材料，应按设计要求进行搭配组合试排，研究其颜色、纹理、质感是否协调统一，还要了解其吸水率、反光度等性能，以及表面是否容易被

污染。

(2) 施工过程中的质量检验要点

① 以静水为景的池水,重点应放在水池的定位、尺寸是否准确、池体表面材料是否按设计要求选材及施工、给水与排水系统是否完备等方面。

② 流水水景应注意沟槽大小、坡度、材质等的精确性,并要控制好流量。

③ 水池的防水防渗应按照设计要求进行施工,并通过验收。

④ 施工过程中要注意给水、排水管网,供电管线的预埋(留)。

(3) 水景施工过程中的质量检查

① 检查池体结构混凝土配和比,材料首试和复试试验报告,是否满足规范及设计要求。

② 检查防水材料的产品合格证书及种类、制作时间、储存有效期、使用说明等。

③ 检查水质检验报告,有无污染。

④ 检查水、电管线的测试报告单。

⑤ 检查水的形状、色彩、光泽、流动等与饰面材料是否协调统一。

思考与练习

1. 池底和池壁现浇混凝土应注意什么?
2. 简述对瀑布的堰口的处理方法。
3. 瀑布的施工要点有哪些?
4. 跌水的特点是什么?跌水的形式有哪些?
5. 简述水池防水施工的技术流程及注意事项。
6. 园林中人工水池从结构上可以分为哪几种?
7. 案例分析:本想做柔性防水,可甲方还是选择了钢筋混凝土池底和池壁(8个圆的钢筋,双层双向,200间距)来做基层,表面再做防水层。

基础做法:素土夯实→100厚碎石垫层→100厚C20混凝土垫层→150厚C25钢筋混凝土→防水层→保护层。

出现问题:在做防水层之前已经发现池底出现开裂现象:长15~20m,宽1~2mm的裂缝。

请综合上述信息,分析原因并提出解决措施。

项目 7　园林建筑小品工程施工

技能点

1. 能识读园林建筑小品工程施工图纸，了解设计目的及其所要达到的施工效果，明确施工要求。
2. 能制定常见园林建筑小品工程施工流程，会按技术要求进行景亭、景墙、花架等工程施工。
3. 能分析解决施工现场遇到的困难，控制施工质量及施工进度。
4. 能按照相关的规范操作，进行土方工程施工质量检测和验收。

知识点

1. 了解园林建筑小品工程施工准备。
2. 了解园林建筑小品工程施工的国家规范。
3. 熟悉景亭、花架、景墙等小品的施工流程及技术要求。
4. 掌握园林建筑小品工程施工图纸的基本识读知识。
5. 掌握园林建筑小品工程施工操作的能力。

工作环境

园林工程实训基地。

任务 7.1　园林建筑小品工程施工概述

园林建筑是园林景观的重要构成元素，在中国传统的园林绿地中，建筑的功能与内外景观效果具有比较突出的影响力，其结构、造型显示了独特的地方特色和民族特点。园林建筑的作用主要体现在使用功能和造景功能两个方面，在空间构图上占有举足轻重的地位。园林建筑在游园内所占比重,应根据面积大小和功能需要来决定。受面积限制,一般多采用园林建筑小品。

园林建筑小品种类繁多,它们的功能简明、造型别致、体量小巧,是构成游园空间活跃的要素,起到丰富空间和点缀、强化景观的作用。常见的园林建筑小品有园桌、园凳、栏杆、花架、园灯、园门、窗、景墙等。建筑小品既可独立成景,也可成组设置。如形式多样、构造简单的花架、景亭既能自成一景,也能与花坛、园灯组合,形成活泼的景观。

7.1.1 景墙工程概述

景墙在园林中用于分割、组织空间,遮挡视线,作为展示、传媒的载体,同时也是增加景观、变化空间构图的手段。近年来,很多城市更是把景墙作为城市文化建设、改善市容市貌的重要方式。

景墙一般由基础、墙身、墙顶三大部分组成。

7.1.1.1 基础

景墙的基础,主要承受景墙的垂直荷载并传递给底下的基础。基础宽度一般为600~1200mm,埋置深度为600~1000mm,应该通过相应的计算而定。

基础可以使用块材砌筑而成,并下设垫层,上设现浇钢筋混凝土圈梁,以加强基础的整体性。

(1) 普通砖基础构造施工

普通砖基础是由烧结普通砖与砂浆砌成,砖的强度等级不应低于MU10,砂浆强度不应低于M5,应采用水泥砂浆或水泥混合砂浆。

砖基础由基础墙和大放脚组成(图7-1),大放脚即基础墙底下的扩大部分。大放脚有等高式和不等高式两种。等高式大放脚是每砌两皮砖收进一次,每次每边收进1/4

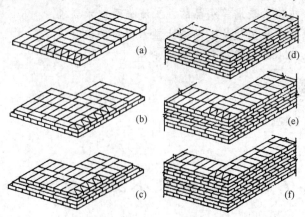

图7-1 大放脚排压法
(a)(b) 740mm大放脚排法　(c) 620mm大放脚排法
(d)(e) 500mm大放脚排法　(f) 370mm大放脚排法

砖长；不等高式大放脚是每砌两皮砖收进一次与每砌一皮砖收进一次相间，每次每边收进1/4砖长，最底下一层为两皮砖，砖基础大放脚的层数及底宽应经过结构计算而定。距地坪面以下一皮砖处，应在基础墙的水平灰缝中设置水平防潮层。防潮层一般采用1∶2.5水泥防水砂浆。

(2) 砖基础施工要点

① 砖基础施工前，应在基础放线完毕后进行复核，检查其放线尺寸是否与设计尺寸相符，其允许偏差应符合相关规定。

② 砖基础砌筑前应将垫层表面清理干净，比较干燥的混凝土垫层应浇水润湿。

③ 在基础的转角处、纵横墙交接处及高低基础交接处，应支设基础皮数杆，并进行统一抄平；在基础的转角处要先进行盘角，除基础底部的第一皮砖按摆砖撂底的砖样和基础底宽线砌筑外，其余各皮基础砖均以两盘角间的准线作为砌筑的依据。

④ 内外墙的砖基础均应同时砌筑。基础底标高不同时，应由低处砌起，并由高处向低处搭接；如设计无具体要求，其搭接长度不应小于大放脚的高度。

⑤ 在基础墙的顶部、地坪面(±0.000)以下一皮砖处(-0.060m)，应设置防潮层。如设计无具体要求，防潮层宜采用1∶2.5水泥砂浆加适量的防水剂经机械搅拌均匀后铺设，其厚度为20mm。

⑥ 基础大放脚的最下一皮砖、每个大放脚台阶的上表层砖，均应采用横放丁砌砖所占比例最多的排砖法砌筑，此时不必考虑外立面上下一顺一丁相间隔的要求，以便增强基础大放脚的抗剪强度。基础防潮层下的顶皮砖也应采用丁砌为主的排转法。

⑦ 砖基础水平灰缝和竖缝宽度应控制在8~12mm，水平灰缝的砂浆饱满度用百格网检查不得小于80%。砖基础中的洞口、管道、淘槽和预埋件等，砌筑时应留出或预埋，宽度超过300mm的洞口应设置过梁。

⑧ 基础砌完后，应及时回填。基槽回填土时应从基础两侧同时进行，并按规定的厚度和要求进行分层回填、分层夯实。单侧回填土时，应在砖基础的强度达到能抵抗回填土的侧压力并能满足允许变形的要求后进行，必要时，应在基础非回填的一侧加设支撑。

7.1.1.2 墙身

墙身为围墙的主体构成部分，又称为墙体。墙身一般由结构体系与装饰体系两部分组成。墙的结构体系除了形成一定的空间形状外，在力学结构性能上主要承受水平推力。为了加强对水平推力承载能力，除了加厚墙身外，还可以采用架设墙墩或组成曲折的平面布置，以增强其刚度和稳定性。

墙身一般使用砖块或空心砌块砌筑，底部高400~600mm部分可用毛石砌筑。墙墩一般采用与墙体相同的材料，有时采用钢筋混凝土材料做成。

(1) 普通砖墙砌筑施工

普通砖墙是由烧结普通砖与砂浆砌成。砖的强度等级不应低于MU10，砂浆强度等级不应低于M2.5，砂浆宜用水泥混合砂浆。

砖墙依其厚度不同,分为半砖墙(115mm)、3/4砖墙(180mm)、一砖墙(240mm)、一砖半墙(365mm)、二砖墙(490mm)等。半砖墙仅限用于非承重墙。

砖墙依其墙面装饰程度不同,分为清水墙和混水墙,局部受压力较大处及为了墙体稳定需要,沿墙体长度方向,每隔一定距离在墙体上附砌砖垛,砖垛突出墙面至少120mm,砖垛面宽至少240mm。砖垛可单面或双面突出墙面。

砖垛的清水或混水随墙面清水或混水而定。墙面清水,砖垛则清水;墙面混水,砖垛则混水。

(2) 砖墙砌筑施工要点

① 技术要求

- 砌体施工前,施工员必须对工人进行详细的施工技术交底和安全交底。
- 砌筑砂浆制备:一般采用M5水泥砂浆,水泥选用32.5R等级普通硅酸盐水泥,砂浆的配制标准按规程规定执行。

砂浆应随拌随用,水泥砂浆和水泥混合砂浆应分别在3h和4h内使用完毕;当施工期间最高气温超过30℃时,应分别在拌成后2h和3h内使用完毕。

砌筑砂浆应通过试配确定配合比。当砌筑砂浆的组成材料有变更时,应重新确定其配合比。

- 砌筑砖砌体时,砖应提前1~2d浇水湿润。对烧结普通砖、多孔砖含水率宜为10%~15%;对灰砂砖、粉煤灰砖含水率宜为8%~12%。现场检验砖含水率的简易方法采用断砖法,当砖截面四周融水深度为15~20mm时,视为符合要求的适宜含水率。
- 砌砖工程当采用铺浆法砌筑时,铺浆长度不得超过750mm;施工期间气温超过30℃时,铺浆长度不得超过500mm。
- 砖砌体施工应设置皮数杆,并根据设计要求、砖块规格和灰缝厚度,在皮数杆上标明皮数竖向构造的变化部位。
- 按照设计图纸要求在砖砌体施工进行相关管线敷设和钢筋预埋。
- 砌体位置基层应清理干净,基层要求平整、清洁,不得有污泥杂物。
- 砖过梁底部的模板,在灰缝砂浆强度不低于设计强度的50%时,方可拆除。

② 全部砖墙除分段处外,均应尽量平行砌筑,并使同一皮砖层的每一段墙顶面均在同一水平面内,作业中以皮数杆上砖层的标高进行控制。砖基础和每层墙砌完后,必须校正一次水平、标高和轴线,偏差在允许范围之内的,应加以调整,实际偏差超过允许偏差的(特别是轴线偏差),应返工重砌。

③ 砖墙的水平灰缝厚度和竖向灰缝宽度控制在8~12mm,以10mm为宜。水平灰缝的砂浆饱满度不得小于80%;竖缝宜采用挤浆法或加浆法,使其砂浆饱满,不得出现透明缝,并严禁用水冲浆灌缝。

④ 设有钢筋混凝土构造柱的景墙,应先绑扎构造柱钢筋,然后砌砖墙,最后浇筑混凝土。

⑤ 墙中的洞口、管道、沟槽和预埋件等，均应在砌筑时正确留出或预埋；宽度超过 300mm 的洞口应设置过梁。

⑥ 砖墙每天的砌筑高度以不超过 1.8m 为宜，在雨天施工时，每天的砌筑高度不宜超过 1.2m。

(3) 抹灰施工

装饰抹灰有水刷石、水磨石、喷砂、喷绘、彩色抹灰等多种形式，无论哪一种，都须分层涂抹。涂抹层次可分为底层、中层和面层。底层主要起黏结作用，中层主要起找平作用，面层主要起装饰作用。

① 找规矩　根据设计，如果墙面另有造型，按图纸要求实测弹线或画线标出。

② 做标筋　较大面积墙面抹灰时，为了控制设计要求的抹灰层平均总厚度尺寸，先在上方两角处以及两角水平距离之间 1.5m 左右的必要部位做灰饼标志块，可采用底层抹灰砂浆。

③ 做护角　为防止门窗洞口及墙(柱)面阳角部位的抹灰饰面在使用中被碰撞损坏，应采用 1∶2 水泥砂浆抹制暗护角，以增加阳角部位抹灰层的硬度和强度。

④ 底、中层抹灰　在标筋及阳角的护角条做好后，即可进行底层和中层抹灰，就是通常所称的刮糙与装档，将底层和中层砂浆批抹于墙面标筋之间。底层抹灰收水或凝结后再进行中层抹灰，厚度略高出标筋，然后用刮杠按标筋整体刮平。待中层抹灰面全部刮平时，再用木抹子搓抹一遍，使表面密实、平整。

⑤ 面层抹灰　中层砂浆凝结之前，在其表面每隔一定距离交叉划出斜痕，以有利于与面层砂浆的黏结。待中层砂浆达到凝结程度，即可抹面层，面层抹灰必须保证平整、光洁、无裂痕。

(4) 墙身装饰施工

① 饰面砖

- 墙面砖：其规格一般有 200mm×100mm×12mm、75mm×75mm×8mm 等。
- 马赛克：用优质瓷土烧制的片状小瓷砖拼成各种图案贴在墙上的装饰材料。

② 饰面板　用花岗岩荒料经锯切、研磨、抛光及切割而成的装饰材料，主要有 4 种：

- 剁斧板：表面粗糙，具有规则的条纹斧纹。
- 机刨板：表面平整，具有相互平行的刨纹。
- 粗磨板：表面光滑、无光。
- 磨光板：表面光亮、色泽鲜明、晶体裸露。

③ 青石板　有暗红、灰、绿、紫等不同颜色，按其纹理构造可劈成自然状薄片。使用规格为长宽 300~500mm 不等的矩形块。

④ 文化石　可分为天然和人造两种。天然文化石是开采于自然界的石材矿，其中的板岩、砂岩、石英岩经过加工成为一种装饰材料，具有材质坚硬、色泽鲜明、纹理丰富等特点；人造文化石采用硅钙、石膏等材料制成，模仿天然石的外形纹理，具有质地轻、不易燃、便于安装等特点。

⑤ 水磨石饰面板　是将大理石石粒、颜料、水泥、砂等材料景观选配制坯、养护、磨光打亮而成。具有色泽多样、表面光滑等特点。

⑥ 墙身石板材镶贴施工
- 墙面和柱面安装饰面板，应先抄平，分块弹线，并按弹线尺寸进行预拼和编号。
- 系固定饰面板的连接件，应与锚固件连接牢固。锚固件应在结构施工时埋设。
- 固定饰面板的连接件，其直径或厚度大于饰面板的接缝宽度时，应凿槽埋置。
- 饰面板的接缝宽度，如设计无要求，应符合下列要求（表7-1）：

表7-1　饰面板的接缝宽度要求表

序号	名称		接缝宽度(mm)
1	天然石	光面	1
2	天然石	粗磨面、麻面、条纹面	5
3		天然面	10
4	人造石	水磨石	2
5		水刷石	10

- 饰面板安装，按缝宽度可垫木楔，灌注砂浆时，应先在竖缝内填塞15~20mm深的麻丝以防漏浆，待砂浆硬化后，将填缝材料清除。（注：光面、镜面和水磨石饰面板的竖缝，可用石膏灰封闭）
- 饰面板就位固定后，应用1:2.5水泥砂浆分层灌注，每层灌注高度为150~200mm，并插捣密实，待其初凝后再灌注上层砂浆。施工缝应留在饰面板的水平接缝以下50~100mm处。
- 冬季施工时，在采取措施的情况下，每块板的灌浆次数可改为2次，缩短灌注时间，及时裹挂保温层，保温养护7~9d。

7.1.1.3　墙顶(压顶)

墙顶是景墙上部的收头部分。常设一现浇钢筋混凝土的压顶梁，然后组砌设计所要求的线条线脚，再进行相应的装饰处理。

墙顶的装饰处理的形式和方法很多。中式园林的园墙墙顶，较多采用传统的瓦片压顶；西式园林的墙墩顶上，有时设置几何体或人物雕塑物；现代的园墙墩上，有时设置相应的灯罩灯座，以体现出一定的灯头景观效果。

7.1.2　花架工程概述

7.1.2.1　花架构造组成

花架的类型很多，现以常见的花架为例介绍相应的构造组成。

① 基础　是花架的底部组成部分，主要是将花架的各种荷载传递给地基。尽管花架的荷载不大，但基础仍应设置于满足承载能力的地基上。基础的埋置深度一般为500~1000mm。

② 立柱　是花架中间的组成部分，主要把架顶部分的荷载传递给基础，并支撑起架顶，以形成一定的高度空间，有时藤本植物依附于立柱，将枝蔓伸展至架顶。构成

立柱的材料较多，一般为砖砌、钢筋混凝土、型钢和杉木。使用砌体与钢筋混凝土，应该在柱表面做装饰处理，如涂刷涂料、抹灰、块料贴面等。

③ 架顶　是花架最上部的组成部分，主要承受藤本植物，并把相应的荷载传递给横梁。横梁一般顺着花架的开间方向支承于立柱上。当花架的进深较大，在横梁下顺进深方向设置主梁（又叫大梁、纵梁），并在横梁之间架设桁条，以缩短搁栅的支承跨度。

④ 地面铺装　花架的地面需做相应的铺装处理，以形成较好的使用条件，常做混凝土整体浇筑面层或碎石、卵石、黏土砖铺贴，以形成较为自然朴素的气息。

⑤ 种植穴　用于种植花架的藤本植物。种植穴一般设置于花架立柱的外侧，并背向坐凳。有时不设专门的种植穴，而是将花架外的种植地连在一起，能取得较好的生长条件。

⑥ 栏杆与坐凳　花架临空或面水的一侧，根据安全的心理要求，应该设置相应的防护栏杆，栏杆的高度一般为400~1200mm。凳面材料可为石材、木块、硬质塑料及不锈钢板材等，以便形成清洁、亲切、安全的使用条件。

7.1.2.2　混凝土花架的施工

① 定点放线　根据设计图和地面坐标系统的对应关系，用测量仪器把廊架的位置和边线测放到地面上。

② 基础处理及柱身浇筑　根据放线比外边缘宽20cm挖好槽，首先用素土夯实，有松软处要进行加固，不得留下不均匀沉降的隐患，再用150mm厚级配三合土做垫层，基层做好100mm厚的C20素混凝土和120mm厚C15垫层，用C20钢筋混凝土做基础，再安装模板浇筑下为460mm×460mm、上为300mm×300mm的钢筋混凝土柱子。

混凝土的组成材料为石子、沙、水泥和水，按一定比例均匀拌和，浇筑在所需形状的模板内，经捣实、养护、硬结成廊架的柱子。

在正常养护条件下混凝土强度在最初7~14d内发展较快，28d接近最大值，以后强度增长缓慢。

③ 柱身装饰及廊架顶部构成　清理干净浇筑好的混凝土柱身后，用20mm厚1∶2砂浆粉底文化石贴面。采用专用塑料花架网格安装成120mm×360mm的菠萝格，作为廊架的顶部。

7.1.2.3　防腐木花架的施工

(1) 放线及基础施工

施工人员认真熟悉掌握图纸，注意基础深度，同时不影响综合管网。为了操作方便，一般临时装配，随时调整误差，调整锚栓尺寸，要标出锚栓的位置，同时施工。

(2) 木料准备

木材品种、材质、规格、数量必须与施工图要求一致。板、木方材不允许有腐朽、虫蛀现象，在连接的受剪面上不允许有裂纹，木节不宜过于集中，且不允许有活木节。

原木或方木含水率不应大于25%，木材结构含水率不应大于18%。防腐、防虫、防火处理按设计要求施工。

(3) 木构件加工制作

各种木构建按施工图要求下料加工，根据不同加工精度留足加工余量。加工后的木构件及时核对规格及数量，分来堆放整齐。对易变形的硬杂木，堆放时适当采取防变形措施。采用钢材连接件的材质、型号、规格和连接的方法、方式等必须与施工图相符。连接的钢构件应做防锈处理。

(4) 木构件组装

① 结构构件质量必须符合设计要求，堆放或运输中无损坏或变形。

② 木结构的支座、支撑、连接等构件必须符合设计要求和施工规范的规定，连接必须牢固，无松动。

③ 顶架、梁、柱的支座部位应按设计要求或施工规范做防腐处理。

④ 架和梁、柱安装的允许偏差和检验方法见表7-2所列。

表7-2 架和梁、柱安装的允许偏差表

序号	项目	允许偏差(mm)	检验方法
1	结构中心线距离	±20	钢尺量
2	垂直度	$H/200$ 不大于15	吊线量(H为构件高)
3	受压或压弯件	纵向弯曲$L/300$	拉线或吊线尺量(L为构件长)
4	支座轴线对支撑面中心位移	10	尺量
5	支座标高	±5	水准测量
6	木平台平整度	±2	2m靠尺和塞尺量

(5) 木结构涂饰

① 清除木材面毛刺、污物，用砂布打磨光滑。

② 打底层腻子，干后用砂布打磨光滑。

③ 按设计要求底漆、面漆及层次逐层施工。

④ 混色漆严禁脱皮、漏刷、反锈、透底、流坠、皱皮。表面应光亮、光滑、线条平直。

⑤ 清漆严禁脱皮、漏刷、斑迹、透底、流坠、皱皮，表面光亮、光滑、线条平直。

⑥ 桐油应用干净布浸油后挤干，揉涂在干燥的木材面上。严禁漏涂、脱皮、起皱、斑迹、透底、流坠，表面应光亮光滑，线条平直。

⑦ 烫蜡、擦软蜡工程，所使用蜡的品种、质量必须符合设计要求，严禁在施工过程中烫坏地板和损坏板面。

7.1.2.4 欧式古典花架做法

① 按图纸放线，对花架中线位置及座椅位置进行定位。

② 挖基础槽，根据结构图纸绑扎钢筋，绑扎过程中注意结构标高，绑扎完成后根

据图纸支模板，浇入混凝土。

③ 花架柱子为古罗马爱奥尼柱式，在图纸设计上要注意柱式的比例关系及细部线脚，尤其是柱头一定要做到精确，往往前期工作细致，后期成品就美观。

④ 花架柱外部可采用预制 GRC 或表面喷涂面漆，现在市场上也有采用米黄色糙面花岗石，效果更好。

⑤ 在花架上用木头花架条，木宽 250mm，在花架梁上预埋 M1 扁钢，用 $\phi 10mm$ 沉头螺栓与 M1 焊牢。

⑥ 花架中的坐凳做法前面已经论述，花架安装时要注意安全，安装完毕后保护好现场并进行清理，以备竣工后使用。

7.1.3 景亭工程概述

景亭一般由亭顶、亭柱、基础三部分组成。亭的结构繁简不一，即使是一般简单的传统木结构亭，施工上较繁杂一些，其各部分构件仍可按形预制而成，使亭的结构及施工均较为简便。亭适宜采用石、砖瓦、竹木等地方性传统材料，随着新技术的发展，用钢筋混凝土、轻质型材等新材料组建而成。

7.1.3.1 亭顶

亭的顶部梁架可用木材制成，也可用钢筋混凝土或金属铁架等。亭顶一般分为平顶和尖顶两类。形状有方形、圆形、多角形、仿生形、十字形和不规则形等。传统木结构亭顶构架的做法主要有：伞法（即用老戗支撑灯心木做法）、大梁法（用一根或两根大梁支撑灯心木做法）、搭角梁法、扒梁法、抹角梁扒梁组合法、杠杆法、框圈法、井字梁法等。古建木结构亭的屋面是在木基层上进行屋面瓦作，屋面木基层包括椽子、望板、飞椽、连檐木、瓦口等。屋面瓦作包括揠苫背、瓦面、屋脊和宝顶四大部分。

7.1.3.2 亭柱

亭柱的构造因材料而异。制作亭柱的材料有钢筋混凝土、石料、砖、木材、钢材等。亭一般无墙壁，故亭柱在支撑顶部重量及美观要求上都极为重要。亭身大多开敞通透，置身其间有良好的视野，便于眺望、观赏。柱间下部常设半墙、坐凳或鹅颈椅，供游人休憩。柱的形式有方柱、圆柱、多角柱、梅花柱、瓜楞住、多段合柱、包镶柱、拼贴棱柱等。柱的色泽各有不同，可在其表面上绘成或雕成各种花纹以增加美观性。

7.1.3.3 基础

亭基多以混凝土为材料，若地上部分的负荷较重，则须加钢筋、地梁；若地上部分负荷较轻，如用竹柱、木柱盖以稻草的亭，则在亭柱部分掘穴以混凝土作基础即可。不同形式和材质的景亭，其构造做法也不同。

7.1.3.4 传统亭的施工方法

施工流程：施工准备→放线→基础施工→柱身施工→亭顶施工→地面施工→成品保护。

施工准备：根据施工方案配备好施工技术人员、施工机械及施工工具，按计划购入施工材料。认真分析施工图，对施工现场进行详细踏查，做好施工准备。

施工放线：参见项目2施工放线。

基础施工：根据现场施工条件确定挖方方法，可用人工挖方，也可用人工结合机械挖方。景亭一般较多用混凝土基础，且有预埋件在其中，基础保养3~4d后，可进行亭柱施工。

柱身施工：亭柱一般为方柱和圆柱，如果是混凝土柱，先按设计规格将模板钉好，然后现浇混凝土，一次性浇完；如果是木柱，按照设计要求加工完成。

亭顶施工：亭顶的顶以攒尖顶为多，现代景亭以钢筋混凝土平顶式景亭较多。由于亭顶施工复杂，样式多样，在这里就不再赘述了，具体参考园林建筑相关的书籍。

地面施工：具体步骤参考园路施工项目。

任务7.2 景墙工程施工技术操作

景墙施工既要美观，又要坚固耐久。常用材料有混凝土、花格围墙、石墙、铁花格围墙等。景墙的施工依据是施工图纸和和相关文件，本次以完成真石漆墙面、花岗岩贴面和大理石干挂景墙(图7-2)为例进行任务实施。工艺流程如图7-3所示。

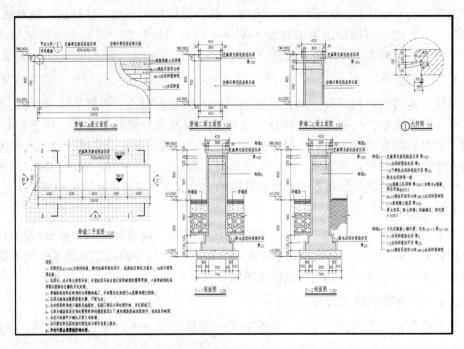

图7-2 某小游园景墙施工详图

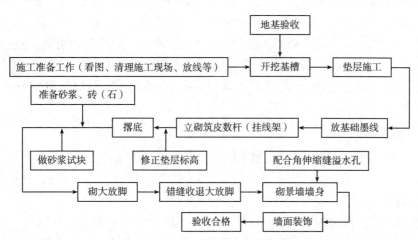

图 7-3 景墙施工主要内容及工艺流程图

7.2.1 景墙施工准备

① 熟悉并审查施工图纸和相关资料。

② 做好施工物质准备,包括土建材料准备、构件和制品加工准备、园林施工机具准备。

③ 施工前对各单位进行资质审查。施工项目管理人员应是有实际工作经验的专业人员。有能进行现场施工指导的专业技术人员;各种工种应有熟练的技术工人,并应在进场前做好有关的入场准备。

④ 做好材料采购、加工和订购,以及施工机具租赁。

⑤ 按照平面图要求,进行施工现场的放样、测量复核。

⑥ 安装调试施工机具和组织材料进场。

⑦ 制订好施工准备的工作计划,以更好地落实各项施工准备。

7.2.2 景墙施工主要内容及方法

景墙施工内容主要包括基础、墙身和墙顶施工。

7.2.2.1 基础施工

工艺流程:测量放线→机械开挖土方→人工清理基槽→基底夯实→基础垫层→测量放线→基础施工(土方回填)。

① 放线 根据施工图纸设计要求,景墙基础与铺装基础同时施工,在地面上测设出景墙中心线及边线,在两端打中心线控制桩。在边线基础上每条边向外扩100mm开挖基槽,基槽规格为2200mm×900mm×510mm,基槽沟底进行夯实并找平。

② 基槽开挖 按基槽平面位置及深度开挖基槽,禁止超挖。采用机械开挖至设计标高以上30cm处,剩余30cm土方采用人工边开挖边修整,然后用打夯机夯实。基坑开挖宽度为:基础宽+600。

③ 基础砌筑　基槽验收合格后，即可在其上进行垫层施工，垫层厚度为 100mm。铺设 300mm 厚级配砂石及 150mm 厚 C20 混凝土，振捣，密实后将其表面刮平，之后洒水覆盖，养护期不少于 7 昼夜。基础大放脚的撂底尺寸及收退方法，必须符合设计图纸规定。如是两层一退，第一层为条，第二层砌丁。回填土方不得含有有机物质、木屑及其他杂物。土方回填按照每 25cm 为一层进行回填，每层回填应分层夯实。

7.2.2.2 墙身砌筑

工艺流程：砌体工程→景墙压顶支模→钢筋绑扎→浇筑混凝土→模板拆除清理。

① 本项目景墙属于浆砌块垒墙体，采用 MU10 烧结页岩实心砖配 M5.0 水泥砂浆砌筑，砌筑高度控制在 315mm 左右。

② 景墙压顶为现浇钢筋混凝土压顶，按设计图纸和规范要求配置钢筋。墙顶放置钢筋网，钢筋直径 6mm，单层双向，间距 200mm，随后支模板，浇筑 C20 混凝土，养护 7d。

注：对于墙身中的瓦花漏窗、砖砌花饰等装饰件，根据设计要求与施工特点，或在墙体砌筑的同时进行安置，或在墙身中预留空洞之后安装。

7.2.2.3 装饰施工

景墙墙面的装饰一般指墙顶、墙面、勒脚等部位的施工，其程序一般为先上后下、先整体后局部。其施工要点如下：

做好底层、中层与面层的抹灰施工，防止起壳脱落现场的发生。清理景墙基体表面，去除泥土灰尘等污物，做好抹面隔夜浇水工作，以保证砂浆的黏结附着能力。

做好墙面的标筋弹线操作，严格控制景墙的外观形状尺寸，合理组合面饰材的有序布局。通过墙面的抹灰标筋，控制墙外的外观形象，使其各部尺寸合乎要求。通过弹线等措施，控制各类装饰饰材或块材的布置范围与铺贴位置，规范块材之间的拼接方式。

精致的装饰做法必须精细施工。在园林景墙中，精致的景墙装饰屡见不鲜，例如用古典屋脊的形式作为景墙压顶方式、墙洞口雕刻件的布设等。这类装饰方法差异性大，施工工艺技法有较大的特殊性。所以在装饰施工中，需针对不同的装饰构造做法，编制相应的施工工艺方案，配备具有专门技能的操作人员，配置合适的机具设备，以获得良好的施工效果。

采取必要的产品保护措施。对于重要的或精细的景墙装饰，必须采用合适的产品保护措施，例如设置阻挡、遮盖，编制合理的施工流程等，避免饰面或饰物被损坏。

(1) 真石漆墙面施工工艺流程

基层清理→水泥砂浆找平→涂刷封底漆真石漆→打磨→喷仿石涂料→罩面漆涂刷。

① 基层处理　抹灰前对基层浮灰砂浆、泥土等杂物进行清理，并适当浇水湿润。

② 水泥砂浆找平　抹 1∶3 水泥砂浆，对于抹灰墙面应要求表面平整、坚固。然后进行饰面刮腻子处理，刮完腻子的饰面不得有裂缝、孔洞、凹陷等缺陷。

③ 涂刷封底漆　为提高真石漆的附着力，应在基础表面涂刷一遍封底漆。封底漆用滚筒滚涂或用喷枪喷涂均可，涂刷一定要均匀，不得漏刷。

④ 打磨　真石漆喷涂完毕应养护 24h，当真石漆彻底干燥后进行适当的打磨，并将饰面灰尘清理干净。

⑤ 喷仿石涂料　喷涂前应将真石漆搅拌均匀，装在专用的喷枪内，然后进行喷涂，喷涂压力控制在 0.4~0.8MPa。

⑥ 罩面漆涂刷　当饰面清理干净后，对饰面进行罩面漆涂刷或喷涂。要求罩面漆涂刷（喷涂）均匀，厚薄一致，不得漏刷。

（2）贴饰墙面施工工艺流程

基层处理→弹分格线→排砖→镶贴面砖→面砖勾缝与擦缝。

① 基层处理　把沾在基层上的浮浆、落地灰等用錾子或钢丝刷清理掉，再用扫帚将浮土清扫干净。

② 找标高、弹分格线　根据水平标准线和设计厚度，在四周墙、柱上弹出面层的上平标高控制线。

③ 排砖　按照砖的尺寸留缝大小，排出砖的放置位置，并在基层地面弹出十字控制线和分格线。排砖应符合设计要求。

④ 镶贴面砖　铺设前应将基底湿润，并在基底上刷一道素水泥浆或界面结合剂，随刷随铺设搅拌均匀的干硬性水泥砂浆。根据排砖图和甲方设计审定的外墙面砖的颜色，严格、准确布置，并分颜色粘贴。

⑤ 面砖勾缝与擦缝　在铺贴勾缝时面砖不受污染成为外墙面砖观感的主控项目。砖缝勾完，待稍干后用棉纱或塑料刷认真擦洗干净。

⑥ 养护　当砖面层铺贴完 24h 后，应开始浇水养护，养护时间不得小于 7d。

施工完成进行成品保护（图 7-4）。

图 7-4　某小游园景墙施工完成效果图

(3) 干挂墙面施工工艺流程

放控制线→石材排板放线→挑选石材→预排石材→打膨胀螺栓安装埋板→安装钢骨架→安装调节片→石材钻孔→石材安装→密封→清理。

石材需磨边或切割的尽量在厂方处理，避免现场切割。

铝合金挂件与不锈钢挂件厚度要求：铝合金挂件厚度不应小于4mm；不锈钢挂件厚度不应小于3mm。

① 干挂钢基层

- 清理预做基层的结构表面。
- 进行吊直、套方、找规矩，弹出垂直线、水平线。
- 根据弹好的水平线固定平钢板。
- 钢基层制作完成，所有焊接处应满焊饱满连接，焊接处涂防锈漆2遍(银粉漆1遍)。

② 干挂件安制

- 在钢基层上弹出安装石材的位置线、分割线。
- 挂线事先用经纬仪打出大角两个面的竖向控制线。
- 竖向控制线最好在离大角10~15cm的位置上，以便随时检查垂直挂线的准确性。
- 根据弹好的线满焊连接固定挂件的角钢。
- 根据石材大小在角钢上打孔安放干挂件。

③ 石材调整固定

- 石材侧面按挂件间距开固定槽。
- 面板暂时固定后，调整水平、垂直。
- 调整面板上口的连接件的距墙空隙，直至面板垂直。
- 检查，调整板缝均匀。
- 检查石板水平与垂直度，板面高低。
- 安装侧面的连接铁件，把底层面板靠角上的一块就位。
- 石材完成后塞泡沫棒。
- 石材完成后在泡沫棒外打耐候胶。

④ 清理工作

- 掀掉石材表面的防污条，用棉丝将石板擦净。
- 去除石材表面黏结的杂物。
- 对成品做相应的保护。

7.2.3 景墙现场施工常见问题

7.2.3.1 施工质量注意事项

① 所有材料品种、质量、性能均应符合设计要求和相应规程的规定。

② 各工序应严格把关，检查质量是否符合国家颁布的相关设计规范及工程施工质

量验收标准。

③ 施工的灰缝大小不匀,半头砖集中使用,造成通缝,砖墙错层造成螺丝墙。

④ 检查工程设备配套及设备安装、调试情况。

⑤ 检查资料完成情况,文件是否齐全、准确。

7.2.3.2 施工安全注意事项

① 施工相关人员进入施工场所时要注意佩戴口罩、手套和头盔等保护用品。

② 在使用有关机具施工时要注意正确操作,在不使用机具时必须拔掉相关电源,避免发生事故。

7.2.3.3 成品保护措施

① 在已完成的施工项目内,应注意防止边缘被撞坏、损伤。

② 不得随意在混凝土结构上剔凿打洞,应随浇筑进行预埋。需要时,应有可靠措施,不因剔除而损坏结构的完整性。

任务 7.3 花架工程施工技术操作

7.3.1 花架施工准备

① 施工前应反复熟悉施工图纸及说明,准确了解设计意图及做法,详细制定施工组织设计,准备好各交接,以确保各环节的配合,保证工程高效、优质地完成。

② 按照技术人员预算工程量进场施工所需的各种材料,所有材料均要有当地建设主管部门颁发的检测报告及厂家合格证书,坚决杜绝三无产品进场。

③ 具体施工应挑选技术过硬、经验丰富、责任心强的工人进场,包括电焊工、油漆工、瓦工和钢筋工等。

7.3.2 花架施工主要内容及方法

本工程的花架施工主要包括基础施工、木结构安装、地面施工和坐凳施工。

7.3.2.1 基础施工流程

场地整理→定位放样→基槽土方开挖→基槽验收→素土夯实→支垫层模板→轴线复核→隐检验收→浇混凝土基础→拆模、养护→基础验收→回填。

① 根据施工图纸,采用测量仪器及测量工具,将花架柱的位置和边线测放到地面上。如图7-5所示,本项目花架为弧形花架,因此,根据总项线定位图,先在地面上测设出该弧形的圆心坐标 A',再测设出最左端廊架柱中心坐标 C',根据图7-5所示,二者连线后可找到另一个柱的中心点。将仪器转动相应的度数,结合钢卷尺,即可将其他柱中心点及坐凳坐标测设于地面上。

② 在放线外边缘宽出100mm处挖槽,基槽规格为800mm×800mm×1200mm,挖好后验槽、夯实槽底,依据图纸支模板浇筑C15混凝土,待垫层混凝土凝结5~7d后,复

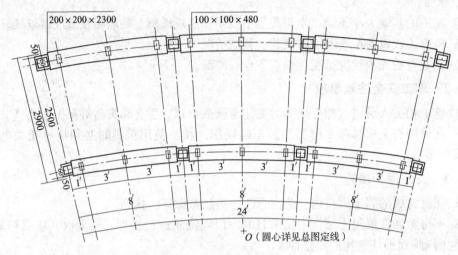

图 7-5 花架基础施工平面图

核轴线支立柱基础模板,浇筑 C20 混凝土,并在 C20 混凝土中埋设 $\phi 12$ 钢筋预埋件,预埋件高程及平面位置应符合设计要求,需反复测量进行确定,否则将影响柱的高程。浇水养护 7~10d 后拆除模板,回填土(图 7-6)。

7.3.2.2 木结构安装施工流程

① 柱身安装 安装过程中要注意控制柱顶高程与柱子间的距离及与地面的垂直度,确保所有柱顶的高程一致,柱间距符合设计要求。

② 梁及檩条安装(图 7-7) 安装主梁前,先测量出梁与柱顶卡槽结合的位置点,用铅笔做好记号,安装时施工人员之间要密切配合,保证将主梁安装准确,一次成型。主梁施工完毕即可进行檩条的安装。

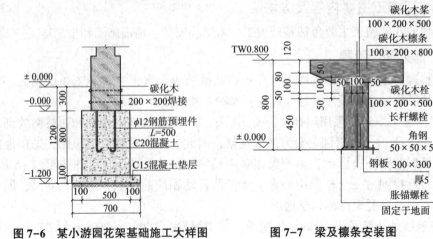

图 7-6 某小游园花架基础施工大样图　　图 7-7 梁及檩条安装图

7.3.2.3 地面铺装主要施工流程

素土夯实→300厚碎石垫层→100厚C20素混凝土垫层→30厚1∶3水泥砂浆结合层→30厚花岗石铺面。

具体做法类详见园路施工石材料类铺面的施工工艺。

7.3.2.4 坐凳安装

如图7-8所示，坐凳的凳腿施工与道路施工一同进行。在混凝土垫层中预埋T型钢板，并将其用M10胀锚螺栓固定。将200mm×100mm碳化木凳腿插在T型钢板上，底部用方钢管包裹并用长杆螺栓固定。依据施工图纸，先安装坐凳的凳面与封板，将二者用50mm×50mm×3mm角钢连接并用自攻钉固定。随后将凳面用自攻钉固定在凳腿上。在施工过程中要注意控制坐凳表面的高程为0.450m。

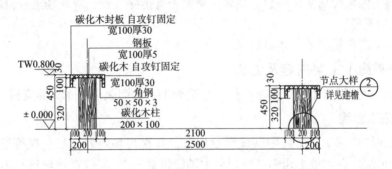

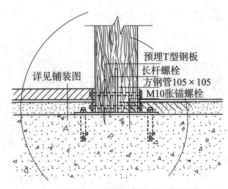

图7-8 花架坐凳施工详图

7.3.2.5 成品保护

可进行喷漆保护施工。

7.3.3 花架现场施工常见问题

① 定位放线应准确，施工人员应认真熟悉施工图纸，注意与其他综合管网的位置关系，不可破坏燃气、供暖等市政管线。

② 施工中用到的木材要进行防腐处理，安装前刷清漆两道，安装完毕刷清漆一道，木方间连接处应涂抹胶水以增加连接强度。

③ 施工中注意安全，施工完成后要做好成品保护及养护。

任务7.4 景亭工程施工技术操作

7.4.1 景亭施工准备

① 熟悉图纸　项目负责人组织项目部技术员、资料员、工长了解平面图、立面图、剖面图，以及建筑物的周边构筑物的数量。

② 技术员对标高进行图纸审核，查找不合理情况，并上报项目负责人，与甲方现场工程师进行沟通，商讨解决方案，做好现场放线图纸。

③ 对施工区域现场实地勘察，具体了解是否有拆除工程，对现场土方量进行测量，安排现场场地平整。

④ 具体了解现场交通、水电情况。

7.4.2 景亭施工主要内容及方法

施工放线→基础施工→亭体木结构→坐凳施工→地面施工→木材油漆施工。

7.4.2.1 施工放线

利用经纬仪把基础柱子的中轴线测量出来，并在现场定好木桩，在桩子上用经纬仪确定好中轴线，在木桩上用钢钉标记上中轴线位置（柱子安放在该建筑物施工以外），并用白灰洒出基础开挖的范围（图7-9）。

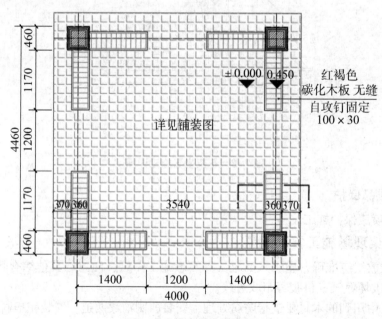

图7-9　景亭柱点平面图

7.4.2.2 基础做法工艺流程

挖槽→素土夯实→素混凝土垫层→砖砌筑基础→钢筋混凝土压顶(图7-10)。

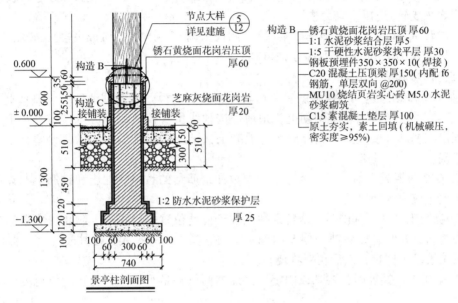

图 7-10 景亭柱剖面图

(1)挖槽

① 按照设计要求开挖基础时,机械开挖应预留 10~20cm 的余土,使用人工挖掘,修整。

② 当挖掘过深时,不能用土回填。

(2)素土夯实

当挖土达到设计标高后,可用打夯机进行素土夯实,应达到设计要求的素土夯实密实度。

(3)素混凝土垫层

① 混凝土的下料口距离所浇筑的混凝土表面高度不得超过 2m。

② 混凝土的浇筑应分层连续进行,一般分层厚度为振捣器作用部分长度的 1.25 倍,最大不超过 50cm。

③ 采用插入式振捣器时应快插慢拔,插点应均匀排列,逐点移动,顺序进行,不得遗漏,做到振捣密实。

④ 浇筑混凝土时,应经常注意观察模板有无走动情况。当发现有变形、位移时,应立即停止浇筑,并及时处理好,再继续浇筑。

⑤ 混凝土振捣密实后,表面应用木抹子搓平。

⑥ 混凝土浇筑完毕后,应在 12h 内加以覆盖和浇水,浇水次数应能保持混凝土有足够的润湿状态。养护期一般不少于 7 昼夜。

(4) 砖砌筑基础

砖基础分墙基和大放脚两部分。墙基与墙身同厚,大放脚即墙基下面的扩大部分。

大放脚部分一般采用一顺一丁砌筑形式。大放脚最下一皮及墙基的最上一皮砖(防潮层下面一皮砖)应以丁砌为主。

砖墙要从基础顶(或者是基础梁顶)开始往上砌砖,采用240mm厚实心砖墙体(砖强度一般为MU10、砂浆为M10水泥砂浆)。

(5) 钢筋混凝土压顶

① 基础砖砌体达到一定强度后,在其上划线、支模、放置预埋件。下部垂直钢筋应绑扎牢,并注意将钢筋弯钩朝上,预埋件按轴线位置校核后用方木架成井字形,将插筋固定在基础外模板上;底部应用与混凝土保护层同厚度的水泥砂浆垫塞,以保证位置正确。

② 在浇筑混凝土前,必须清除干净模板和钢筋上的垃圾、泥土和钢筋上的油污等杂物。模板应浇水加以润湿。

③ 浇筑现浇柱下基础时,应特别注意柱子插筋位置是否正确,防止造成移位和倾斜。在浇筑开始时,先满铺一层5~10cm厚的混凝土,并捣实,使柱子插筋下段和钢筋片的位置基本固定,然后再对称浇筑。

④ 基础上有插筋时,要加以固定,保证插筋位置是否正确,防止浇筑混凝土时发生移位。

⑤ 混凝土浇筑完毕,应覆盖浇水养护外露表面。

7.4.2.3 亭体木结构施工工艺流程

材料准备→木构件加工制作→木构件拼装→质量检查(图7-11)。

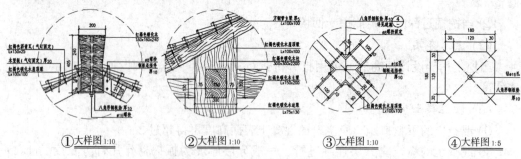

图7-11 景亭木结构连接部分大样图

(1) 木料准备

采用成品防腐木,外刷清漆两度。

(2) 木构件加工制作

按施工图要求下料加工,需要榫接的木构件要依次做好榫眼和榫接头。

(3) 木构件拼装

所有木结构采用榫接,并用环氧树脂黏结,木板与木板之间的缝隙用密封胶填实。施工时要注意以下几点:

① 结构构件质量必须符合设计要求，堆放或运输中无损坏或变形。

② 木结构的支座、支撑、连接等构件必须符合设计要求和施工规范的规定，连接必须牢固，无松动。

③ 所有木料必须做防腐处理，面刷深棕色亚光漆。

（4）质量检查

亭子属于纵向建筑，对稳定性的要求比较高，拼装后的亭子要保证构件之间连接牢固，不摇晃；要保证整个亭子与地面上的混凝土柱连接甚好。

7.4.2.4 坐凳施工主要流程

基础施工→放砌筑线、砌筑→抹灰施工→立面处理→安装防腐木坐凳面(图 7-12)。

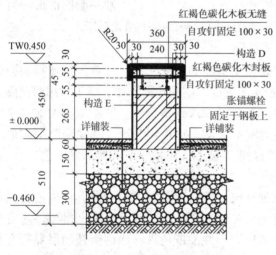

图 7-12 景亭座凳剖面图

① 基础施工和亭子的地坪基础施工一起进行，具体做法参见园路施工项目，这里不再赘述。

② 放砌筑线、砌筑　具体做法参见景墙施工项目。

③ 抹灰施工　具体做法参见景墙施工项目。

④ 立面处理　具体做法参见景墙施工项目。

⑤ 安装防腐木坐凳面　防腐木施工流程：选料→制作成品→成品安装→校正→喷漆保护→验收。

- 选择木质强硬、表面光洁、纹理清晰、不易变形、虫蛀的防腐木。

- 制作成品：技术员及木工要熟悉图纸，了解结构情况、几何尺寸、各节点要求后方可制作防腐木坐凳。对于各细部结构按图纸绘出足尺实样，以便达到最佳的效果。

- 制作后的成品，应逐根编号，按安装的先后次序分别贮存。

- 成品安装顺序：先用膨胀螺丝对垫层木固定安装，在垫层防腐木固定后可用气动钢钉抢对表层防腐木横条架设。

- 防腐木坐凳结构安装完成后，严格按规范要求进行防火、防蚁、防腐处理，特别是榫头穴卯处的防蚁防腐处理。

- 按图纸要求对标高、表层防腐木纵横方向进行复核。

- 对成品进行保护，待其他工程完工后甲方验收。

7.4.2.5 景亭地面施工主要流程

素土夯实→300 厚碎石垫层→100 厚 C20 素混凝土垫层→30 厚 1∶3 水泥砂浆结合层→30 厚花岗石铺面。

具体做法类似于石材料类铺面的施工工艺。

7.4.2.6 木材油漆施工工艺流程

(1) 清漆施工工艺

清理木器表面→磨砂纸打光→上润油粉→打磨砂纸→满刮第一遍腻子，砂纸磨光→满刮第二遍腻子，细砂纸磨光→涂刷油色→刷第一遍清漆→拼找颜色，复补腻子，细砂纸磨光→刷第二遍清漆，细砂纸磨光→刷第三遍清漆、磨光→水砂纸打磨退光，打蜡，擦亮。

(2) 混色油漆施工工艺

清扫基层表面的灰尘，修补基层→用磨砂纸打平→节疤处打漆片→打底刮腻子→涂干性油→第一遍满刮腻子→磨光→涂刷底层涂料→底层涂料干硬→涂刷面层→复补腻子进行修补→磨光→涂刷第二遍涂料→磨光→第二遍面漆→抛光打蜡。

(3) 施工要点

清油涂刷的施工规范：①打磨基层是涂刷清漆的重要工序，应首先将木器表面的灰尘、油污等杂质清除干净。②上润油粉也是清漆涂刷的重要工序，施工时用棉丝蘸油粉涂抹在木器的表面上，用手来回揉擦，将油粉擦入到木材内。③涂刷清油时，手握油刷要轻松自然，手指轻轻用力，以移动时不松动、不掉刷为准。④涂刷时要按照蘸次要多、每次少蘸油、操作要勤、顺刷的要求，依照先上后下、先难后易、先左后右、先里后外的顺序和横刷竖顺的操作方法施工。

木质表面混油的施工规范：①基层处理时，除清理基层的杂物外，还应进行局部的腻子嵌补，打砂纸时应顺着木纹打磨。②在涂刷面层前，应用漆片(虫胶漆)对有较大色差和木脂的节疤处进行封底。应在基层涂干性油或清油，涂刷干性油层要所有部位均匀刷遍，不能漏刷。③底子油干透后，满刮第一遍腻子，干后以手工砂纸打磨，然后补高强度腻子，腻子以挑丝不倒为准。涂刷面层油漆时，应先用细砂纸打磨。

(4) 注意事项

① 基层处理要按要求施工，以保证表面油漆涂刷不会失败。
② 清理周围环境，防止尘土飞扬。
③ 因为油漆都有一定毒性，对呼吸道有较强的刺激作用，施工中一定要注意做好通风。

7.4.3 景亭现场施工常见问题

① 基础挖掘没有至老土层，工程完成后出现不均匀沉降。
② 钢筋原材料必须有出场质量合格证和复验报告单，现场工程师核对钢筋外观、规格、尺寸、型号，埋件需做防锈处理。
③ 柱子地基要坚固，定点要准确，柱子之间距离及高度要准确。不论现浇还是预制混凝土及钢筋混凝土构件，在浇筑混凝土之前，都必须按照设计图纸规定的构件形状、尺寸等浇筑。

④ 木结构亭其显著的特点是具有榫节，柱须以榫结入，柱下端一般加须弥座处理。

⑤ 螺栓孔、钉眼应不提前布线，施工后钉眼不顺直，木板宽度<100mm 应用单排钉，宽度≥100mm 应用双排钉，面板驳接必须为密缝，缝口不大于 1.5mm。

⑥ 封边板为弧形而无法将其弯到必要弧度时，则必须在其内侧开锯一定宽度、深度的凹槽，以便将其弯成弧形，同时对凹槽进行防腐处理。

任务 7.5　园林建筑小品工程施工质量检测

7.5.1　园林建筑小品质量检测类别

本部分适用于园林工程中常见园林建筑小品的施工验收，不适用于 200m² 以上房屋建筑工程和仿古园林建筑工程，200m² 以上的房屋建筑工程应执行国家标准《建筑工程施工质量验收统一标准》(GB 50300—2013) 的规定。

园林工程中常见园林小品包括：景墙、花架、花坛，现代做法的亭廊、围墙、隔断、小桥、小卖部、展台以及各种装饰造型和园林构筑物等。常见园林建筑及小品工程分项、分部工程名称见表 7-3 所列。

表 7-3　常见园林建筑及小品工程分项、分部工程名称

序号	分部工程名称	分项工程名称
1	地基与基础工程	土方、砂、砂石和三合土地基、水泥砂浆防水层、模板、钢筋、混凝土、砌砖、砌石、钢结构、焊接、制作、安装、油漆
2	主体工程	模板、钢筋、混凝土、构件安装、砌砖、砌石、钢结构、焊接、制作、安装、油漆、竹、木结构等
3	地面	基层、地面
4	门窗工程	木门窗制作、木、钢、铝合金门窗安装等
5	装饰工程	抹灰、油漆、刷(喷)浆(塑)、玻璃、饰面、罩面板及钢木骨架、细木制品、花饰、安装、竹、木结构等
6	屋面工程	屋面找平层、保温(隔热)层、卷材防水、油膏嵌缝、涂料屋面、细石混凝土屋面、瓦屋面、水落管等

7.5.2　园林建筑小品主要类别检测标准与方法

7.5.2.1　砌体放线验收

砌筑基础前，应校核放线尺寸，允许偏差符合表 7-4 的规定。

表 7-4　放线尺寸的允许偏差

长度 L、宽度 B (m)	允许偏差 (mn)	长度 L、宽度 B (m)	允许偏差 (mn)
L(或 B)≤30	±5	60<L(或 B)≤90	±5
30<L(或 B)≤60	±10	L(或 B)>90	±20

7.5.2.2 砌筑顺序

① 基底标高不同时，应从低处砌起，并应由高处向低处搭砌。当设计无要求时，搭接长度不应小于基础扩大部分的高度。

② 砌体的转角处和交接处应同时砌筑。当不能同时砌筑时，应按规定留槎、接槎。

说明：基础高低台的合理搭接：在墙上留置临时施工洞口，其侧边离交接处墙面不应小于500mm，洞口净宽度不应超过1m。抗震设防烈度为9°的地区建筑物的临时施工洞口位置，应会同设计单位确定。

③ 不得在下列墙体或部位设置脚手眼：

- 120mm厚墙、料石清水墙和独立柱；
- 过梁上与过梁成60°角的三角形范围及过梁净跨度1/2的高度范围内；
- 宽度小于1m的窗间墙；
- 砌体门窗洞口两侧200mm（石砌体为300mm）和转角处450mm（石砌体为600mm）范围内；
- 梁或梁垫下及其左右500mm范围内；
- 设计不允许设置脚手眼的部位。

④ 施工脚手眼补砌时，灰缝应填满砂浆，不得用干砖填塞。

⑤ 设计要求的洞口、管道、沟槽应于砌筑时正确留出或预埋，未经设计人员同意，不得打凿墙体和在墙体上开凿水平沟槽。宽度超过300mm的洞口上部，应设置过梁。

⑥ 设置在潮湿环境或有化学侵蚀性介质的环境中的砌体灰缝内的钢筋应采取防腐措施。

⑦ 砌体工程检验批验收时，其主控项目应全部符合本规范的规定；一般项目应有80%及以上的抽检处符合本规范的规定，或偏差值在允许偏差范围以内。

7.5.2.3 砌筑砂浆验收

① 水泥进场使用前，应分批对其强度、安定性进行复验。检验批应以同一生产厂家、同一编号为一批。当在使用中对水泥质量有怀疑或水泥出厂超过3个月（快硬硅酸盐水泥超过1个月）时，应复查试验，并按其结果使用。不同品种的水泥，不得混合使用。

② 砌筑砂浆试块强度验收时其强度合格标准必须符合以下规定：同一验收批砂浆试块抗压强度平均值必须大于或等于设计强度等级所对应的立方体抗压强度；同一验收批砂浆试块抗压强度的最小一组平均值必须大于或等于设计强度等级所对应的立方体抗压强度的0.75倍。

③ 砂浆强度应以标准养护，龄期为28d的试块抗压试验结果为准。

④ 当施工中或验收时出现下列情况时，可采用现场检验方法对砂浆和砌体强度进行原位检测或取样检测，并判定其强度：

- 砂浆试块缺乏代表性或试块数量不足；
- 对砂浆试块的试验结果有怀疑或有争议；
- 砂浆试块的试验结果不能满足设计要求。

7.5.2.4 砖砌体验收

砖砌体用于清水墙、柱表面的砖,应边角整齐,色泽均匀。在冻胀环境和条件的地区,地面以下或防潮层以下的砌体,不宜采用多孔砖。

施工时施砌的蒸压(养)砖的产品龄期不应小于28d。

(1) 主控项目

砖和砂浆的强度等级必须符合设计要求;砌体水平灰缝的砂浆饱满度不得小于80%;砖墙的转角处和交接处应同时砌筑,严禁无可靠措施的内外墙分砌施工;不能同时砌筑时应砌成斜槎(踏步槎),斜槎长度不应小于其高度的2/3。砖砌体的位置及垂直检验见表7-5所列。

表7-5 砖砌体的位置及垂直度允许偏差

序号	项目			允许偏差(mm)	检验方法
1	轴线位置偏移			10	用经纬仪和尺检查或用其他测量仪器检查
2	垂直度	每层		5	用2m托线板检查
		全高	≤10m	10	用经纬仪、吊线和尺检查,或用其他测量仪器检查
			>10m	20	

抽检数量:轴线查全部承重墙柱;外墙垂直度全高查阳角,不应少于4处,每层20m查一处;内墙按有代表性的自然间抽查10%,但不应少于3间,每间不应少于2处,柱不少于5根。

(2) 一般项目

砖砌体组砌方法应正确,上、下错缝,内外搭砌,砖柱不得采用包心砌法;砖砌体的灰缝应横平竖直,厚薄均匀;水平灰缝厚度宜为10mm,但不应小于8mm,也不应大于12mm。砖砌体的一般尺寸允许偏差应符合表7-6的规定。

表7-6 砖砌体的一般尺寸允许偏差

序号	项目		允许偏差(mm)	检验方法	抽检数量
1	基础顶面和楼面标高		±15	用水平仪和尺检查	不应少于5处
2	表面平整度	清水墙、柱	5	用2m靠尺和楔形塞尺检查	有代表性自然间抽查10%,但不少于3间,每间不应少于2处
		混水墙、柱	8		
3	门窗洞口高、宽(后塞口)		±5	用尺检查	检验批洞口的10%,且不应少于5处
4	外墙上下窗口偏移		20	以底层窗口为准,用经纬仪或吊线检查	检验批的10%,且不应少于5处
5	水平灰缝平直度	清水墙	7	拉10m线和尺检查	有代表性自然间抽查10%,但不应小于3间,每间不应少于2处
		混水墙	10		
6	清水墙游丁走缝		20	吊线和尺检查,以每层第一皮砖为准	有代表性自然间抽查10%,但不应小于3间,每间不应少于2处

7.5.2.5 贴面材料验收

(1) 主控项目

① 饰面砖的品种、规格、颜色必须符合设计及规范的要求。

② 面层与下一层应结合牢固，无空鼓、裂纹。

③ 面层表面的坡度应符合设计要求，不倒泛水、无积水；与地漏、管道结合处应严密牢固，无渗漏。

(2) 一般项目

① 砖面层　表面应洁净，图案清晰，色泽一致，接缝平整，深浅一致，周边顺直。板块无裂纹、缺棱、掉角等缺陷。

② 接缝　填嵌密实、平直，宽窄一致，颜色一致，阴阳角处压向正确，非整砖的使用部位适宜。

③ 套割　用整砖套割吻合，边缘整齐，厚度同墙面一致。

7.5.2.6 木结构工程验收

在园林工程施工中，木结构的景亭、花架等验收，执行《木结构工程施工质量验收规范》（GB 50206—2012），其主控项目和一般项目要求见表7-7所列。

表7-7　方木和原木结构检验批质量验收表

		检查项目	质量要求		检查方法、数量	
主控项目	1	结构形式、结构布置和构件尺寸	符合设计文件的规定		实物与施工设计图对照、丈量	检验批全数
	2	木材质量	符合设计文件的规定，具有产品质量合格证书		实物与设计文件对照，检查质量合格证书、标识	
	3	进场木材的弦向静曲强度	作强度见证检验，其强度最低值符合要求		在每株(根)试材的髓心外切取3个无疵弦向静曲强度试件	每一检验批每一树种的木材随机抽取3株(根)
	4	方木、原木及板材的目测材质等级	符合规范要求；不得采用普通商品材的等级标准替代		GB 50206—2012规范附录B	检验批全数
	5	木材平均含水率	原木或方木	≤25%	GB 50206—2012规范附录C（烘干法、电测法）	每一检验批每一树种每一规格随机抽取5根
			板材及规格材	≤20%		
			受拉构件连接板	≤18%		
			通风不畅的木构件	≤20%		
	6	承重钢构件和连接所用钢材质量	有产品质量合格证书和化学成分的合格证书；钢材的材质标准不低于现行国家标准；钢木屋架下弦所凧圆钢应作抗拉屈服强度、极限强度、延伸率、冷弯桅验，并满足设计文件的规定		取样方法、试样制备及拉伸试验方法应分别符合《钢材力学及工艺性能试验取样规定》（GB 2975—1998）、《金属材料室温拉伸试验方法》（GB/T 228—2002）的有关规定	每检验批每一钢种随机抽取2件

(续)

		检查项目	质量要求	检查方法、数量	
主控项目	7	焊条的质量	符合现行国家标准，型号与所用钢材匹配，并有产品质量合格证书	实物与产品质量合格证书对照检查	检验批全数
	8	螺栓、螺帽质量	有产品质量合格证书，其性能符合现行国家标准的规定		
	9	圆钉质量	有产品质量合格证书，性能符合现行行业标准规定；设计文件规定钉子的抗弯屈服强度时，作钉子抗弯强度见证检验	检查产品质量合格证书、检测报告。强度见证检验方法为钉弯曲试验方法	每检验批每一规格圆钉随机抽取10枚
	10	圆钢拉杆的质量	圆钢拉杆应平直，接头应采用双面绑条焊	测量、检查交接检验报告	检验批全数
			螺帽下垫板符合设计文件规定，厚度不小于螺杆直径的30%，方形垫板的边长不小于螺杆直径的3.5倍，圆形垫板的直径不小于螺杆直径的4倍		
			钢木屋架下弦圆钢拉杆、桁架主要受拉腹杆、蹬式节点拉杆及螺栓直径大于20mm时，均采用双螺帽自锁；受拉螺杆伸出螺帽的长度，不小于螺杆直径的80%		
	11	承重钢构件节点焊缝焊脚高度	不得小于设计文件的规定，除设计文件另有规定外，焊缝质量不得低于三级，-30℃以下工作的受拉构件焊缝质量不得低于二级	按现行行业标准《建筑钢结构焊接技术规范》(JGJ 81—2002)的有关规定检查，并检查交接检验报告	检验批全部受力焊缝
	12	钉、螺栓连接节点的连接件规格及数量	符合设计文件的规定	目测、丈量	
	13	木桁架支座节点的齿连接质量	端部木材不应有腐朽、开裂和斜纹等缺陷，剪切面不应位于木材髓心侧；螺栓连接的受拉接头，连接区段木材及连接板均采用Ⅰa等材，并符合规范的有关规定；其他螺栓连接接头也应避开木材腐朽、裂缝、斜纹和松节等缺陷部位	目测	检验批全数
	14	抗震构造措施	符合设计文件规定；抗震设防烈度8级以上时，应符合质量验收规范的要求	目测、丈量	检验批全数

（续）

检查项目			质量要求	检查方法、数量	
一般项目	构件截面尺寸	构件截面的高度、宽度		-3mm	钢尺量	全数检查
		板材厚度、宽度		-2mm		
		原木构件梢径		-5mm		
	结构长度	长度≤15m		±10mm	钢尺量桁架支座节点中心间距，梁、柱全长	
		长度>15m		±15mm		
	桁架高度	长度≤15m		±10mm	钢尺量脊节点中心与下弦中心距离	
		长度>15m		±15mm		
	受压或压弯构件纵向弯曲	方木、胶合木构件		L/500	拉线钢尺量	
		原木构件		L/200		
	弦杆节点间距			±5mm	钢尺量	
	齿连接刻槽深度			±2mm		
	支座节点受剪面	长度		-10mm		
		宽度	方木、胶合木	-3mm		
			原木	-4mm		
	螺栓中心间距	进孔处		±0.2d	钢尺量	
		出孔处	垂直木纹方向	±0.5d 且不大于 4B/100		
			顺木纹方向	±1d		
	钉进孔处的中心间距			±1d	—	
	桁架起拱			±20mm	以两支座节点下弦中心线为准，拉一下水平线，用钢尺量	
				-10mm	两跨中下弦中心线与拉线之间距离	

思考与练习

1. 简述砖基础施工工艺。
2. 简述景墙施工工艺。
3. 砖块组砌中有哪些基本要求?
4. 装饰抹灰的施工工艺是什么?
5. 简述贴面装饰的施工工序流程和相应的施工要点。
6. 花架基本构造有哪几部分?
7. 亭的基本构造有哪几部分?描述防腐木结构亭的施工流程。
8. 如何进行防腐木清漆施工?有哪些注意事项?

项目 8　园路工程施工

 技能点

1. 能根据园路施工图等，制定园路工程施工流程和组织方案。
2. 能按技术要求进行常见园路工程施工工艺操作和结构处理。
3. 能分析解决施工现场遇到的困难，控制施工质量及施工进度。
4. 能按照相关的规范操作，进行土方工程施工质量检测和验收。

 知识点

1. 了解园路工程图纸识读及施工的相关基本知识。
2. 了解园路工程施工机械使用的基本知识。
3. 熟悉园路工程施工质量标准及相关的验收规范。
4. 掌握园路的线形设计和园路的铺装设计。
5. 掌握园路工程施工工艺流程及其方法。

 工作环境

园林工程实训基地。

任务 8.1　园路工程施工概述

园林中的道路是构成园林的一项基本要素。

园路主要包括园林绿地中的道路、广场等室外地面的一切硬质铺装。

园路是园林绿地的重要组成部分和主要景观，也是园林工程设计与施工的重要内容之一。

8.1.1 园路的基础知识

8.1.1.1 园路的功能

(1) 导游和交通

经过铺装的园路能耐践踏、碾压和磨损,首先,可满足各种园务运输的需要,并为游人提供舒适、安全、方便的交通条件;其次,园路联系着各景点,引导游人进入下一景区;第三,园路为赏景提供连续变换的视点,达到步移景异的效果。

(2) 划分、组织空间

对于地形起伏不大、建筑比重小的现代园林绿地,往往用道路围合、分割不同景区,尤其是在专类园中,划分空间的作用十分明显。

(3) 提供活动场地和休息场所

在建筑小品周围、花坛间、水旁处,园路可扩展为广场(结合材料、质地和图案的变化)为游人提供活动、赏景和休息的场所。

(4) 构成园景

园路优美的曲线、多彩的铺装、精美的图案、强烈的光影效果,不仅可以"因景设路",而且能"因路得景"。它作为空间界面的一个方面而存在着,与其他园林要素共同构成优美的园林景观。

(5) 组织排水

园路铺装路面坚实、耐冲刷,可利用道路汇集地表径流,利用纵向坡度或雨水口排除雨水。

此外,园路还可以表示空间用途及活动性质,集中铺装的场地也以借助于地面铺装类型(线形、轮廓、质地、图案、色彩及铺装方式)的变化,来暗示空间的转换以及开展活动性质的转变。

8.1.1.2 园路的分类

(1) 按使用功能划分

① 主路(主干道) 联系公园主要出入口、园内各景区、各功能分区主要建筑物和广场,是全园道路系统的骨架,是游览的主要路线,多呈环形布置。宽度一般为3.5~5.0m。至少应单向通行卡车、消防车等。

② 次路(次干道) 为主干道的分支,是贯穿各功能分区、联系重要景点和活动场所的道路。宽度一般为2.0~3.5m。能单向通行轻型机动车辆。

③ 小路(游步道) 景区内连接各景点、深入各角落的游览小道。宽度为1.5m左右,考虑两人并行。

④ 小径 用于深入细部,做细致观察的小路。宽度为0.75~1.0m,主要考虑单人行走。

(2) 按构造形式分

① 路堑型(街道式) 立道牙位于道路边缘,路面低于两侧地面,道路排水。构造如图8-1所示。

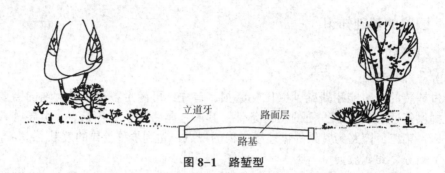

图 8-1 路堑型

② 路堤型（公路式） 平道牙位于道路靠近边缘处，路面高于两侧地面（明沟），利用明沟排水。构造如图 8-2 所示。

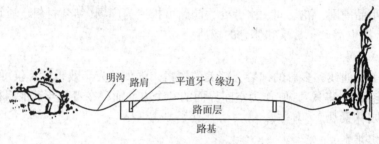

图 8-2 路堤型

③ 特殊型 包括步石、汀步、磴道、攀梯等。

- 步石：常用于自然式草地或建筑附近的小块绿地上，材料有天然石块或园形、木纹形、树桩形等的水泥预制板，自然地散放在草地中供人行走，一方面可保护草地，另一方面也可增加野趣。
- 汀步：是水中的步石，适用于窄而浅的水面，如小水池、溪、涧等处。为游人的安全起见，石墩不宜高，而且一定要牢固，距离高不宜过大。汀步也不能设在水面的最宽处，数量不宜过多，形式较常用的除山石汀步外，还有荷叶汀步。
- 磴道：是局部利用天然岩石凿出的或用水泥混凝土仿树桩、假石等塑成的上山的道路，磴道一般设在山崖陡峭处。

(3) 按面层材料分

① 整体路面 适用于通行车辆或人流集中的公园主路和出入口。特点是路面平整、耐压、耐磨。

- 水泥混凝土路面：用水泥、粗细骨料（碎石、卵石、砂等）、水按一定的配合比拌匀后现场浇筑的路面。整体性好，耐压强度高，养护简单，便于清扫。初凝之前，还可以在表面进行纹样加工。在园林中，多用作主干道。为增加色彩变化也可添加不溶于水的无机矿物颜料。
- 沥青混凝土路面：用热沥青、碎石和砂的拌合物现场铺筑的路面。颜色深，反光小，易于与深色的植被协调，但耐压强度和使用寿命均低于水泥混凝土路面，且夏季沥青有软化现象。在园林中，多用于主干道。

② 块料路面　包括各种天然块石、陶瓷砖及预制水泥混凝土块料路面等。适用于广场、游步道和通行轻型车辆的地段。特点是路面坚固、平稳，图案纹样和色彩丰富。

③ 碎料路面　用各种石片、砖瓦片、卵石等碎料拼成的路面。主要用于庭园和各种游步小路的铺装。特点是图案精美，表现内容丰富，做工细致。

④ 简易路面　由砂石、三合土(石灰、黏土、砂)等组成简易路面，多用于临时性或过渡性路面。

8.1.2　园路工程设计

8.1.2.1　园路的平面线形设计

园路的平面线形即园路中心线的水平投影形态。

(1) 线形种类

平面线形包括直线、圆弧曲线、自由曲线三种。

① 直线　在规则式绿地中常用，因其线形平直、规则，方便交通。

② 圆弧曲线　常用在道路转弯或交汇处，并有相应的转弯半径(考虑行驶机动车的要求)。

③ 自由曲线　是曲率不等且随意变化的自然曲线，在自然式布局的园林中常用。可随地形、景物的变化而自然弯曲，柔顺流畅和协调。

(2) 平曲线半径

平曲线半径即圆曲线半径。当道路由一段直线转到另一段直线上去时，其转角的连接部分均采用圆弧曲线，该曲线称为平曲线，其圆弧的半径称为平曲线半径。如图8-3所示。

平曲线最小半径是指在条件受限时圆曲线允许的最小半径，而一般值指的是正常情况下采用的最小半径。在通行机动车的地段上，要注意行车安全，由于园路的设计车速较低，一般可以不考虑行车速度。园内可以不考虑行车速度，只要满足汽车本身(前后轮间距)的最小转弯半径即可。因此，其转弯半径不得小于6m。

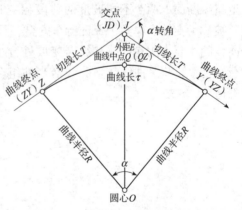

图8-3　平曲线图

(3) 曲线加宽

汽车在弯道上行驶时，前轮的转弯半径比后轮大，出现轮迹内移现象，同时，本身所占宽度也较直线行驶时为大，弯道半径越小，这一现象越严重。因此，为了防止后轮驶出路外(掉道)，弯道内侧(尤其是小半径弯道)的路面要适当加宽，称为曲线加

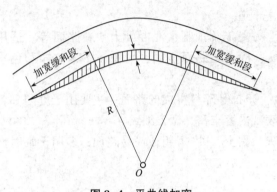

图 8-4 平曲线加宽

宽。如图 8-4 所示。

① 曲线加宽值与车体长的平方成正比，与弯道半径成反比。

② 当弯道中心线平曲线半径 $R \geqslant 200m$ 时可不必加宽。

③ 为了美观和方便，使直线路段上的宽度逐渐过渡到弯道上的加宽值，需设置加宽缓和带。

④ 园路的分支和交汇处，为了通行方便，应加宽其曲线部分，使其线形圆润、流畅，形成优美的视觉效应。

8.1.2.2 园路的竖向设计

园路的竖向设计即道路中心线在其竖向剖面上的投影形态。它随地形坡度的变化而呈连续的折线。在折线交点处，为使行车平顺，需设置一段竖曲线。

(1) 线性的种类

竖向线性有直线和竖曲线两种。

① 直线　表示该路段中纵坡度均匀一致，坡向和坡度保持不变。

② 竖曲线　是竖直面内连接相邻两个直线纵坡路段的圆弧曲线，如图 8-5 所示。在道路纵断面上两个不同坡度的路段相交时，必然存在一个变坡点，相邻纵坡线的交点，被称为变坡点。为了保证行车安全、舒适以及视距的需要，在变坡处设置竖曲线。竖曲线的主要作用是：缓和纵向变坡处行车动量变化而产生的冲击作用，确保道路纵向行车视距；将竖曲线与平曲线恰当地组合，有利于路面排水和改善行车的视线诱导和舒适感。

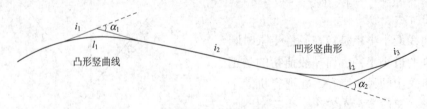

图 8-5 竖曲线示意图

- 圆心位于竖曲线下方的为凸形竖曲线；
- 圆心位于竖曲线上方的为凹形竖曲线。

(2) 纵横向坡度

① 纵向坡度　即道路沿其中心线方向的坡度。园路中，行车道路的纵坡一般为 0.3%~8%，以保证路面排水与行车安全；游步道、特殊路段应不大于 12%。

② 横向坡度　即道路垂直于其中心线方向的坡度。为了便于排水，园路横坡一般

在 1%~4%，呈两面坡。弯道处因设超高而呈单向横坡。特别是在纵向坡度较小时就显得尤为重要了；在弯道上，为了抵消离心力，需要设超高，即内弯低，外弯高。

不同材料路面的排水能力不同，其所要求的横纵坡度也不同，见表 8-1 所列。

表 8-1 各种类型路面的纵横坡度表

路面类型	纵坡(‰)				横坡(‰)	
	最小	最大		特殊	最小	最大
		游览大道	园路			
水泥混凝土路面	3	60	70	100	15	25
沥青混凝土路面	3	50	60	100	15	25
块石、砾石路面	4	60	80	110	20	30
磐石、卵石路面	5	70	80	70	30	40
粒料路面	5	60	80	80	25	35
改善土路面	5	60	60	80	25	40
游览小道	3	—	80	—	15	30
自行车小道	3	30	—	—	15	20
广场、停车场	3	60	70	100	15	25
特别停车场	3	60	70	100	5	10

③ 弯道与超高　汽车在弯道上行驶时，产生横向推力叫离心力。这种离心力的大小与车行速度的平方成正比，与平曲线半径成反比。为了防止车辆向外侧滑移，抵消离心力的作用，就要把路的外侧抬高，即为弯道超高。设置超高的弯道部分(从平曲线起点至终点)形成了单一内向侧倾斜的横坡。为了方便直线路段的双向横坡与弯道超高部分的单一横坡有平顺衔接，应设置超高缓和段，如图 8-6 所示。

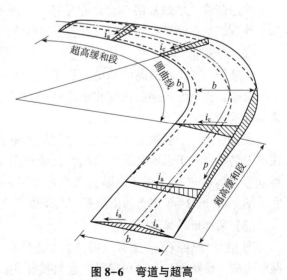

图 8-6　弯道与超高

8.1.2.3　园路的结构设计

园路一般由面层、路基和附属工程三部分组成，路面又分为面层、基层、结合层和垫层等。

(1) 典型的路面图式

路面面层的结构组合形式是多种多样的，但园路路面层的结构比城市道路简单。其典型的面层图式如图8-7所示。

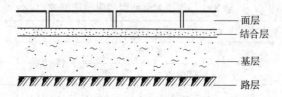

图8-7 路面层结构图

路面各层的作用和设计要求：

① 面层 是路面最上面的一层，它直接承受人流、车辆和大气因素(如烈日、严冬、风、雨、雪等)的破坏。如面层选择不好，就会给游人带来"无风三尺土，雨天一脚泥"或反光刺眼等不利影响。因此，从工程上来讲，面层要求坚固、平稳，耐磨耗，具有一定的粗糙度，少尘埃，便于清扫。

② 结合层 在采用块料铺筑面层时，在面层和基层之间。为了结合和找平而设置的一层。一般用3~5cm的粗砂、水泥砂浆或石灰砂浆即可。

③ 基层 一般在土基之上，起承重作用。一方面支承由面层传下来的荷载，另一方面把此荷载传给土基。由于基层不直接承受车辆和气候因素的作用，对材料的要求比面层低。一般用碎(砾)石、灰土或各种工业废碴等筑成。

④ 垫层 在北方寒冷地区，地下水位高，路基排水不良或有冻胀、翻浆的路线上。为了传递荷载，增加基层厚度，满足排水、隔温、防冻的需要，用碎石、煤渣土、石灰土等筑成。在园林中可以用加强基层的办法，而不另设此层。

(2) 路基

路基即土基，是路面的基础，它不仅为路面提供一个平整的基面，承受路面传下来的荷载；也是保证路面强度和稳定性的重要条件之一。因此，对保证路面的使用寿命具有重大意义。

经验认为，一般黏土或砂性土开挖后用蛙式夯夯实3遍，如无特殊要求，就可直接作为路基。对于未压实的下层填土，经过雨季被水浸润后能使其自身沉陷稳定。其容重为180g/cm^{2}可以用于路基。在严寒地区，严重的过湿冻胀土或湿软呈橡皮状土，宜采用1:9或2:8灰土加固路基，其厚度一般为15cm。

(3) 园路附属工程

① 道牙(路缘石) 道牙一般分为立道牙和平道牙两种形式(图8-8)。道牙安置在路面两侧，使路面与路肩在高程上起衔接作用，并能保护路面，便于排水。道牙一般用砖、混凝土或花岗岩制成。在园林中也可以用瓦、大卵石等做成。

② 明沟和雨水井 是为收集路面雨水而建的构筑物，在园林中常用砖块砌成。

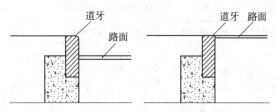

图 8-8　道牙形式图示

③ 台阶、礓磜、磴道

• 台阶：当路面坡度超过 12°时，为了便于行走，可在不通行车辆的路段上设台阶。台阶的宽度与路面相同，每级台阶的高度为 12~17cm，宽度为 30~38cm。一般台阶不宜连续使用，如地形许可，每 10~18 级后应设一段平坦的地段，使游人有恢复体力的机会。为了防止台阶积水、结冰，每级台阶应有 1%~2% 的向下的坡度，以便于排水。在园林中根据造景的需要，台阶可以用天然山石、预制混凝土做成木纹板、树桩等各种形式，装饰园景。

• 礓磜：在坡度较大的地段上，纵坡超过 15% 时，一般应设台阶，但为了能通行车辆，将斜面做成锯齿形坡道，称为礓磜。其形式和尺寸如图 8-9 所示。

• 磴道：在地形陡峭的地段，可结合地形或利用露岩设置磴道。当其纵坡大于 60% 时，应做防滑处理，并设扶手栏杆等。

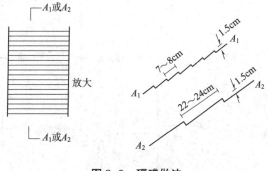

图 8-9　礓磜做法

• 种植池：在路边或广场上栽种植物，一般应留种植池。在栽种高大乔木的种植池上应设保护栅。

8.1.3　园路的铺装施工

园路铺装施工时，不能仅仅依据它的机能和耐用性来决定，还要考虑包括了诸如让人的行走变得更加轻松等因素。因此，色彩、形状、创意及质感等成了关键点，使铺装与周围的建筑、树木等共同塑造道路、广场及街区的景观。

8.1.3.1　根据铺装材料分类（表 8-2）

最普遍使用的铺装材料是沥青，还有一些被广泛使用的材料，如水泥、大理石、花岗岩等天然石材，木材、陶瓷材料、丙烯树脂、环氧树脂等高分子材料。

沥青、水泥及高分子材料主要是作为黏合料、骨材和颜料一起使用。这种铺装的物理属性受材料的影响，感觉上更多的是性能掺入的骨材及添加材料的情况所左右。与此相反，石材、木材及陶瓷材料更多的是制成块状使用，而铺装面如何表现这些材料自身的特色是设计和工程施工共同努力的结果。

表8-2 园路施工常用的材料表

高分子材料					沥青材料		水泥		陶瓷材料		土石材料				石材				木材		
丙烯酸类树脂	环氧树脂	聚氨酯类	聚酯	氯乙烯等	沥青	脱色沥青等	硅酸盐水泥	高炉矿渣水泥	炻器材料	瓷器材料	砂石	粉末	碎石	黏土等	花岗岩	大理石	铁平石	砂岩等	木块	软木	锯屑等

8.1.3.2 根据施工方法分类(图8-10)

铺装的施工方法大体可分为现场施工型和二次制品型两种。施工现场型是指将材料当场涂刷、均匀摊铺、浇筑等,二次制品型施工是指将块状、瓷砖状材料等铺砌、粘贴在表面上。一般而言,二次制品型施工比现场型施工具有更多进行创意的可能。

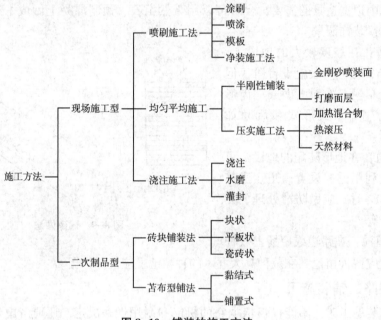

图8-10 铺装的施工方法

8.1.3.3 水泥路面的施工

常见的施工方法主要有以下几种。

(1) 普通抹灰与纹样处理

用普通灰色水泥配制成1:2或1:2.5水泥砂浆,在混凝土面层浇筑后尚未硬化时进行抹面处理,抹面厚度为10~15mm。当抹面层初步收水,表面稍干时用下面的方法进行路面纹样处理。

① 溜花 用钢丝网做成的滚筒,或者用模纹橡胶裹在300mm直径铁管外做成滚筒,在经过抹面处理的混凝土面板上滚压出各种细密纹理。滚筒长度在1m以上为宜。

② 压纹 利用一块边缘有许多整齐凸点或凹槽的木板或木条，在混凝土抹面层上挨着压下，一面压一面移动，就可以将路面压出纹样，起到装饰作用。用这种方法时要求抹面层的水泥砂浆含砂量较高，水泥与砂的配合比可为1:3。

③ 锯纹 在新浇的混凝土表面，用一根直木条如同锯割一般来回动作，一面锯一面前移，既能够在路面锯出平行的直纹，有利于路面防滑，又有一定的路面装饰作用。

④ 刷纹 最好使用弹性钢丝做成刷纹工具。刷子宽450mm，刷毛钢丝长100mm左右，木把长1.2~1.5m。用这种钢丝在未硬化的混凝土面层上可以刷出直纹、波浪纹或其他形状的纹理。

(2) 彩色水泥抹面装饰

水泥路面的抹面层所用水泥砂浆，可通过添加颜料调制成彩色水泥砂浆，用这种材料可做出彩色水泥路面。根据围家行业标准《彩色硅酸盐水泥》(JC/T 870—2012)的规定，彩色水泥调制中使用的颜料，需选用耐光、耐碱、不溶于水的无机矿物颜料，如红色的氧化铁红、黄色的柠檬络黄、绿色的氧化铬绿、蓝色的钴蓝和黑色的炭黑，等等。

(3) 露骨料饰面

采用这种饰面方式的混凝土路面和混凝土铺砌板，其混凝土应该用粒径较小的卵石配制。混凝土露骨料主要采用刷洗的方法，在混凝土浇好后2~6h内就应进行处理，最迟不超过浇好后的16~18h。刷洗工具一般用硬毛刷子和钢丝刷子。刷洗应当从混凝土板块的周边开始，要同时用充足的水把刷掉的泥沙洗去，把每一粒暴露出来的骨料表面都洗干净。刷洗后3~7d内，再用5%~10%的盐酸水洗一遍，使暴露的石子表面色泽更明净，最后还要用清水把残留盐酸完全冲洗掉。

8.1.3.4 块料路面的施工

块料铺筑时，在面层与道路基层之间所用的结合层做法有两种：一种是用湿性的水泥砂浆、石灰砂浆或混合砂浆作结合材料，另一种是用干性的细砂、石灰粉、灰土（石灰和细土）、水泥粉砂等作为结合材料或垫层材料。

湿性铺筑：用厚度为15~25mm的湿性结合材料。如用1:2.5或1:3水泥砂浆。1:3石灰砂浆、M2.5混合砂浆或1:2灰泥浆等粘结，在面层之下作为结合层，然后在其上砌筑片状或块状贴面层。砌块之间的结合以及表面抹缝，亦用这些结合材料。用花岗石、釉面砖、陶瓷广场砖、碎拼石片、马赛克等材料铺地时，一般要采用湿法铺砌。用预制混凝土方砖、砌块或黏土砖铺地时，也可以用此法。

干法砌筑：以干粉沙状材料，作路面面层砌块的垫层和结合层。如用干砂、细砂土、1:3水泥干砂、3:7细灰土等作结合层。砌筑时，先将粉沙材料在路面基层上平铺一层，其厚度为：干砂、细土为30~50mm，水泥砂、石灰砂、灰土为25~35mm。铺好后找平，然后按照设计的砌块拼装图案，在垫层上拼砌成路面面层。路面每拼装好一小段，就用平直木板垫在顶面，以铁锤在多处震击，使所有砌块的顶面部保持在一个平面上，这样可将路面铺装得十分平整。路面铺好后，再用干燥的细砂、水泥粉、细石灰粉等撒在路面上并扫入砌块缝隙中,使缝隙填满,最后将多余的灰砂清扫干净。以后,砌块下面的垫层材料将慢慢硬化,使面层砌块和下面的基层紧密地结合成一体。适宜采用这种干法砌筑的路面材料主要有石板、整形石块、预制混凝土方砖和砌块等。传统古建筑庭院中的青砖铺地、金砖墁地等,也常采用此法砌筑。

天然块料为拳石、条石及小方石,施工过程可分为摊铺整平层、排砌块石、嵌缝压实。

(1) 拳石路面施工

① 摊铺整平层 在基层上按规定厚度及压实度系数,均匀摊铺具有最佳湿度的砂或煤渣,用轻型压路机略加滚压。摊铺应与排砌进度配合,一般应在石块铺砌工作前 8~10m。

② 排砌块石 排砌块石前应先根据道路中线、边线及路拱形状,设置纵、横向间距分别为 1~1.5cm 与 1~2.5cm 的方格块石铺砌带(即先铺纵向路缘石机横向导石)。

排砌工作在路面全宽上进行。较大块石先铺在路边缘上,然后用适当尺寸的块石排砌中间段落。边部纵向排砌进度应超出中间部分 5~10m。排砌的块石应小头向下,垂直嵌入整平层一定深度,块石相互之间必须嵌紧、错缝、表面平整,且石料长边应与行车方向垂直。在陡坡和弯道超高路段,应由低处向高处铺砌。

③ 嵌缝压实 块料铺砌完成后,可用废石渣及土加固路肩,并予以夯实。再进行路面夯打,并铺撒 5~15mm 石屑嵌缝,然后用压路机压实,直至稳定无显著变形为止。

(2) 条石及小方石路面的施工方法

条石及小方石路面的施工过程大体与拳石相似,但排砌与填缝工作有所不同。条石的铺砌方法有横向排列、纵向排列及斜向排列三种。铺砌小方石路面,除一般的横向排列法外,也有以弧形或扇形的嵌花式来铺砌的(图 8-11)。

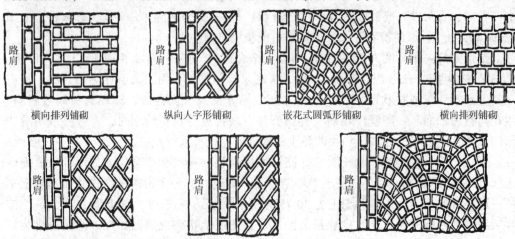

图 8-11 条石、小方石铺砌的平面形式

(3) 机制块料路面

机制块料路面有预制的混凝土小块铺筑的路面称机制块料路面。尺寸厚度可用 8~20cm，块料可用(15~30cm)×(12~15cm)的矩形块，也可用 15~30cm 多角形块。机制块料路面的受力机理、施工与天然块料基本一致，且能实现工厂制块，路面平整度较易保证。

水泥混凝土砌块铺筑是人行道铺装最常用的类型。砌块面积通常较小，铺砌时很少采用水泥砂浆等结合料将其黏结成整体，多用细砂嵌缝的方法增加砌块与砌块之间的联结。其基层一般使用级配碎石或级配砂砾等非整体性基层类型，上敷砂整平层，施工工艺非常简单，砌铺后的面层也容易拆装，最适合于埋设有各种地下管线的道路铺装。水泥混凝土砌块可以制得较薄，以大幅度降低铺装的造价。

(4) 嵌草路面的铺砌

① 嵌草路面的两种类型　一种为在块料铺装时，在块料之间留出空隙，其间种草。如冰裂纹嵌草路面，空心砖纹嵌草路面，人字纹嵌草路面等。另一种是制作成可以嵌草的各种纹样的混凝土铺地砖。

② 步骤　先在整平压实的路基上铺垫一层栽培壤土作垫层。壤土要求比较肥沃，不含粗粒物，铺垫厚度为 10~15cm。然后在垫层上铺砌混凝土空心砌块或实心砌块，砌块缝中半填壤土，并播种草籽或贴上草块踩实。

③ 注意

• 实心砌块的尺寸较大，草皮嵌种在砌块之间的预留缝中，草缝设计宽度可在 2~5cm，缝中填土达砌块的 2/3 高。砌块下面如上所用壤土作垫层并起找平作用，砌块要铺得尽量平整。

• 空心砌块的尺寸较小，草皮嵌种在砌块中心预留的孔中。砌块与砌块之间不留草缝，常用水泥砂浆黏接。砌块中心孔填土为砌块的 2/3 高；砌块下面仍用壤土作垫层找平。嵌草路而保持平整。要注意的是，空心砌块的设计制作一定要保证砌块的结实坚固和不易损坏，因此，其预留孔径不能太大，孔径最好不超过砌块直径的 1/3 长。

• 采用砌块嵌草铺装的路面，砌块和嵌草层道路的结构面层，其下面只能有一个壤土垫层，在结构上没有基层，只有这样的路面结构才能有利于草皮的存活与生长。

(5) 冰纹路面的施工

冰纹路面是用自然碎开的花岗岩、大理石(多为废料)等石板模仿冰裂纹样铺砌的路面。缝隙用水泥砂浆勾成不规则折线状，有平缝和凹缝，以凹缝为佳。

冰纹路面需采用混凝土做基层，厚度为 100~200mm，结合层及勾缝选用 M5 水泥砂浆。勾缝时尽量取平直的折线，宽度均匀，避免出现通直的长折线，最好是相邻两块的任一边线都不在一条直线上。大小冰块应自然分布，疏密有致。勾缝时尽量避免砂浆污损石面，及时刷洗干净。

8.1.3.5 卵石路面的施工

铺设卵石混凝土路面通常采用两种方法。

① 在混凝土灌注到道路上之前，就将五颜六色的卵石按照设计方案混入混凝土。将混凝土灌注到道路上以后，在其表面使用推迟路面凝固的迟缓剂，迟缓剂的作用深度为3~5mm。几小时后，待混凝土表面基本凝固时，用高压水将表层混凝土冲刷下去，让卵石暴露出来即可。整个操作工序的关键是把握冲刷表层混凝土的时间，以及水压的大小。

② 在道路混凝土灌注完成之后，在其尚未凝固之前将卵石"播种"到混凝土中。很明显这种"播种"方式需要较多的劳动力，而且操作人员必须快速、高质量完成"播种"工作，否则路面装饰效果将无法实现。采用"播种"方法铺设道路，每天只能完成50m²的路面铺设工作，而且，其工作完成量在很大程度上还取决于环境温度的高低。其高强度的劳动量必须增加工人数量，因此加大了施工成本。采用"播种"方法施工，每平方米的劳工费要比第一种方法高出50美元。此外，一些设计师也发现，"种"在混凝土里的卵石牢固性不如事前混合在混凝土里的卵石强。

8.1.4 园路常见"病害"及其原因

园路的"病害"是指园路破坏的现象。常见的有裂缝、凹陷、啃边、翻浆等。

8.1.4.1 裂缝、凹陷

造成裂缝凹陷的原因，一是基层处理不当，太薄，出现不均匀沉降，造成路基不稳定而发生裂缝凹陷；二是地基湿软，在路面荷载超过土基的承载力时会造成这种现象。

8.1.4.2 啃边

啃边主要产生于道牙与路面的接触部位。当路肩与基土结合不够紧密，不稳定不坚固，道牙外移或排水坡度不够及车辆的啃蚀，使之损坏，并从边缘起向中心发展，这种破坏现象称为啃边（图8-12）。

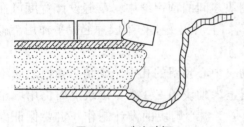

图8-12 啃边破坏

8.1.4.3 翻浆

在季节性冰冻地区，底下水位高水位特别是对于粉砂性土基，由于毛细管的作用，水分上升到路面下，冬季气温下降，水分在路面下形成冰粒，体积增大，路面就会出现隆起现象，到春季上层冻土融化，而下层尚未融化，使土基变成湿软的橡皮状，路面承载力下降，这时如果车辆通过，路面下陷，邻近部分隆起，并将泥土从裂缝中挤出来，使路面破坏，这种现象叫翻浆（图8-13）。

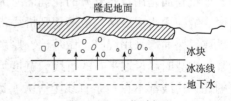

图8-13 翻浆破坏

另外,造成翻浆的原因还有基土不稳定和底下水位高,以及基土排水不良。因此,要加强基层基土的强度和承载力和排除地下水。

任务 8.2 园路工程施工技术操作

园路铺装工程的好坏直接关系到整个园林工程的效果。因此,园路施工有观赏要求,对铺地要求一定图案的铺装,注重对材料的合理选择,主要是材料大小、质地、颜色、表面平整度等。要注意铺缝的处理,做到美观。园路施工还有使用与强度要求,重点是控制施工面的高程和排水坡度,并注意与园林其他设施的有关高程相协调。园路路基、基层和路面的处理要达到设计要求的牢固性和稳定性。从经济实用角度出发,达到强度要求的一般做法是薄面、强基层、稳路基。

8.2.1 园路工程施工准备

(1) 技术准备

① 认真审核设计图纸和设计说明书,编制详细的施工方案,已对班组进行书面技术交底和安全交底。

② 混凝土路面原材料到场,并确定混凝土配合比。混凝土配合比满足混凝土的设计强度、耐磨、耐久和混凝土拌合物和易性的要求。

(2) 材料要求

① 水泥

- 宜采用硅酸盐水泥或普通硅酸盐水泥,水泥强度等级不应低于 32.5MPa。
- 水泥进场应有产品合格证和出厂检验报告。其质量必须符合国家现行标准《通用硅酸盐水泥》(GB 175—2007) 等的规定。
- 对水泥质量有怀疑或出厂期超过 3 个月,必须经过试验,按其试验结果决定正常使用或降级使用。已经结块变质的水泥不得使用。不同品种的水泥不得混合使用。

② 石子 石子应使用质地坚硬、耐久、洁净的碎石、碎卵石和卵石。卵石最大公称粒径不宜大于 19.0mm,碎卵石最大公称粒径不宜大于 26.5mm,碎石最大公称粒径不应大于 31.5mm。粗集料的含泥量小于 1.5%,泥块含量小于 0.5%。其质量应符合国家现行标准的有关规定。

③ 砂 砂应采用质地坚硬、耐久、洁净的天然砂、机制砂或混合砂。砂宜采用符合规定级配、细度模数在 2.0~3.5 之间的粗、中砂,不宜使用细砂。含泥量小于 3%,泥块含量小于 2%,其质量应符合国家现行标准的规定。

④ 水 宜采用饮用水。当采用其他水源时,其水质应符合国家现行标准《混凝土用水标准》(JGJ 63—2006) 的规定。

⑤ 钢筋　混凝土路面所用的钢筋网、传力杆、拉杆等钢筋的品种、规格、级别、质量应符合设计要求，钢筋应顺直，不得有裂纹、断伤、刻痕、表面油污和锈蚀。钢筋进场应有产品合格证和出厂检验报告单，进场后应按规定抽取试件做力学性能检验，其质量必须符合有关标准的规定。

⑥ 面层板材　抗压、抗折强度符合设计要求，其规格、品种按设计要求选配，外观边角整齐方正，表面光滑、平整，无扭曲、缺角、掉边现象，进场时应有出厂合格证。

园路铺装工程中，铺装材料准备工作任务量较大，为此在确定方案时应根据园路铺装的实际尺寸进行图上放样，确定方案中边角的方案调节问题及道路与园路交接处的过渡方案，然后再确定各种板材的数量及边角料规格、数量。

（3）机具设备

① 搅拌、运输机具　配有自动控制系统的混凝土搅拌机站一套、自卸车、小翻斗车、手推车、混凝土搅拌运输车、散装水泥运输车、洒水车等。

② 振捣、抹面机具　平板振动器、插入式振动器、振捣梁、木抹子、铁抹子等机具。

③ 其他工具　混凝土切缝机、纹理制作机、灌缝机、普通水泵、移动式发电机、移动式照明设备等。

④ 施工测量和检验试验仪器设备。

（4）作业条件

① 施工场地已进行基本平整，障碍物已清除出场。

② 现场道路已放线且已抄平，标高、尺寸已按设计要求确定好。路基基土已碾压密实，密实度符合设计要求，并已经进行质量检查验收。

③ 现场的地下各种管道，如污水、雨水、电缆、煤气管道等均施工完，并经检查验收。

④ 路面施工应在基层施工完毕，经检测各项指标达到设计和规范要求，并经监理工程师同意后进行。

8.2.2　园路工程施工主要内容及方法

园路工程主要施工内容是基础施工、路缘石施工和面层施工。由于面层材料不同，施工的工艺流程也有区别。

8.2.2.1　水泥混凝土路面施工

施工流程为：放线→路槽填挖→铺筑基层→面层施工→路面装饰→路缘石（道牙）铺筑→养生→成品保护。

（1）放线复核

对照园路、广场施工总平面图及竖向设计平面图，复核场地地形。各坐标点、控制点的自然地坪标高数据，有缺漏的要在现场测量补上。

(2) 路槽填挖

① 开挖　道路边线设定后，在路槽内开挖横向样槽，间距以 3~5m 为宜。放平桩的还应放纵向样槽，即在路槽中心和两侧沿线纵向开挖样槽，平桩放好后，可全面开挖。

② 修整　路槽挖出后用路拱板进行检查，经过人工修整适当铲平或培植至设计标高要求。路槽范围内的管沟等应分层填土夯实。

③ 夯实　路槽修整后用蛙式打夯机夯实 2~3 遍，直至符合要求为止。

(3) 铺筑基层

基层施工工艺流程：摊铺→稳压→撒填充料→压实。摊铺厚度为压实厚度的 1.1 倍左右。

施工前由测量小组根据设计要求的标高，每隔 10m 设一个标高控制桩。然后摊铺，再用蛙式打夯机夯实 2~3 遍直至符合要求为止。注意每层的压实厚度最小不大于 8cm，最大也不应大于 20cm，如果大于 20cm 应分层铺筑。夯实后应人工修整个别不平整之处。基层完成后，应加强养护，控制行车。

基层施工应符合以下要求：

① 石灰稳定土基层，应做到土块粉碎、石灰合格、配料准确、拌和均匀、控制最佳含水量、碾压密实。石灰含量宜占土的 8%~12%。当日平均气温低于 5℃时，应停止施工，并应在冻结前达到规定强度，石灰稳定土基层不宜在雨天施工。

② 对煤渣、粉煤灰、冶金矿渣等工业废渣类基层，应按其化学成分和颗粒组成，掺入一定数量石灰土或石渣组成混合料，加水拌和压实，洒水养护。当日平均气温低于 5℃时，不应施工，并应在冻结前达到规定强度。

③ 泥灰结碎(砾)石基层，应严格控制泥灰含量。泥灰的总含量不宜大于总混合料的 20%，石灰含量宜占土的 8%~12%，土的塑性指数宜为 10~14。施工可采用灌浆法或拌和法，采用拌和法时，应先拌匀灰土。

④ 级配碎(砾)石掺石灰基层的碎(砾)石颗粒应符合级配要求。细料含量宜为 20%~30%，石灰含量宜占细料的 8%~12%。

⑤ 水泥稳定砂砾基层的砂、砾应有一定的级配。最大粒径不应超过 5cm，水泥含量不宜超过混合料总重的 6%，压实工作必须在水泥终凝前完成。

(4) 面层施工

① 模板施工　施工前，对原用旧模板要重新清理，刮去泥垢杂物，整平调直且修整一新后，涂油一遍，手摆成垛备用。

- 木模板制作：木模板应选用质地坚实，变形小，无腐朽、扭曲、裂纹的木料。模板厚度宜为 40~60mm，其高度应与混凝土板厚度相同。模板内侧面、顶面要刨光，拼缝紧密牢固，边角平整无缺。

- 木模板安装：将木模板按放线位置支立模的平面位置与高程，应符合设计要求，并应支立稳固，接头紧密平顺，不得有前后错茬和高低不平等现象。模板与基层接处不得漏浆。两侧用铁撅钉牢并紧靠模板，内侧铁撅应高于模板(约100mm)，间距0.8~1.0m，外侧铁撅顶应与模板同高或低10mm。弯道处铁撅应加密，间距为0.4~0.8m。模板支好后，内侧均匀涂刷隔离剂。

- 钢模板制作：宜采用槽钢或型钢制作，若采用钢板制作，其厚度应满足强度、刚度要求。
- 钢模板安装：钢模板和木模板支立方法相同。

② 现浇混凝土施工　浇筑混凝土之前，首先应对模板支撑、基层的平整、润湿情况、钢筋的位置和传力杆装置等进行全面检查。浇筑时应从模板一端入模卸料。混凝土板厚大于220mm时，可分两次铺筑，下部厚度宜为总厚度的2/3；板厚小于220mm时可一次铺筑。铺筑虚厚一般高出模板15~25mm。

③ 混凝土的振捣、整平　对厚度不大于220mm的混凝土板，靠边角应先用插入式振捣器顺序振捣，再用平板振捣器纵横交错全面振捣。纵横振捣时，应重叠100~200mm，然后用振捣梁振捣拖平。有钢筋的部位，振捣时应防止钢筋变位。振捣器在每一位置振捣的持续时间，应以拌合物停止下沉、不再冒气泡并泛出水泥砂浆为准。

④ 混凝土抹面、压实

- 混凝土摊铺、捣实、完成后，用批准的修整设备进一步整平，使混凝土表面达到设计要求。
- 修整作业在混凝土仍保持已发生初凝的时候进行，以确保从混凝土表面上清除浮浆。在表面低洼处，严禁洒水、撒干水泥，必须以新拌制的混凝土填补与修整。
- 当烈日暴晒或干旱风吹时，压实宜在遮阳棚下进行。
- 修整时应清边整缝，清除黏浆，修补掉边、缺角。

⑤ 切缝、清缝、灌缝

- 当采用切缝法设置缩缝时，用混凝土切缝机进行切割，切缝宽度控制在4~6mm。
- 切缝法施工，有传力杆缩缝的切缝深度应为1/4~1/3板厚，最浅不得小于70mm；无传力杆缩缝的切缝深度应为1/5~1/4板厚。当混凝土达到设计强度的25%~30%时，应采用切缝机进行切割。切缝用水冷却时，应防止切缝水渗入基层和土基。
- 切缝后、填缝前进行清缝，清缝可采用人工抠除杂物、空压机吹扫的方式，保证缝内清洁无污泥、杂物。
- 封缝施工，混凝土面板中所有接缝、缝槽均按设计图纸的要求和部位用填缝料封缝；接缝缝槽要求干燥、无尘土、无混凝土或其他杂物；灌缝作业在使填缝料灌至路表面，冬季则稍低于路表面。

⑥ 拆除模板　在混凝土强度达到设计强度的有关规范要求时进行拆模(表8-3)，拆模应仔细，不得损坏混凝土板的边、角，尽量保持模板完好。拆模后，边角的损坏应予整修，并及时将横向胀缝沿混凝土面板边缘通开至全部。

表8-3 混凝土板允许拆模时间

昼夜平均气温(℃)	允许拆模时间(h)	昼夜平均气温(℃)	允许拆模时间(h)
5	72	10	48
15	36	20	30
25	24	30以下	18

注：a. 允许拆模时间为自混凝土成型后至开始拆模时的间隔时间。
　　b. 当使用矿渣水泥时，允许拆模时间宜延长50%~100%。

(5) 路面装饰

水泥路面装饰的方法有很多种，要按照设计的路面铺装方式来选用合适的施工方法。

(6) 路缘石(道牙)铺筑

路缘石施工工艺流程：测量放线→基层刨槽→路缘石安装→勾缝养护→路缘石靠背施工→回填土→清理现场。

① 测量放线　在水泥稳定砂砾基层上，按设计要求校核路中线，并重新钉边桩。在直线段每5~10m拉线作准绳，以控制路缘石顶面标高和基底标高。

② 基层刨槽　按设计要求和放线位置，边桩的高程标记，用人工进行拉线、撒白灰进行路缘石基槽开挖，每侧放出20cm挖槽，槽底基础深度宜比设计要求加深10~20mm，以保证基础垫层厚度。槽底应有2%~3%的横坡度。槽底要修理平整，夯实后方可进行灰土或混凝土基础垫层施工。

③ 路缘石安装　钉桩挂线后，沿基础一侧把路缘石依次排好。安装时采用坐浆法对路缘石进行铺设稳定。先拌制1∶2砂浆铺底，砂浆厚10~20mm，按放线位置安装路缘石。雨水口处路缘石安装与雨水口配合施工。安砌时边缘的高程标记进行拉线以确保直线平直、弧线顺滑、高低一致、顶面平整、整齐美观，路缘石安装应保证排水畅通。

④ 勾缝养护　勾缝前，先将缝内土及杂物清理干净，用清水将路缘石端面浸湿，再用砂浆勾凹缝，勾缝应密实，线条直顺，并将浮浆清扫干净，不得污染路缘石，并应适当洒水养护。

⑤ 路缘石靠背施工　路缘石铺设好后，应立即以C20混凝土浇筑混凝土后座做支撑，并进行基础的后背土回填。回填时应分层夯打密实，符合设计要求和施工规范的规定。

(7) 养护

用保湿膜、湿麻袋、丝物、稻草、锯末及塑料膜或20~30mm的湿砂覆盖，每天均匀洒水数次，使其保持湿润状态。一般养生天数宜为14~21d，高温天不宜少于14d，低温天不宜少于21d，然后去除养护物。

混凝土铺装流程及管理见表8-4所列。

表 8-4 混凝土铺装流程及管理要点

序 号	管理项目	管理的要点	准备文件
1	施工材料	①根据设计图纸，确认施工数量、设计规格、质量和施工方法 ②没有特殊要求时，以预制混凝土为标准 ③预制混凝土工厂应是通过认定的工厂采购 ④再次确认每天的浇筑数量、运入时间及运输计划	材料调拨申请、材料检查申请
2	施工位置	①根据设计图纸，重新确认施工区域及范围，编制分项设计图 ②表层作业之前，重新确认路面基础作业的施工状况 ③制作模板之前，需要核对施工图纸 ④配筋之前核对图纸 ⑤重新确认混凝土搅拌车的驶入途径、等待场所及逗留场所等	分项施工图（接缝等）配筋检查申请
3	施工日程	①表层施工前，应再次核实气象预报 ②浇筑混凝土时，原则上温度应在4℃以上	
4	施工机械及器具	①检查混凝土搅拌机 ②检查压力泵 ③检查、确认混凝土浇筑器	使用重型机械报告书
5	浇筑混凝土	①浇筑：a. 迅速摊开压平混凝土；b. 每个接缝的浇筑作业都要连续进行，直到结束；c. 部分混凝土铺装上设置有铁网，浇筑时需加以注意 ②接缝：a. 接缝应与路面垂直；b. 接缝材料以杉板（板材厚度为9mm）为标准，注入接缝的材料应符合图纸规定的事先编制接缝设计	采取压强试验表密度试验表
6	混凝土的捣固和施工	①捣固：a. 混凝土摊开压平后，立即用平面或棒状振动器认真压固，整体状态保持一致；b. 人力压固时，使用平面振动；c. 模板、接缝、边角、构筑物等附近，用棒状振动器压固；d. 压固铁网混凝土时，要避免铁网挠曲或移动。 ②施工：a. 相接的混凝土板的表面，应为同等高度；b. 道路铺装要求表面平坦、致密、坚固，纵向要平直没有小坡；c. 器具类要保持洁净，使用时用水润湿；d. 表面低凹处用灰浆多的混凝土修补；e. 混凝土表面的水光消失后，用扫帚清扫	
7	表层的养护	①混凝土铺装后，原则上不允许在48h以内拆除模板 ②表面压固竣工后，用席子、薄膜等覆盖 ③保持湿润，避免阳光直射、风雨、干燥热、荷重、冲击等有害的外界干扰	
8	样品采取试验	竣工后，用规定的频度测定强度、密度、厚度等	检验报告
9	完工形状	和设计图纸相对照，确认完工形状	

8.2.2.2 火烧板路面施工

施工流程为：放线→路槽填挖→铺筑基层→道牙施工→找标高、弹线→试拼→结合层施工→铺砌路面砖→灌缝→覆盖养护。

放线、路槽填挖、铺筑基层和道牙施工可以参考混凝土路面施工中的流程，这里就不再赘述，只阐述面层施工。正式铺设前，应将混凝土层（水稳层）表面的积灰及杂物等清理干净。如局部凹凸不平，应将凸处凿平，将凹处补平。

① 找标高、弹线 按照设计图纸要求，弹上十字控制线（适用于矩形铺装）或定出圆心点，引标高及平面轴线。一般每个 5m×5m 方格开始铺砌前，先根据位置和高程在四角各铺一块基准石材，在此基础上在两侧各铺一条基准石材。结合弹好的十字控制线用细尼龙线拉好铺装面层十字控制线或根据圆心拉好半径控制线；根据设计标高拉好水平控制线。经测量检查，高程与位置无误后，再进行大面积铺砌。

② 试拼和排砖 铺设前对每一块石材，按图案、颜色、纹理、方位、角度进行试拼。试拼后按两个方向编号排列，然后按编号排放整齐。为检验板块之间的缝隙，核对板块位置与设计图纸是否相符。在正式铺装前，要进行一次试排。设计无要求时，火烧板大理石缝宽不大于 1mm，非整砖行应排在次要部位，但应注意对称。

③ 结合层施工 将清扫干净的基层，用喷壶洒水湿润，刷一层素水泥浆（水灰比为 0.4~0.5，但面积不要刷的过大，应随铺砂浆随刷）。再铺设厚干硬性水泥砂浆结合层（砂浆比例符合设计要求，干硬程度以手捏成团、落地即散为宜，面洒素水泥浆），厚度控制在放上板块时，宜高出面层水平线 3~4mm。铺好用大杠压平，再用抹子拍实找平。

④ 铺砌板块 铺贴前预先将火烧板除尘，用水浸湿，待擦干表面阴干后方可铺设。根据十字控制线，纵横各铺一行，作为大面积铺砌表筋用，依据编号图案及试排时的缝隙，在十字控制线交点开始铺砌，向两侧或后退方向顺序铺砌。在板块试铺时，放在铺贴位置上的板块对好纵横缝后，用预制锤轻轻敲击板块中间，使砂浆振密实，锤到铺贴高度。板块试铺合格后，翻开板块，检查砂浆结合层是否平整、密实。增补砂浆，在水泥砂浆层上浇一层水灰比为 0.5 左右的素水泥浆，然后将板块轻轻地对准原位放下，用橡皮锤轻击放于板块上的木垫板使板平实，根据水平线用水平尺找平，接着向两侧和后退方向顺序铺贴。铺装时随时检查，如发现有空隙，应将板材掀起用砂浆补实后再进行铺设。

⑤ 灌缝、擦缝 在板块铺砌完后 1~2d，经检查石板块表面无断裂、空鼓后，进行灌浆擦缝，根据设计要求采用清水拼缝（无设计要求的可根据板块颜色选择相同颜色矿物拌和均匀，调成 1:1 稀水泥浆），用浆壶徐徐灌入板块之间的缝隙中，并用刮板将流出的水泥浆刮向缝隙内，至基本灌满为止，1~2h 后，再用棉纱团蘸浆擦缝至平实光滑。粘附在石面上的浆液随手用湿纱团擦净。

⑥ 覆盖养护 灌浆擦缝完 24h 后，应用土工布或干净的细砂覆盖，喷水养护不少

于 7d。待结合层达到强度后，方可上人行走。夏季施工，面层要浇水养护。冬期施工时，其掺入的防冻剂要经试验后确定其掺入量。如使用砂浆，最好用热水拌合，砂浆使用温度不得低于 5℃，并随拌随用，做好保温。铺砌完成后，要进行覆盖，防止受冻。

块料路面铺装流程见表 8-5 所列。

表 8-5 块料路面铺装流程

序 号	管理项目	管理的要点	准备文件
1	施工材料	①根据设计图纸确认施工数量、设计规格、质量、施工方法 ②根据提交的样品确认材料 ③对特殊材料也应该确认	材料调拨申请、材料检查申请
2	施工位置	①根据设计图纸重新确认施工区域及范围 ②表层作业之前重新确认基础部位的施工状况 ③编制包括接缝比例在内的分段施工图 ④注意和其他设施相接点的配合情况，以及材料的运入口和临时放置场地 ⑤注意施工标高和计划标高 ⑥在材料的临时放置场地应实施安全措施，避免损伤和发生事故	放样验收申请
3	施工日程	施工往往受气象条件制约，应根据气候决定日程	
4	安装、粘贴作业	①本作业是园林工程上的重要作业，应该让熟练工人施工 ②手工作业制约效率，应加以注意 ③按照设计图纸及分段施工图，边加工石材，边认真安装，确保外表质量。分段时发现余数，根据现场施工状况，妥善处理 ④根据垂直线正确施工，保证达到规定的坡度 ⑤大面积施工时，确认侧沟或进水口的位置，根据表面排水坡度及配合等状况施工 ⑥接缝应根据分段图施工，注意保证外观质量	
5	表层的养护	①本作业和其他工种相关联。在完工面上通行时用薄板、草袋等覆盖，并在其上面铺设道板或胶合板，加以保护 ②在完工面上不要附着灰浆或混凝土，以免修整困难	
6	完工形状	①和设计图纸相对照，确认完工形状 ②站在造园景观的角度上，重新核对端部的施工状况，以及与其他设施的配合状况	完工形状管理图

8.2.2.3 卵石路面施工

施工流程为：放线→准备路槽→铺筑基层→找标高、弹线→道牙施工→预铺→铺贴→匀缝→清理→石材打蜡→养护。

① 放线 施工前要勘察现场有关情况，放线要求位置准确。根据施工图纸，用木桩定出铺装图案的形状，调整好相互之间的距离，并将其固定，测量出设计高程。

② 准备路槽 勾勒出图案的边线后，按路面设计宽度，每侧放出20cm挖槽，路槽的深度应等于路面的厚度，槽底应有2%~3%的横坡度，再挖掘或整平路槽。就要用耙子平整场地，要在槽底洒水湿润，然后夯实。标高、平整度误差不大于2cm。

③ 铺筑基层 根据设计要求准备铺筑的材料，并对使用材料进行测定，以保证其符合设计及施工要求。混凝土基层要保证设计厚度夯实，标高、平整度误差控制在2cm以内。

④ 找标高、弹线 在施工前应将地面尘土、杂物彻底清扫干净，检查地面不得有空鼓、开裂及起砂等现象，保持地面干净且具备规范要求的强度，并能满足施工结合层厚度的要求。在正式施工前用少许清水湿润地面，要按要求弹出标高控制线，做出标高控制。在地面弹出十字线，并根据鹅卵石、洗米石分格图在地面弹出石材分格线。

⑤ 道牙施工 具体见水泥混凝土路面道牙施工。

⑥ 预铺 首先应在图纸设计要求的基础上，对鹅卵石、洗米石的颜色、几何尺寸、表面平整等进行严格的挑选，然后按照图纸要求预铺。对于预铺中可能出现的误差进行调整、交换，直至达到最佳效果。

⑦ 铺贴 用干法砌筑或湿法砌筑都可以，但干法施工更方便一些。本次镶贴应采用1：3干硬性砂浆经充分搅拌均匀后进行施工。

先在清理好的地面上，刷一道素水泥浆，把已搅拌好的干硬性砂浆铺到地面，用灰板拍实，注意砂浆铺设厚度应超过鹅卵石、洗米石高度的2/3以上，砂浆厚度控制在30mm。把精心挑选的鹅卵石、洗米石按照不同颜色、不同大小、不同长扁圆形状等要求铺平在松软的干硬性砂浆上，按预定的图样开始镶嵌纹样，然后经过进一步修饰和完善图样，可以定形。用橡皮锤砸实，根据装饰标高，调整好干硬性砂浆厚度，从中间往四周铺贴。注意卵石的大小搭配且尖头要朝向下。

⑧ 匀缝 修饰和完善图案纹样，卵石间的空隙填以稀灰泥。定稿后的铺地地面，仍要用水泥干砂、石灰干砂撒布其上，并扫入砖石缝隙中填实。

⑨ 清理 勾完缝，水泥浆凝固后对鹅卵石、洗米石表面进行清理（一般宜在12h之后）。冲洗卵石表面的灰泥。最后，用硬毛刷子清扫干净多余的水泥石灰干砂，再用细孔喷壶向地面喷洒清水，使地面稍湿润即可，不能用大水冲击或使路面有水流淌。

⑩ 石材打蜡 打蜡一般应按所使用蜡的操作工艺进行，原则上烫硬蜡，擦软蜡，蜡洒布均匀，不侵底色，色泽一致，表面干净。

⑪ 养护 完成后，夏季施工面层要浇水养护。冬季施工要保温养护，7~10d后方可上人行走。

⑫ 成品保护　地面石材施工完毕，应在饰面上铺设一层塑料布，然后再铺设一层 18mm 厚的多层板进行保护。

卵石混凝土路面铺装流程见表 8-6 所列。

表 8-6　卵石混凝土路面铺装流程

序号	管理项目	管理的要点	准备文件
1	使用材料、数量、规格、质量	①根据设计图纸确认施工数量、规格、质量、施工方法 ②检查样品等，确认材料	材料调拨申请、材料检查申请
2	施工位置、施工范围、施工分项图的编制	①根据设计图纸重新确认施工区域及范围 ②表层作业之前，重新确认基础状况 ③编制包括接缝在内的分项施工设计图 ④注意和其他工程的配合情况 ⑤注意施工标高和计划标高	施工图
3	施工日程	本作业受气象条件制约，根据气象决定日程	
4	安装、粘贴、分段、坡度、表面排水	①本作业是园林工程中重要的施工作业，应该让熟练工人施工 ②手工作业制约效率，应予注意 ③研究铺装图案、路边石和其他设施的配合状况，并安排伸缩缝 ④分段时，发现不足整块的余数，根据现场施工情况解决 ⑤根据垂直线正确施工，以达到规定的坡度 ⑥大面积施工时，确认侧沟或进水口的位置，结合表面排水等问题，决定坡度的方向 ⑦接缝作业依照分段施工图纸施工，采用美观大方的直缝形状	
5	表层的养护	①本作业和其他工种相关联。在完工面上通行时用薄板、草袋等覆盖，并在其上面铺设道板或胶合板，加以保护 ②表层上如果长期覆盖薄板等物件，薄板等的模样会附着在铺装面上，应该加以注意	
6	完工形状	①和设计图纸相对照，确认完工形状 ②端部的施工状态应符合造园、景观上的要求，并与其他设施相协调	完工形状管理图

8.2.3　园路工程现场施工常见问题

8.2.3.1　水泥混凝土路面

（1）裂缝及断板

① 横向裂缝　垂直于路线方向并沿着混凝土面板有规则的贯穿式裂缝。

造成横向裂缝的原因有很多，且多因施工过程控制不力所引起。由于施工原因造成的横向裂缝大致可以分为以下三类：
  ● 干缩裂缝：一定程度的自由收缩并不会使混凝土路面发生病害，只有当干缩受到来自混凝土内部产生的收缩应力的限制时，干缩裂缝才会产生。夏季平均温度较偏高，而混凝土面层施工多在夏季进行。因此，干缩现象十分明显。
  ● 冷缩裂缝：水泥混凝土路面温度每上升或下降1℃，每米膨胀或收缩0.01mm。这种大面积混凝土面板的温度变形是极为不利的，再加上素混凝土不具备抗拉性能，冷缩时更易产生裂缝。
  ● 切缝不及时：切缝是防止混凝土路面出现干缩裂缝和冷缩裂缝的有效方式。在我国现行水泥混凝土路面设计规范中，纵向缩缝间距（即板宽）是由路面宽度和每个车道宽度决定的，变化范围在3.5~4.5m之间。横向缩缝间距（即板长）的规定为：采用4~5m，最大不超过5.5m，最小不小于板宽。板宽和板长比例应控制在1:1.3以内，但由于施工过程中切缝时间没有得到很好的控制，混凝土路面的横向裂缝也很常见。
  ② 纵向裂缝　平行于路线方向所产生的裂缝。纵向裂缝一旦产生，绝大多数都贯穿整个路面结构层。原因主要有：
  ● 面板不均匀下陷：路基的不均匀沉降、压实度不足或是路基填土不符合要求。路基的不均匀沉降、压实度不足或填料选用含水量大的"弹簧土"。在时间的推移和车辆荷载的作用下继续趋于密实，从而造成混凝土面板以下的"脱空"现象。也可以导致路基对路面的支承不均匀，产生垂直沉降及侧向滑移。
  ● 水泥稳定碎石基层厚度、强度不足，平整度有缺陷：基层强度不足，由于水和温度的不断循环，致使基层逐渐软化。从而失去对路面的有效支承，产生裂缝。或是路基的压实度或基层的强度不均匀，在车辆荷载的作用下，产生拉应力，从而产生纵向裂缝。
  ● 混凝土面板自身厚度强度达不到设计要求：面层自身的厚度与强度不足且在反复的行车荷载作用下，产生纵向裂缝。
  ③ 交叉裂缝　即两条或两条以上互相交错的裂缝。原因主要有：
  ● 水泥混凝土路面成形一段时间后，由于路面排水等原因，导致水逐渐浸入下承层甚至土路基。而这类结构层本身的水稳定性较差，遇水易松软，受水侵蚀易发生不均匀沉降，日积月累形成交叉裂缝。
  ● 水泥混凝土自身碱集料反应的发生。混凝土中的碱性物质主要来源于水泥熟料，而活性成份如SiO_2等主要来源于集料。两者反应生成碱-硅酸盐等凝胶遇水膨胀，将在混凝土内部产生较大的膨胀应力，从而使混凝土表面产生不规则裂缝，形成交叉裂缝。
  ● 水泥混凝土自身强度不足和车辆荷载的作用几乎是所有混凝土路面产生裂缝的通病。
  ④ 角隅断裂　与混凝土面板纵横缝相连的裂缝。角隅断裂一旦产生，在重载交通的作用下很快发展成严重破碎，裂缝几乎贯穿整个结构层。原因主要有：
  ● 路面板角是整个路面板的最薄弱部位。在混凝土振捣密实的过程中，由于振捣

棒不能接触模板，使得板角处的混凝土密实性相对较差。抑或是拆模和开放交通过早都为角隅断裂埋下了隐患。

- 昼夜温差的影响，使板角处产生翘曲应力。
- 由于农村公路投资额及施工单位素质的原因，施工时自由边（接缝处）大多未设置角隅钢筋。自由边的水泥混凝土板块因不像其他部位那样存在约束，在不设角隅钢筋的情况下导致角隅断裂。

⑤ 路面龟裂　路面表面出现密集而细碎的裂纹。龟裂的裂纹一般很浅，且多在混凝土浇筑后初凝期间就会显现，与水泥混凝土的干缩性密切相关。

(2) 竖向位移

① 路面沉陷　整个断面发生较大的竖向位移，多由路基原因引起且多为不均匀沉陷。

破坏机理在于：路基填土或不均匀沉降。主要由路基、基层排水不畅、压实度较差或是地下水位高引发的路基病害所引起。沉陷使路面平整度变差并导致板的开裂。此外，在施工时，路面基层强度不均匀，也可引起路面板的不均匀下陷。

② 路面拱起　水泥混凝土路面在局部范围内发生向上隆起的现象。

原因在于：混凝土面板在受热膨胀过程中遇到硬物的阻碍从而产生较大热压应力，最终使面板纵向失稳出现拱起，影响路面平整度甚至造成裂缝。

(3) 接缝病害

① 唧泥和错台　唧泥是汽车经过水泥混凝土路面接缝时，缝内喷溅出泥浆的现象，是产生混凝土面板错台的直接原因。错台是混凝土路面接缝两侧发生相对位移的现象，是由唧泥所引起的。同时，此病害也出现了竖向位移。错台的出现直接影响了行车的平稳性和舒适性。

原因在于：混凝土面板以下的基层塑性变形的不断积累导致面板与基层脱离接触，填缝填料失效。路面上的水顺着接缝下渗到基层或土路基表面。与基层中的细集料和土路基中的细粒土混合。在轮载的作用下，使积水变成有压水，板向下移动抽吸相邻板间的水从接缝中喷溅出来，形成唧泥。

② 接缝破碎　水泥混凝土路面板接缝两侧出现沿接缝的剪切挤碎。此种病害主要出现于接缝两侧数 10cm 范围内，靠近接缝的混凝土呈开裂或碎屑状。

原因在于：接缝填料破碎、封料老化，与板边缘脱开、缺损。

(4) 表层起皮和露骨

起皮是混凝土面板上下层脱开；露骨是混凝土路面骨料裸露的现象。

原因在于：①混凝土拌制时水灰比过大。②混凝土表面洒水提浆。③混凝土振捣完成后立即进行收面提浆，而此时泌水现象尚未结束。析出的自由水使混凝土表面形成水泥浆"浮层"。起皮现象就是混凝土硬化后的"浮层"脱落造成的。④施工过程中"过振"使砂浆上浮。长期磨损使表层砂浆几乎全部磨去，粗集料外露，并且部分粗集料被磨光。

8.2.3.2 火烧板路面

(1) 石板块与基层空鼓

硬物轻敲抹灰层及发出咚咚声为空鼓。

预防措施：①铺贴前应检查基层是否符合要求，基层杂物和灰尘必须清除干净；②如果砖体水分没饱和，就会过早吸收砂浆中的水分，导致砂浆收缩出现空鼓，还会影响粘贴强度。③结合层砂浆过薄（砂浆虚铺一般不宜少于25~30mm，块料座实后不宜少于20mm厚），结合层砂浆不饱满以及水灰比过大等。

(2) 相邻两板高低不平

两板间出现相对高差。

预防措施：①铺贴前板块本身要合格，没有不平现象；②铺贴时操作要规范；③铺贴后不要过早上人踩踏板块等，有时还出现板块松动现象，一般铺贴后2d内严禁上人踩踏。

(3) 铺砌砖与道牙顶面衔接不平顺

铺砌砖与立牙顶面出现相对高差，有的局部高于牙顶，有的局部低于牙顶，一般在0.5~1.0cm之间。

预防措施：①如果先安装道牙，要严格控制牙顶面高程和平顺度，当砌方砖步道时，步道低点高程即以牙顶高为准向上推坡。②如果先铺砌方砖步道，也应先将道牙轴线位置和高程控制准确，步道低点仍以这个位置的牙顶高程为准，在安装道牙时，牙顶高程即与已铺砌步道接顺。

(4) 铺砌方砖塌边

靠近牙背处的方砖下沉，特别是步道端头，在路口八字道牙背后下沉现象较多，砂浆补抹部分下沉碎裂，出坑。

预防措施：凡后安装道牙部分，牙前牙背均应用小型夯具在接近最佳含水量下进行分层夯实。

(5) 人行道纵横缝不顺直，砖缝过大

在纵横缝上出现10mm以上的错缝和明显弯曲；在弯道部分，也依曲线铺砌，形成外侧过宽的放射形横缝。

预防措施：①水泥混凝土方砖步道，要根据路的线型和设计宽度，事先做出铺砌方案，做好技术交底，做好测量放线；为了纵横缝的直顺，应用经纬仪做好纵向基线的测设，依据基线冲筋，筋与筋之间尺寸要准确，对角线要相等。②单位工程的全段铺砌方法要按统一方案施作，不能各自为政。③弯道部分也应该直砌，再补边。

8.2.3.3 卵石路面

① 卵石脱落　卵石是扁平的，如果平铺鹅卵石，只有使其与地面接触；卵石表面带有黏土，未加冲洗；地面铺设后，成品保护不好，在养护期内过早上人；时间不长，

就容易脱落,这种现象很普遍。

预防措施:鹅卵石呈蛋形,应选择光滑圆润的一面向上,在作为庭院或园路使用时一般横向埋入砂浆中,在作为健身径使用时一般竖向埋入砂浆中,埋入量约为卵石的2/3,这样比较牢固。用水冲洗卵石表面,清除卵石中的杂质和卵石表面的泥土;连续养护时间不应少于7d,养护期间禁止上人。

② 分布过稀、不均、表面不平　设计未注明单位面积内卵石的分布要求或施工人员不按规定操作。

预防措施:实行样板施工,然后按照样板实物标准施工。

③ 图案纹样未达到设计效果　采购的卵石、形状、颜色和质地与设计有出入或在镶嵌前未进行分级和挑选;施工人员专业性不强,缺乏观感能力。

预防措施:镶嵌出样板,设计或专业监理工程师确认后再进行施工。

④ 裂缝、起拱　参照水泥混凝土路面的现场施工常见问题解决。

任务8.3　园路工程施工质量检测

8.3.1　园路工程施工质量检测方法

园路的平整度检测一般用3m直尺及拉20m小线量取最大值,相邻板高差用尺量。
园路的标高一般用水准仪、全站仪等进行测量。

8.3.2　园路工程施工质量检测标准

8.3.2.1　水泥混凝土路面工程质量标准

(1) 基本要求

① 基层质量必须符合规定要求,并应进行弯沉测定,验算的基层整体模量应满足设计要求。

② 水泥强度、物理性能和化学成分应符合国家标准及有关规范的规定。

③ 粗细集料、水、外掺剂及接缝填缝料应符合设计和施工规范要求。

④ 施工配合比应根据现场测定水泥的实际强度进行计算,并经试验,选择采用最佳配合比。

⑤ 接缝的位置、规格、尺寸及传力杆、拉力杆的设置应符合设计要求。

⑥ 路面拉毛或机具压槽等抗滑措施,其构造深度应符合施工规范要求。

⑦ 面层与其他构造物相接应平顺,检查井的井盖顶面高程应高于周边路面1~3mm。雨水口标高按设计比路面低5~8mm,路面边缘无积水现象。

⑧ 混凝土路面铺筑后按施工规范要求养护。

(2) 实测项目(表 8-7)

表 8-7 水泥混凝土面层实测项目

序号	检查项目		规定值或允许偏差		检查方法和频率
			高速公路、一级公路	其他公路	
1	弯拉强度(MPa)		在合格标准之间		按 JTG G80/1 附录 C 检查
2	板厚度(mm)	代表值	−5		按 JTG F80/1 附录 H 检查,每 200m 实测 2 处
		合格值	−10		
3	平整度	σ(mm)	1.2	2.0	平整度仪:全线每车道连续检测,每 100m 计算 σ、IRI
		IRI(m/km)	2.0	3.2	
		最大间隙 h(mm)	—	5	3m 直尺:半辐车道板带每 200m 测 2 处×100cm
4	抗滑构造深度(mm)		0.7≤一般路段≤1.1; 0.8≤特殊路段≤1.2	0.5≤一般路段≤1.0; 0.6≤特殊路段≤1.1	铺砂法:每 200m 测 1 处
5	相邻板高差(mm)		2	3	每条胀缝 2 点;每 200m 抽纵、横缝各 2 条,每条 2 点
6	纵、横缝顺直度		10		纵缝 20m 拉线,每 200m 4 处;横缝沿板宽拉线,每 200m 4 条
7	中线平面偏位(mm)		20		经纬仪:每 200m 测 4 处
8	路面宽度(mm)		±20		每 200m 测 4 处
9	纵断高程		±10	±15	水准仪:每 200m 测 4 断面
10	横坡(%)		±0.15	±0.25	

注:表中 σ 为平整度仪测定的标准差;IRI 为国际平整度指数;h 为 3m 直尺与面层的最大间隙。

8.3.2.2 路缘石安装工程质量标准

(1) 基本项目

① 路缘石应边角齐全、外形完好、表面平整,可视面宜有倒角。除斜面、圆弧面、边削角构成的角之外,其他所有角宜为直角。路缘石面层(料)厚度,包括倒角的表面任一部位的厚度,应不小于 4mm。

② 路缘石必须稳固,并应线直、弯顺、无折角,顶面应平整无错牙,路缘石不得阻水。

③ 背后回填土必须密实。

(2) 实测项目(表 8-8)

表 8-8 火路缘石实测允许项目偏差

序号	项目		允许偏差(mm)	检验频率		检验方法
				范围(m)	点数	
1	直顺度	水泥混凝土	10	100	1	拉20m小线量取最大值
		花岗岩	5			
2	相邻块高差	混凝土	2	20	1	用尺量
		石材	1			
3	缝宽	混凝土	±2	20	1	用尺量

8.3.2.3 火烧板路面质量标准

(1) 保证项目

火烧板花岗岩的强度、品种、质量必须符合设计要求及验收规范的规定。

(2) 基本项目

① 砖表面清洁无色差、反碱、泛锈现象；砖颜色一致，无断裂、破损、缺失情况。

② 铺装面铺装无明显起伏、沉降松动等现象。

③ 路面的坡向、雨水口等应符合设计要求，排水畅通，无积水现象。

④ 排砖合理，无错排版现象，与其他交接处收口美观清晰。

⑤ 弧度圆滑自然，切割精细，无粗糙痕迹，砖表面无崩角现象，缝隙一致。

⑥ 铺装上的井盖应采用隐形井盖视觉弱化处理；安装平稳无松动，排水有效；井盖内砖铺装平整，与整体排板风格一致，无松动现象；井盖位置设置合理无影响，井内无建筑垃圾，井盖无破损、缺失现象。

⑦ 铺装与绿地衔接处无泥土外流，其他(含同种材料、不同材料)收边收口自然合理，与侧石之间的处理精细，侧石安装牢固，侧石之间接缝处理一致，勾缝处理美观。

(3) 允许偏差项目(表 8-9、表 8-10)。

表 8-9 火烧板路面铺装允许项目偏差

序号	项目	允许偏差(mm)	检验频率	检验方法
1	平整度	<3	每桩号(1点)	用塞尺量
2	相邻块高差	±1	40m	
3	横坡	±0.3%	每桩号(1点)	
4	纵缝直顺	≤5	20m	用尺量
5	横缝直顺	≤5	20m	
6	缝宽	≤2	10m	
7	井框与路面高差	≤3	每座	

表 8-10 火烧板石板外观规格允许偏差

序 号	实测项目	允许偏差（mm）	检验频率	检验方法
1	对角线	3	每 100 块抽 10 块	用尺量
2	厚 度	±3		
3	外露面缺边吊角	不得有损坏		
4	边 长	±3		
5	外露面平整度	1		用水平尺、横塞尺量

8.3.2.4 其他块料面层应注意的质量问题

① 路面使用后出现塌陷现象 主要原因是路基回填土不符合质量要求，未分层进行夯实，或者严寒季节在冻土上铺砌路面，开春后土化冻而导致路面下沉。因此，在铺砌路面板块前，必须严格控制路基填土和灰土垫层的施工质量，更不得在冻土层上铺砌路面。

② 板面松动 铺砌后应在养护 2d 后立即进行灌缝，并填塞密实，路边的板块缝隙处理尤为重要，防止缝隙不严，板块松动。另外，不要过早上车碾压。

③ 板面平整度偏差过大、高低不平 在铺砌之前必须拉水平标高线，先在两端各砌一行，作为标筋，以两端标准再拉通线控制水平高度，在铺砌过程中随时用 2m 靠尺检查平整度，不符合要求时及时修整。面层允许偏差见表 8-11 所列。

表 8-11 面层允许偏差

序 号	面层名称	允许偏差（mm）		
		高低差	直线度	平整度
1	条石、块石	2	8	10
2	大理石、花岗岩	0.5~1	2	1
3	黏土砖、缸砖	1.5	3	4
4	水磨石板、地砖	1	3	2
5	拼花木地板、塑料板	0.5	2	1
6	水泥砂浆、水泥混凝土、沥青砂浆、沥青混凝土、水泥钢屑砂浆等整体面层	—	—	4

思考与练习

1. 绘图说明园路的基本结构。
2. 如何识读园路施工图并制定出施工流程？
3. 园路工程一般施工程序是什么？有哪些基本要求？
4. 请简要说明园路按面层材料可以分为哪几类。

5. 园路铺装有哪些形式？园路铺装包括哪些内容和方法？
6. 石灰土基层、干结碎石基层、二灰土基层的施工要点各有哪些？
7. 卵石路施工流程是什么？施工中有哪些注意事项及解决办法？
8. 简述园路附属工程中雨水口的处理方法。
9. 简述整体路面道牙按照的质量标准。
10. 简述园路常见"病害"及其原因。
11. 如何进行园林施工工程的质量检验操作？

项目 9　假山工程施工

技能点

1. 能根据假山工程施工图等,制定假山工程施工流程和组织方案。
2. 能按相应所用石材的特性、工程技术规定有效地组织置石。
3. 会制作塑山模型,能进行人工塑石施工操作。
4. 能按照相关的规范操作,进行假山工程施工质量检测和验收。

知识点

1. 了解常见假山市场的特性。
2. 掌握置石的选材、布置要点、结构和施工技巧。
3. 掌握假山的设计、选石、布置要点、结构及施工工艺流程和施工技术。
4. 掌握园林砖骨架塑山、钢骨架塑山及GRC、FRP塑山的工艺流程和施工技术。

工作环境

园林工程实训基地。

任务9.1　假山工程施工概述

假山工程是中国园林的特色,对于形成中国古典园林的民族形式有重要作用。中国园林有"源于自然,高于自然"之说,而假山工程正是这一造园理论的集中体现。一般所说的假山,实际上包括假山和置石两部分内容。近年来,在继承发扬的山石景艺术和传统工艺的基础上,发展起来具有与真石功能相同的塑山。

假山是以造景、游览为主要目的,充分地结合其他多方面的功能作用,以土、石等为材料,以自然山水为蓝本并加以艺术的提炼和夸张,用人工再造的山水景物的统称。

置石是以山石为材料作独立性造景或作附属性的配置造景，主要表现山石的个体美或局部组合，不具备完整的山形。

塑山是近年来新发展起来一种造山技术，它充分利用混凝土、玻璃钢、有机树脂等现代材料，以雕塑艺术的手法仿造自然山石。

一般地说，假山的体量大而集中，可观可游，使人有置身于自然山林之感；置石则主要以观赏为主，结合一些功能方面的作用，体量较小而分散。假山因材料不同可分为土山、石山和土石相间的山。置石则可分为特置、对置、散置、群置等。我国岭南园林中早有灰塑假山的工艺，后来又逐渐发展成为用水泥塑的置石和假山，成为假山工程的一种专门工艺。

9.1.1 假山基础知识

堆叠假山的材料主要为自然山石。明代计成所著《园冶》中收录的15种山石，大多数可以用于堆山。

按假山石料的产地、质地来看，假山的石料可以分为湖石、黄石、青石、石笋，以及其他石品五大类，每一类产地地质条件差异而又可细分为多种。

（1）湖石

湖石即经过熔融的石灰岩，因原产太湖一带而得名。在我国分布很广，除苏州太湖一带盛产外，北京的房山，广东的英德，安徽的宜城、灵璧以及江苏的宜兴、镇江、南京，山东的济南等地均有分布，只不过在色泽、纹理和形态方面有些差别。这是在江南园林中运用最为普遍的一种，也是历史上开发较早的一类山石。常见湖石见表9-1所列。

表9-1 常见湖石一览表

石材名	原产地	出处	特性	应用
太湖石（南太湖石）	苏州所属太湖中的洞庭西山	水中土中	质坚而脆。其纹理纵横，脉络显隐。石面上遍多坳坎，称为"弹子窝"，扣之有微声	特置石峰
房山石（北太湖石）	北京房山大灰石	土中	新采时呈土红色、橘红色或更淡一些的土黄色，日久以后表面带些灰黑色，扣之无共鸣声，多密集的小孔穴而少有大洞。外观比较沉实、浑厚、雄壮	特置石峰
英德石	广东英德	土中	质坚而特别脆，用手指弹扣有较响的共鸣声。淡青灰色，有的间有白脉	特置或散点
灵璧石	安徽灵璧	土中	石中灰色而甚为清润，质地亦脆，用手弹亦有共鸣声。石面有坳坎的变化，石形亦千变万化，但其眼少有宛转回折	掇山石小品，盆景石玩
宣石	安徽宁国	土中	色有如积雪覆于灰色石上，也由于为赤土积渍，又带些赤黄色，愈旧愈白	特置或散点

(2) 黄石

黄石是一种带橙黄色的细砂岩,产地很多,以常熟虞山的自然景观最为著名。苏州、常州、镇江等地皆有所产。其石形体顽劣,见棱见角,节理面近乎垂直,雄浑沉实。与湖石相比又别是一番景象,平正大方,立体感强,块钝而棱锐,具有强烈的光影效果。明代所建上海豫园的大假山、苏州耦园的假山和扬州个园的秋山均为黄石掇成的佳品。

(3) 青石

青石即一种青灰色的细砂岩。北京西郊红山口一带均有所产。青石的节理面不像黄石那样规整,不一定是相互垂直的纹理,也有交叉互织的斜纹。就形体而言多呈片状,故又有"青云片"之称。北京圆明园"武陵春色"的桃花洞、北海的濠濮涧和颐和园后湖某些局部都用这种青石为山。

(4) 石笋

石笋是外形修长如竹笋的一类山石的总称。这类山石产地颇广。石皆卧于山土中,采出后直立地上。园林中常作独立小景布置,如扬州个园的春山、北京紫竹院公园的"江南竹韵"等。

常见石笋又可分为：

① 白果笋　在青灰色的细砂岩中沉积了一些卵石,犹如银杏所产的白果嵌在石中,因而得名。北方则称白果笋为"子母石"或"子母剑"。"剑"喻其形,"子"即卵石,"母"是细砂母岩。这种山石在我国各园林中均有所见。有些假山师傅把大而圆的头向上的称为"虎头笋",上面尖而小的称"凤头笋"。

② 慧剑　这是北京假山石笋的沿称。所指是一种净面青灰色或灰青色的石笋。北京颐和园前山东部山腰高达数丈的大石笋就是这种"慧剑"。

③ 钟乳石笋　将石灰岩经熔融形成的钟乳石倒置,或用石笋正放用以点缀景色。北京故宫御花园中有用这种石笋做特置小品的。

(5) 其他石品

诸如木化石、松皮石、石珊瑚、石蛋等。木化石古老朴质,常作特置或对置。松皮石是一种暗土红的石质中杂有石灰岩的交织细片,石灰石部分经长期熔融或人工处理以后脱落成空块洞,外观像松树皮突出斑驳一般。石蛋即产于海边、江边或旧河床的大卵石,有砂岩及其他各种质地的。岭南园林中运用比较广泛。如广州市动物园的猴山、广州烈士陵园等均大量采用。

总之,我国的山石资源是极其丰富的。堆制假山要因地制宜,不可沽名钓誉地去追求名石,应该"是石堪堆"。这不仅是为了节省人力、物力和财力,同时也有助于发挥不同的地方特色。

9.1.2　置石的基础知识

置石是以单体石材布置成自然露岩景观的造景手法。置石还可结合其挡土、护坡和作为种植床或器设等实用功能,用以点缀风景园林空间。置石能够用简单的形式,体现较深的意境，达到"寸石生情"的艺术效果。

依布置形式不同，置石可以分为特置、对置、群置、散置等。

9.1.2.1 特置

特置是指将体量较大、形态奇特、具有较高观赏价值的峰石单独布置成景的一种置石方式，又称孤置山石、孤赏山石。

一般特置山石以太湖石、房山石、灵璧石、大块黄石等形态奇特、立意高远或者气势雄浑的石材为主。特置的山石布置要点在于相石立意，山石体量与环境相协调。常在园林中用作入门的障景和对景，或置于视线集中的廊间、天井中间、漏窗后面、水边、路口或园路转折的地方。

特置应选体量大、轮廓线突出、姿态多变、色彩纹理奇特、颇有动势的山石。在山石材料困难的地方，也可用几块同种山石进行拼接成特置峰石。应当注意自然、平衡。特置山石可采用整形的基座（图9-1），也可以坐落在自然的山石上面（图9-2）。这种自然的基座称为"磐"，特置山石在工程结构方面要求稳定和耐久，关键是掌山石的重心线使山石本身保持平衡。传统的做法是用石榫头稳定，榫头长度一般为十几厘米到二十几厘米，具体运用应根据置石大小而定，榫头直径宜大不宜小，榫肩宽3cm左右，石榫头必须正好在重心线上。基磐上的榫眼比石榫的直径大0.5~1cm，比石榫头的长度要深1~2cm。吊装山石之前，须在榫眼中浇灌少量黏合材料，待榫头插入时，黏合材料便自然地充满空隙。吊装好后，在黏合材料凝固以前，为保持置石稳定不走形，应加以支撑固定，同时加强看护管理（图9-3）。

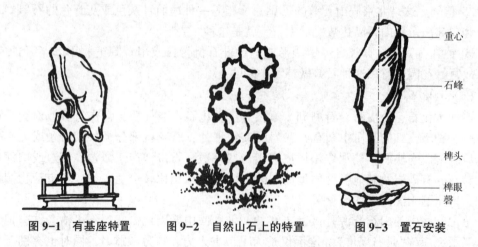

图9-1 有基座特置　　图9-2 自然山石上的特置　　图9-3 置石安装

在没有自然基座的情况下，也可事先利用水泥混凝土浇灌的方法做一个基座，并在基座上预留榫眼，待基座完全凝固后再行吊装，并在露出地表的混凝土上铺设、拼接与特置山石纹理、色泽、质地相同的山石，形成自然基座。

特置山石还可以结合台景布置。台景也是一种传统的布置手法，利用山石或其他建筑材料做成整形的台,台内盛土壤,底部有排水设施,然后在台上布置山石和植物,或仿作大盆景布置,让人欣赏这种有组合的整体美。

9.1.2.2 对置

对置是指以两块山石为组合,相互呼应,沿建筑中轴线两侧或立于道路出入口两侧作对称位置的山石布置(图9-4)。

9.1.2.3 群置

运用数块山石互相搭配点置,组成一个群体,亦称聚点。这类置石的材料要求可低于特置,但要组合有致。

图9-4 对 置

群置的关键手法在于一个"活"字,这与我国国画石中所谓"攒三聚五""大间小、小间大"等方法相仿。布置时要主从有别,宾主分明(图9-5),搭配适宜,根据"三不等"(即石之大小不等,石之高低不等,石之间距不等)进行配置,如图9-6~图9-8所示。

从石　　主石　　宾石

图9-5 配石示例

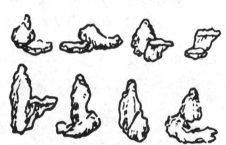

图9-6 两块山石相配

群置山石还常与植物相结合,配置得体,则树、石掩映,妙趣横生,景观之美,足可入画(图9-9)。

9.1.2.4 散置

散置又称散点,是仿照山野岩石自然分布之状而点置的一种手法。常用于布置内庭或散点于山坡上作为护坡。散置按体量不同,可分为大散点和小散点,北京北海琼华岛前山西侧用房山石作大散点处理,既减缓了对地面的冲刷,又为土山增添奇特嶙峋之势。小散点,如北京中山公园"松柏交翠"亭附近的作法,显得深埋浅露,有断有续,散中有聚,脉络显隐。

散置常用于园门两侧、廊间、粉墙前、山坡、林下、路旁、草坪、岛上、池中或与其他景物结合造景。它的布置要点在于有聚有散、有断有续、主次分明、高低曲折、顾盼呼应、疏密有致、层次丰富。

图9-8 五块山石相配

图9-7 三块山石相配　　　　　　图9-9 树石相配

9.1.2.5 山石器设

为了增添园林的自然风光，常以石材作石屏风、石栏、石桌、石几、石凳、石床等。

山石器设选材应尽量与周围环境所用石材相同或者近似。其形式不拘一格，灵活多变。在功能上多根据其形状特点发挥特长，物尽其用，例如有一平面之石，可为几、凳、桌、床等。

9.1.2.6 山石与园林建筑、植物相结合的布置

(1) 山石踏跺和蹲配

山石踏跺和蹲配是中国传统园林的一种装饰美化手法，用于丰富建筑立面、强调建筑出入口。石材宜选择扁平状的，以各种角度的梯形甚至是不等边三角形则会更富于自然的外观。每级在10~30cm，有的还可以更高一些。每级的高度和宽度不一定完全一样，应随形就势，灵活多变，同时两旁没有垂带。山石每一级都向下坡方向有2%的倾斜坡度以便排水。石级断面要上挑下收，以免人们上台阶时脚尖碰到石级上沿。同时，石级表面不能有"兜脚"。用小块山石拼合的石级，拼缝要上下交错，以上石压下缝。踏跺有石级规则排列的，也有相互错开排列的；有径直而上的，也有偏斜而入的。

蹲配常和踏跺配合使用。高者为"蹲"，低者为"配"，一般蹲配在建筑轴线两旁有均衡的构图关系。从实用功能上来分析，它可兼备垂带和门口对置的石狮、石鼓之类

装饰品的作用。蹲配在空间造型上则可利用山石的形态极尽自然变化（图9-10）。

（2）抱角和镶隅

建筑的墙面多成直角转折，这些拐角的外角和内角的线条都比较单调、平滞，故常以山石来美化这些墙角。对于外墙角，山石成环抱之势紧包基角墙面，称为抱角；对于墙内角则以山石填镶其中，称为镶隅。

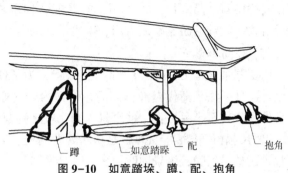

图9-10 如意踏垛、蹲、配、抱角

经过这样处理，本来是在建筑外面包了一些山石，却又似建筑坐落在自然的山岩上。山石抱角和镶隅的体量均须与墙体所在的空间相协调。一般园林建筑体量不大，所以无需做过于臃肿的抱角。当然，也可以采用以小衬大的手法用小巧的山石衬托宏伟、精致的园林建筑。

山石抱角的选材应考虑如何使石与墙接触的部位，特别是可见的部位吻合起来。

江南私家园林多用山石作小花台来镶填墙隅。花台内点植体量不大却又潇洒、轻盈的观赏植物。由于花台两面靠墙，植物的枝叶必然向外斜伸，从而使本来比较呆板、平直的墙隅变得生动活泼而富于光影、风动的变化。这种山石小花台一般都很小，但就院落造景而言，它却起了很大的作用。

（3）粉壁置石

粉壁置石即以墙作为背景，在面对建筑的墙面、建筑山墙或相当于建筑墙面前基础种植的部位作石景或山景布置。因此也称"壁山""粉壁理石"。

在江南园林的庭院中，这种布置随处可见。有的结合花台、特置和各种植物布置，式样多变。苏州网师园南端"琴室"所在的院落中，于粉壁前置石，石的姿态有立、蹲、卧的变化，加以植物和院中台景的层次变化，使整个墙面变成一个丰富多彩的风景画面。

粉壁置石在施工时有以下几个方面要求：

① 壁山与围墙或山墙的基础应是分开的，因为二者的地基承载负荷不同，沉降系数也不相同。

② 石块与墙体之间应尽量留有空当，山石不倚墙、不欺墙，以免对墙产生侧向推移力而造成危险。

③ 应处理好壁山的排水，在山石与墙体之间不宜留有可存水的坑窝，以免雨水渗入墙体。

（4）廊间山石小品

园林中的廊为了争取空间的变化或使游人从不同角度去观赏景观，在平面上往往做成曲折回环的半壁廊。在廊与墙之间形成一些大小不一、形体各异的小天井空隙地，可以发挥山石小品"补白"的作用，使之在很小的空间里也有层次和深度的变化。同时，诱导游人按设计的游览路线入廊，丰富沿途的景色，使建筑空间小中见大，活泼无拘。

(5) 门窗漏景

门窗漏景又称为"尺幅窗"和"无心画"，为了使室内外景色互相渗透，常用漏窗透石景。这种手法是清代李渔首创的。他把内墙上原来挂山水画的位置开成滑窗，然后在窗外布置竹石小品之类，使真景入画，较之画幅生动百倍。

以"尺幅窗"透取"无心画"是从暗处看明处，窗花有剪影的效果，加以石景以粉墙为背景，从早到晚，窗景因时而变。

9.1.2.7　山石花台

山石花台是用自然山石堆叠挡土墙，形成花台，其内种植花草树木。其主要作用有三：

首先，降低地下水位，使土壤排水通畅，为植物生长创造良好的条件；其次，可以将花草树木的位置提高到合适的高度，以免太矮不便观赏；再者，山石花台的形体可随机应变，小可占角，大可成山，花台之间的铺装地面即是自然形式的路面。这样，庭院中的游览路线就可以运用山石花台来组合。

山石花台布置的要领和山石驳岸有共通之处，不同的只是花台是从外向内包，驳岸则多是从内向外包，如为水中岛屿的石驳岸则更接近花台的做法。

① 花台的平面轮廓应有曲折、进出的变化　要注意使之兼有大弯和小弯的凹凸面，而且弯的深浅和间距都要自然多变。有小弯无大弯、有大弯无小弯或变化节奏单调的情况都要力求避免。如果同一空间内不只一个花台，就有花台的组合问题。花台的组合要求大小相间、主次分明、疏密多致、若断若续、层次深厚。

② 花台的立面轮廓上要有起伏变化，切忌把花台做成"一码平"　这种高低变化要有比较强烈的对比才有显著的效果。一般是结合立峰来处理，但要避免用体量过大的立峰堵塞院内的中心位置。花台除了边缘以外，花台中也可少量地点缀一些山石。花台边缘外面亦可埋置一些山石，使之有更自然的变化。

③ 花台的断面轮廓既有直立，又有坡降和上伸、下收等伸缩、虚实和藏露变化　这些细部技法很难用平面图或立面图说明。必须因势延展，就石应变。其中很重要的是虚实明暗的变化、层次变化和藏露的变化。做花台易犯的通病也在于此。具体做法就是使花台的边缘或上伸下缩、或下断上连、或旁断中连、化单面体为多面体。

9.1.3　塑石的基础知识

假山在现代园林中应用十分广泛，尤其是置石，取材方便，应用灵活。可以信手拈来，能以较少的花费取得良好的效果。在传统灰塑山和假山的基础上，运用现代材料如环氧树脂、短纤维树脂混凝土、水泥及灰浆等，创造塑山工艺。塑山可省去采石、运石的工程，造型不受石材限制，且有工期短、见效快的优点。但其最大的缺陷是使用期短。

9.1.3.1 人工塑山的特点

① 方便　塑山所用的砖、水泥等材料来源广泛，取用方便，可就地解决，无需采石、运石。

② 灵活　塑山在造型上不受石材大小和形态限制，施工灵活方便，不受地形、地物限制，可完全按照设计意图进行造型。

③ 省时　塑山的施工期短，见效快。

④ 逼真　好的塑山无论是在色彩上还是在质感上都能取得逼真的石山效果。

当然，由于塑山所用的材料不是自然山石，因而在神韵上还是不及石质假山，同时，使用期限较短，需要经常维护。

9.1.3.2 新工艺塑山简介

(1) GRC 塑山材料

为了克服钢、砖骨架塑山存在着的施工技术难度大、皱纹很难逼真、材料自重大、易裂和褪色等缺陷，近年来探索出一种新型的塑山材料——短纤维强化水泥或玻璃筋混凝土(glass fiber reinforced cement，GRC)。主要用来制造假山、雕塑、喷泉瀑布等园林山水艺术景观。GRC 用于假山造景，是继灰塑、钢筋混凝土塑山、玻璃钢塑山后人工创造山景的又一种新材料、新工艺。

GRC 材料用于塑山的优点：

① 用 GRC 造假山石，石的造型、皱纹逼真，具有岩石坚硬润泽的质感，模仿效果好。

② 用 GRC 造假山石，材料自身质量轻，强度高，抗老化且耐水湿，易进行工厂化生产，施工方法简便、快捷，造价低，可在室内外及屋顶花园等处广泛使用。

③ GRC 假山造型设计、施工工艺较好，可塑性强，在造型上需要特殊表现时可满足要求，加工成各种复杂形体，与植物、水景等配合，使景观更富于变化和表现力。

④ 现在以 GRC 造假山可利用计算机进行辅助设计，结束了过去假山工程无法做到石块定位设计的历史，使假山不仅在制作技术，也在设计手段上取得了新突破。

⑤ 具有环保特点，可取代真石材，减少对天然矿产及林木的开采。

(2) FRP 材料塑山

继 GRC 现代塑山材料后，目前还出现了一种新型的塑山材料——玻璃纤维强化树脂(fiber glass reinforted plastics，FRP)，是用不饱和树脂及玻璃纤维结合而成的一种复合材料。该材料具有刚度好、质轻、耐用、价廉、造型逼真等特点，同时可预制分割，方便运输，特别适用于大型异地安装的塑山工程。FRP 首次用于香港海洋公园即古村石窟工程中，并取得很好的效果，赢得一致好评。

(3) FRP 塑山施工程序

泥模制作→翻制石膏→玻璃钢制作→模件运输→基础和钢框架制安→玻璃钢预制件拼装→修补打磨→油漆→成品。

① 泥模制作　按设计要求逐样制作泥模。一般在一定比例(多用1∶15~1∶20)的小样基础上制作。泥模制作应在临时搭设的大棚(规格可采用50m×20m×10m)内进行。制作时要避免泥模脱落或冻裂。因此，温度过低时要注意保温，并在泥模上加盖塑料薄膜。

② 翻制石膏　采用分割翻制，主要是考虑翻模和今后运输的方便。分块的大小和数量根据塑山的体量来确定，其大小以人工能搬动为好。每块要按一定的顺序标注记号。

③ 玻璃钢制作　玻璃钢原料采用191号不饱和聚酯及固化体系，一层纤维表面毯和五层玻璃布，以聚乙烯醇水溶液为脱模剂。要求玻璃钢表面硬度大于34，厚度4mm，并在玻璃钢背面粘配$\phi 8$的钢筋。制作时注意预埋铁件以便供安装固定之用。

④ 基础和钢框架制安装　基础用钢筋混凝土，基础厚大于80cm，双层双向$\phi 18$配筋，C20预拌混凝土。框架柱梁可用槽钢焊接，柱距1m×(1.5~2)m。必须确保整个框架的刚度与稳定。框架和基础用高强度螺栓固定。

⑤ 玻璃钢预制件　拼装根据预制件大小及塑山高度，先绘出分层安装剖面图和立面分块图，要求每升高1~2m就要绘一幅分层水平剖面图，并标注每一块预制件四个角的坐标位置与编号，对变化特殊之处要增加控制点。然后按顺序由下往上逐层拼装，做好临时固定。全部拼装完毕后，由钢框架伸出的角钢悬挑固定。

⑥ 打磨、油漆　拼装完毕后，接缝处用同类玻璃钢补缝、修饰、打磨，使之浑然一体。最后用水清洗，罩以土黄色玻璃钢油漆即成。

任务9.2　假山工程施工技术操作

假山叠石通常与园林建筑绿化、溪流水池等结合，可组成不同的园景，是表现园林景观的一种造景手段。当前，由于施工规程不完善，随意乱堆乱叠的情况时有发生，施工管理混乱，影响到假山叠石施工质量和安全。有的失去艺术效果，成为一堆乱石；有的危岩跌落，发生安全事故，对游人生命构成威胁。因此，在继承传统技艺和操作方式的同时要严格遵守施工工艺流程，保证工程质量和施工安全。

9.2.1　假山工程施工准备

9.2.1.1　传统假山石料准备

(1) 选石要求

叠石造山无论其规模大小，都是由一块块形态、大小各异的山石拼叠而成。但选石时要遵循自然山川的形成规律，符合以下要求：

① 同质　指掇山用石，其品种、质地、石性要一致。如果石料的质地不同，品种不一，必然与自然山川岩石构成不同，同时不同石料的石性特征不同，强行将不同石料混在一起拼叠组合，必然是乱石一堆。

② 同色 即使是同一种石质，其色泽相差也很大，如湖石类中有黑色、灰白色、褐黄色、青色等。黄石有淡黄、暗红、灰白等色泽变化。所以，同质石料的拼叠在色泽上也应一致才好。

③ 接形 将各种形状的山石外形互相组合拼叠起来，既有变化而又浑然一体，这就叫作"接形"。在叠石造山中，用石不应一味地求得石块形大。但石料的块形太小也不好，块形小，人工拼接的石缝就多，接缝一多，山石拼叠不仅费时费力，而且在观赏时易显得破碎，同样不可取。正确的接形除了石料的选择要有大有小、有长有短等变化外，石与石的拼叠面应力求形状相似，石形互接，讲究就势顺势，如向左则先用石造出左势，如向右则先用石造出右势，欲高先接高势，欲低先出低势。

④ 合纹 纹是指山石表面的纹理脉络。当山石拼叠时，合纹不仅仅指山石原来的纹理脉络的衔接，而且还包括外轮廓的接缝处理。

(2) 石料的分类

石料到达施工工地后，应分块平放在地面上以供"相石"之需。同时，按大小、好坏、掇山使用顺序将石料分门别类，进行有秩序的排列放置。一般可用如下方法进行：

① 单块峰石，应放在最安全不易磕碰的地方。按施工造型的程序，峰石多是最后使用的，故应放于离施工场地稍远一点的地方，以防止在使用吊装其他石料的过程中与之发生碰撞而造成损坏。

② 其他石料可按其不同的形态、作用和施工造型的先后顺序合理安放。如拉底时先用，可放在前面一些；用于封顶的，可放在后面；石色纹理接近的放置一处，可用于大面的放置一处等。

③ 要使每一块石料最具形态特征和最具有观赏性的一面朝上，以便施工时不需翻动就能辨认取用。

④ 石料要根据将要堆叠的大致位置沿施工工地四周有次序地排放，2~3块为一排，呈竖向条形。条与条之间须留有较宽的通道，以满足搬运石料和人员行走需要。

⑤ 从叠石造山的最佳观赏点到山石拼叠的施工场地，一定要保证其空间地面平坦无障碍物。观赏点又称为"定点"位置，每堆叠一块石料，都应要从堆叠山石处退回到"定点"的位置上进行"相形"，以保证叠石造山主观赏面不偏向、不走形。

⑥ 每一块石料的摆放都力求单独，即石与石之间不能挤靠在一起，更不能成堆放置。

9.2.1.2 假山结构配件

① 平稳设施和填充设施 为了安置底面不平的山石，在找平山石以后，于底下不平处垫以一至数块控制平稳和传递重力的垫片，称为"刹"或"重力石""垫片"。山石施工术语有"见缝打刹"之说。"刹"要选用坚实的山石，在施工前就打成不同大小的斧头形以备随时选用。打刹一定要找准位置，尽可能用数量最少的刹而求得稳定。打刹后用手推拭一下是否稳定。至于两石之间不着力的空隙也要用石皮填充。假山外围每做好一层，都要用石皮和灰浆填充其中，凝固后便形成一个整体。

② 铁活加固设施　常用熟铁或钢筋制成。用于在山石本身重点稳定的前提下的加固。铁活要求用而不露，因此不易发现。常用的有以下几种：

• 银锭扣：为生铁铸成，有大、中、小三种规格。主要用以加固山石间的水平联系。先将石头水平向接缝作为中心线，再按银锭扣大小画线凿槽打下去，其上接山石而不外露，如图9-11(a)所示。

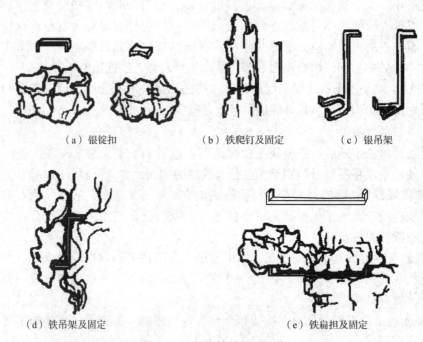

图9-11　假山铁活加固设施

• 铁爬钉：用熟铁制成，用以加固山石水平方向及竖向的连接。

• 铁扁担：多用于加固山洞，作为石梁下面的垫梁。铁扁担之两端成直角上翘，翘头略高于所支承石梁两端。

• 马蹄形吊架和叉形吊架：见于江南一带。扬州清代宅园"寄啸山庄"的假山洞底，由于用花岗石做石梁只能解决结构问题，外观极不自然。用这种吊架从条石上挂下来，架上再安放山石，更接近自然山石的外貌。

9.2.1.3　施工机具准备

假山施工工具分为手工工具和机械工具两大类，现分述如下：

① 手工工具　如铁铲、箩筐、镐、钯、灰桶、瓦刀、水管、锤、杠、绳、竹刷、脚手架、撬棍、小抹子、毛竹片、钢筋夹、木撑、三角铁架、手拉葫芦等。

② 机械工具　假山堆叠需要的机械包括混凝土机械、运输机械和起吊机械。小型堆山和叠石用手拉葫芦就可完成大部分工程，而对于一些大型的叠石造山工程，吊装设备显得尤为重要，合适的起重机械可以完成所有吊装工作。起重机械种类较多，在

假山施工中，常用的有汽车起重机、少先起重机、手拉葫芦和电动葫芦。

9.2.2 传统假山工程施工主要内容及方法

9.2.2.1 掇山施工

(1) 工艺流程

制作模型→施工放线→挖槽→基础施工→拉底→中层施工→扫缝→收顶与做脚→检查验收→使用保养。

(2) 假山模型制作

① 熟悉图纸　图纸包括假山底层平面图、顶层平面图、立体图、剖面图，以及洞穴、结顶等大样图。

② 按1：20~1：50的比例放大底层平面图，确定假山范围及各山景的位置。

③ 选择、准备制作模型材料　可选择石膏、水泥砂浆、橡皮泥或泡沫塑料等可塑材料。

④ 制作假山模型　根据设计图纸尺寸要求，结合山体总体布局、山体走向、山峰位置、主次关系和沟壑、洞穴、溪涧的走向，尽量做到体量适宜，布局精巧，能充分体现出设计的意图，为掇山施工提供参考。

(3) 施工放线

根据设计图纸的位置与形状在地面上放出假山的外形形状。由于基础施工比假山的外形要宽，放线时应根据设计适当放宽。在假山有较大幅度的外挑时，要根据假山的重心位置来确定基础的大小。

(4) 挖槽

根据基础的深度与大小挖槽。假山堆叠南北方各不相同，北方一般满拉底，基础范围覆盖整个假山；南方一般沿假山外形及山洞位置设基础，山体内多为填石，对基础的承重能力要求相对较低。因此，挖槽的范围与深度需要根据设计图纸的要求进行。

(5) 基础施工

基础是首位工程，其质量优劣直接影响假山的稳定和艺术造型。在确定了主山体的位置和大致的占地范围后，就可以根据主山体的规模和土质情况进行钢筋混凝土基础的浇筑了。浇筑基础，是为了保证山体不倾斜不下沉。如果基础不牢，使山体发生倾斜，也就无法供游人攀爬了。浇筑基础的方法很多，首先是根据山体的占地范围挖出基槽，或用块石横竖排立，于石块之间注进水泥砂浆。或用混凝土与钢筋扎成的块状网浇筑成整块基础。在基土坚实的情况下可利用素土槽浇筑，基槽宽度同灰土基。至于砂石与水泥的混合比例关系、混凝土的基础厚度、所用钢筋的粗细等，则要根据山体的高度、体积以及重量和土层情况由设计而定。叠石造山浇筑基础时有以下注意事项：

① 调查了解山址的土壤立地条件，地下是否有阴沟、基窟、管线等。

② 叠石造山如以石山为主配植较大的植物，预留空白要确定准确。仅靠山石中的

回填土常常无法保证足够的土壤供植物生长需要，加上满浇混凝土基础，就形成了土层的人为隔断，地气接不上来，水也不易排出去，使得植物不易成活和生长不良。因此，在准备种植的地方需根据植物大小预留一块不浇混凝土的空白处，即留白。

③ 从水中堆叠出来的假山，主山体的基础应与水池的底面混凝土同时浇筑形成整体。如先浇主山体基础，待主山基础完成后再做水池池底，则池底与主体山基础之间的接头处容易出现裂缝，产生漏水，而且日后极难处理。

④ 如果山体是在平地上堆叠，则基础一般低于地平面至少 20cm。山体堆叠成形后再回填土，同时沿山体边缘栽种花草，使山体与地面的过渡更加自然生动。

(6) 拉底

拉底是指在基础上铺置最底层的自然山石，术语称为拉底。假山空间的变化都立足于这一层，所以，"拉底"为叠山之本。如果底层未打破整形的格局，则中层叠石亦难于变化，此层山石大部分在地面以下，只有小部分露出地表，不需要形态特别好的山石。但由于它是受压最大的自然山石层，所以拉底山石要求有足够的强度，宜选用顽夯没有风化的大石。拉底时主要应注意以下几个方面：

① 统筹向背　根据造景的立地条件，特别是游览路线和风景透视线的关系，确定假山的主次关系，再根据主次关系安排假山的组合单元，从假山组合单元的要求来确定底石的位置和发展的走向。要精于处理主要视线方向的画面以作为主要朝向，然后再照顾到次要的朝向，简化处理那些视线不可及的部分。

② 曲折错落　假山底脚的轮廓线要破平直为曲折，变规则为错落。在平面上要形成具有不同间距、不同转折半径、不同宽度、不同角度和不同支脉走向的变化，或为斜八字形，或为"S"形，或为各式曲尺形，为假山的虚实、明暗变化创造条件。

③ 断续相间　假山底石所构成的外观不是连绵不断的，要为中层做出"一脉既毕，余脉又起"的自然变化作准备。因此，在选材和用材方面要灵活运用，或因需选材，或因材施用。用石之大小和方向要严格地按照皴纹的延展来决定。大小石材成不规则的相间关系安置，或小头向下渐向外挑，或相邻山石小头向上预留空档以便往上卡接，或从外观上做出下断上连、此断彼连等各种变化。

④ 紧连互咬　外观上做出断续的变化，但结构上却必须一块紧连一块，接口力求紧密，最好能互相咬合。尽量做到"严丝合缝"，因为假山的结构是"化零为整"，结构上的整体性最为重要，它是影响假山稳定性的又一重要因素。假山外观所有的变化都必须建立在结构上重心稳定、整体性强的基础上。在实际中山石间很难完全自然地紧密结合，可借助于小块的石块填入石间的空隙部分，使其互相咬合，再填充水泥砂浆使之连成整体。

⑤ 垫平稳固　拉底施工时，大多数要求基石以大而平坦的面向上，以便于后续施工，向上垒接。通常为了保持山石平稳，要在石之底部用"刹片"垫平以保持重心稳定、上面水平。北方掇山多采用满拉底石的办法，即在假山的基础上满铺一层，形成一整体石底。而南方则常采用先拉周边底石再填心的办法。

(7) 中层施工

中层即底石与顶层之间的部分。假山的堆叠也是一个艺术再创作的过程，在堆叠时先在想象中进行组合拼叠，然后在施工时能信手拿来并发挥灵活机动性，寻找合适的石料进行组合。掇山造型技艺中的山石拼叠实际上就是相石拼叠的技艺。其过程顺序是从相石选石→想象拼叠→实际拼叠→造型相形，而后再从造型后的相形回到相石选石→想象拼叠→实际拼叠→造型相形，如此反复循环，直到整体的堆叠完成。

① 中层施工的技术要点　除了底石所要求平稳等方面以外，还应做到：

- 接石压茬：山石上下的衔接要求石石相接、严密合缝。除有意识地大块面闪进以外，避免在下层石上面闪露一些很破碎的石面。如果是为了做出某种变化，故意预留石茬，则另当别论。
- 偏侧错安：在下层石面之上，再行叠放应放于一侧，破除对称的形体，避免成四方、长方、正品或等边、等三角等形体。要因偏得致，错综成美。掌握每个方向呈不规则的三角形变化，以便为向各个方向的延伸发展创造基本的形体条件。
- 仄立避"闸"：将板状山石直立或起撑托过河者，称为"闸"。山石可立、可蹲、可卧，但不宜像闸门板一样仄立。仄立的山石很难和一般布置的山石相协调，显得呆板、生硬，而且向上接山石时接触面较小，影响稳定。但有时也不是绝对的，自然界中也有仄立如闸的山石，特别是作为余脉的卧石处理等，但要求用得很巧。有时为了节省石材而又能有一定高度，可以在视线不可及之处以仄立山石空架上层山石。
- 等分平衡：《园冶》中"等分平衡法"和"悬崖使其后坚"便是此法的要领。无论是挑、拷、悬、垂等，凡有重心前移者，必须用数倍于"前沉"的重力稳压内侧，把前移的重心再拉回到假山的重心线上。

② 叠山的技术措施

- 压："靠压不靠拓"是叠山的基本常识。山石拼叠，无论大小，都是靠山石本身重量相互挤压、咬合而稳固的，水泥砂浆只起一种补连和填缝的作用。
- 刹：刹石虽小，却承担平衡和传递重力的重任，在结构上很重要，打刹也是衡量叠山技艺水平的标志之一。打刹一定要找准位置，尽可能用数量最少的刹片而求得稳定，打刹后用手推试一下是否稳定，两石之间不着力的空隙要用石皮填充。假山外围每做好一层，最好即用块石和灰浆填充其中，称为"填肚"，凝固后便形成一个整体。
- 对边：叠山需要掌握山石的重心，应根据底边山石的中心来找上面山石的重心位置，并保持上、下山石的平衡。
- 搭角：是指石与石之间的相接，石与石之间只要能搭上角，便不会发生脱落倒塌的危险，搭角时应使两旁的山石稳固。
- 防断：对于较瘦长的石料应注意山石的裂缝，如果石料间有夹砂层或过于透漏，则容易断裂，这种山石在吊装过程中常会发生危险，另外此类山石也不宜作为悬挑石用。
- 忌磨："怕磨不怕压"是指叠石数层以后，其上再行叠石时如果位置没有放准确，需要就地移动一下，则必须把整块石料悬空起吊，不可将石块在山体上磨转移动来调整位置，否则会因带动下面石料同时移动而造成山体倾斜倒塌。

- 勾缝和胶结：掇山之事虽在汉代已有明文记载，但宋代以前假山的胶结材料已难于考证。不过，在没有发明石灰以前，只可能是干砌或用素泥浆砌。从宋代李诫撰《营造法式》中可以看到用灰浆泥黏合假山，并用粗墨调色勾缝的记载，因为当时风行太湖石，宜用色泽相近的灰白色灰浆勾缝。此外勾缝的做法还有桐油石灰（或加纸筋）、石灰纸筋、明矾石灰、糯米浆拌石灰等多种，湖石勾缝再加青煤，黄石勾缝后刷铁屑盐卤等，使之与石色相协调。现代掇山，广泛使用1∶1水泥砂浆，勾缝用"柳叶抹"，有勾明缝和暗缝两种作法。一般是水平向缝都勾明缝，在需要时将竖缝勾成暗缝，即在结构上结成一体，而外观上若有自然山石缝隙。勾明缝务必不要过宽，最好不要超过2cm，如缝过宽，可用随形之石块填后再勾浆。

(8) 收顶

收顶即处理假山最顶层的山石，是假山立面上最突出、最集中视线的部位，顶部的设计和施工直接关系到整个假山的艺术形象。从结构上讲，收顶的山石要求体量大，以便紧凑收压。从外观上看，顶层的体量虽不如中层大，但有画龙点睛的作用，因此，要选用轮廓和体态都富有特征的山石。收顶一般有峰顶、峦顶、崖顶和平顶四种类型。

① 峰顶 峰顶又可分为剑立式（上小下大，竖直而立，挺拔高耸）；斧立式（上大下小，形如斧头侧立，稳重而又有险意）；流云式（峰顶横向挑伸，形如奇云横空，参差高低）；斜立式（势如倾斜山岩，斜插如削，有明显的动势）；分峰式（一座山体上用两个以上的峰头收顶）；合峰式（峰顶为一主峰，其他次峰、小峰的顶部融合在主峰的边部，成为主峰的肩部）等（图9-12）。

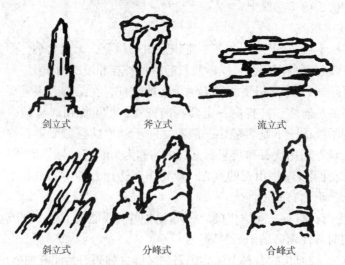

图9-12 几种峰的收顶方式

② 峦顶 峦顶可以分为圆丘式峦顶（顶部为不规则的圆丘状隆起，像低山丘陵，此顶由于观赏性差，一般主山和重要客山多不采用，个别小山偶尔可以采用），梯台式

峦顶(形状为不规则的梯台状,常用板状大块山石平伏压顶而成)、玲珑式峦顶(山顶有含有许多洞眼的玲珑型山石堆叠而成)、灌丛式峦顶(在隆起的山峦上栽植耐旱的灌木丛,山顶轮廓由灌丛顶部构成)。

③ 崖顶　山崖是山体陡峭的边缘部分,既可以作为重要的山景部分,又可作为登高望远的观景点。山崖可分为平顶式崖顶(崖壁直立,崖顶平伏)、斜坡式崖顶(崖壁陡立,崖顶在山体堆砌过程中顺势收结为斜坡)、悬垂式崖顶(崖顶石向前悬出并有所下垂,致使崖壁下部向里凹进)。

④ 平顶　园林中,为了使假山具有可游、可憩的特点,有时将山顶收成平顶。其主要类型有平台式山顶、亭台式山顶和草坪式山顶。

假山收顶的方式在自然地貌中有本可寻。收顶往往是在逐渐合凑的中层山石顶面加以重力的镇压,使重力均匀地分层传递下去。常用一块收顶的山石同时镇压下面几块山石,如果收顶面积大而石材不够整时,就要采取"拼凑"的手法,并用小石镶缝使其成为一体。在掇山施工的同时,如果有瀑布、水池、种植池等构景要素,应与假山一起施工,并通盘考虑施工的组织设计。

(9) 做脚

做脚就是用山石堆叠山脚,它是在掇山施工大体完工以后,于紧贴拉底石外缘部分拼叠山脚,以弥补拉底造型的不足。山脚的造型应与山体造型结合起来考虑,施工中的做脚形式主要有:凹进脚、凸出脚、断连脚、承上脚、悬底脚、平板脚等造型形式。当然,无论是哪一种造型形式,它在外观和结构上都应当是山体向下的延续部分,与山体是不可分割的整体。即使采用断连脚、承上脚的造型,也要"形断迹连,势断气连",在气势上连成一体。具体做脚时有三种做法(图 9-13)。

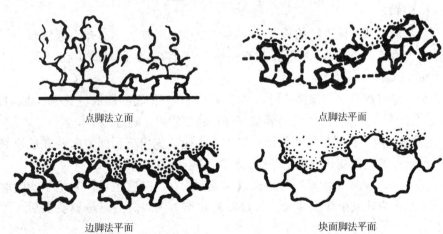

图 9-13　几种做脚的方法

① 点脚法　所谓点脚,就是先在山脚线处用山石做成相隔一定距离的点,点与点之上再用片状石或条状石盖上,这样就可在山脚的一些局部造出小的空穴,加强假山

的深厚感和灵秀感，主要运用于具有空透型山体的山脚造型。

② 连脚法　做山脚的山石依据山脚的外轮廓变化，成曲线状起伏连接，使山脚具有连续、弯曲的线形，同时以前错后移的方式呈现不规则的错落变化。

③ 块面脚法　一般用于拉底厚实、造型雄伟的大型山体，如苏州的藕园主山山脚。这种山脚也是连续的，但与连脚法不同的是，做出的山脚线呈现大进大退的形象，山脚突出部分与凹陷部分各自的整体感都要强，而不是连脚法那样小幅度的曲折变化。

9.2.2.2　施工要点

假山施工是一个复杂的系统工程，为保证假山工程的质量，应注意以下几点：

① 施工注意先后顺序，应自后向前、由主及次、自下而上分层作业。每层高度在0.3~0.8m，各工作面叠石务必在胶结未凝之前或凝结之后继续施工，万不得在凝固期间强行施工，一旦松动则胶结料失效。

② 注意按设计要求边施工边预埋预留管线水路孔洞，切忌事后穿凿，松动石体。

③ 对于结构承重受力用石必须小心挑选，保证有足够的强度。

④ 安石争取一次到位，避免在山石上磨动，一般要求山石就位前应按叠石要求原地立好，然后拴绳打扣，无论人抬机吊都有专人指挥，统一指令术语。如一次安置不成功，需移动一下，应将石料重新抬起(吊起)，不可将石体在山体上磨转移动去调整位置，否则会带动下面石料同时移动，造成山体倾斜倒塌。

⑤ 掇山完毕应重新复检设计(模型)，检查各道工序，进行必要的调整补漏，冲洗石面，清理现场。如山上有种植池，应填土施底肥，种树、植草一气呵成。

9.2.3　置石工程施工主要内容及方法

(1) 准备阶段

施工现场的确认→施工图的检查→工程计划、施工方法的检查→选景石→石材的产地、质量的确认→重型施工机械的检查→吊运(具体要点可参见假山施工流程表)。

(2) 施工阶段

流程为：定点放线→挖槽做垫层→基座设置→景石吊装→修饰与支撑→成品保护。

① 定点放线　依据施工图纸的要求，进行施工放线，确定施工位置。

② 挖槽做垫层　放线后按照设计要求挖方，应根据山石预埋方向及深度定好基址开挖面，然后在坑底先铺筑混凝土一层，厚度不得少于15cm。

③ 基座设置　基座可由砖石材料砌筑成规则形状，基座也可以采用稳实的墩状磐石做成，磐石可半埋或全埋于地表，其顶面凿孔作为榫眼。基座达到要求后，才准备吊装山石。

④ 景石吊装　施工时，施工人员及时分析山石主景面，定好方向，最好标出吊装方向。因石材重量较大，吊装绳索应选用钢丝绳或者绳。捆绑时必须照顾周到，不可有脱扣漏绑之处(图9-14)。另外，有些石材本身质地酥脆，在起吊中可能因受力而导致部分脱落，因此需特别注意，起吊前应仔细检查，尽量避免在有裂缝、边角锋锐处

绑绳索。起吊注意稳定平缓，主要依靠现场指挥与吊车司机的配合。当景石吊到预装位置后，要用起重机挂钩定石，不得用人定或支撑摆石定石。

图9-14　景石吊装及完工成形

置石的放置应力求平衡稳定，给人以宽松自然的感觉。石组中石头最佳观赏面均应朝向主要的视线方向。对于特置，将其特置石安放在基座上固定即可。对于散置、群置一般应采取浅埋或半埋的方式安置景石。

⑤ 修饰与支撑　景石安置后，应支撑保护，直到过了养护期。一组置石布置完成后，可根据周边环境及植物配置进行适当性修饰，以达到最佳观赏效果。

⑥ 成品保护　在养护期间，应支撑保护，加强管理，禁止人员靠近，以免发生危险。

9.2.4　现代塑山工程施工主要内容及方法

人工塑山根据其结构骨架材料的不同，可分为：砖结构骨架塑山，即以砖作为塑山的结构骨架，适用于小型塑山及塑石；钢筋铁丝网结构骨架塑山，即以钢材、铁丝网作为塑山的结构骨架，适用于大型假山。

砖骨架塑山施工流程为：基础放样→挖土方→浇混凝土垫层→砖骨架→打底→造型→面层批荡(批荡：面层厚度抹灰，多用砂浆)及上色修饰→成形。

钢骨架塑山施工流程为：基础放样→地基处理→焊接主钢骨架→做分块钢架并焊接→双面打底→造型→面层批荡及上色修饰→成形。

本次任务以钢骨架塑山为例(图9-15)。

第一步：基础放样

安照图纸设计要求，在相应的位置放出山脚线。

第二步：地基处理

坐落在地面的塑山要有相应的地基处理，先将塑山钢筋主骨架的着地点向下挖80cm深的基坑，然后浇混凝土垫层并留有预埋件。

第三步：焊接主钢骨架

根据山形、体量和其他条件选择基架结构。按照设计的岩石形状和大小，用钢筋

图9-15 人工塑山手绘效果图

编扎山石的模胚形状作为塑石骨架,钢筋骨架的交叉点用电焊焊接为宜(图9-15)。根据设计的岩石形状、体量和其他条件选择钢筋铁丝网基架结构,基架多以内接的几何形体为桁架,以作为整个山体的支撑体系,并在此基础上进行山体外形的塑造。施工中应在主基架的基础上加密支撑体系的框架密度,使框架的外形尽可能接近设计的山体形状。

第四步:铺设铁丝网

钢骨架必须铺设铁丝网。铁丝网在钢骨架塑山中主要起成型及挂泥的作用。挂网一般以网眼径0.5cm以内为好(图9-16)。最好为具有良好弹性的钢丝材质,如此易于挂住水泥同时不易变形。挂网一般采用铁丝绑箍,绑扎线与钢丝网紧密接触以免挂水泥时铁丝支出影响美观,铁线密度以钢丝网不松动变形为宜。铁丝网根据设计造型用木锤及其他工具成型。

钢筋骨架和钢筋网确立好之后,为防止钢材锈蚀,应涂刷防锈漆。涂刷应均匀,覆盖到所有钢材表面。

第五步:打底造型

塑山打底,即在钢丝网表面涂抹1:2或1:3麻刀水泥砂浆,一般2~3遍。造型是在打底基础上进一步用1:1或1:2水泥砂浆进行山石形态塑造。

第六步:抹面与上色

① 抹面 总的原则是先框架后局部,先雏形后细节。

用石色水泥浆进行面层抹灰,处理更为细微的细节,比如皱纹、裂缝等。皱纹、裂缝和棱角石面不能用铁抹子抹成光滑的表面,而应该用木制的砂板作为抹面工具,将石面抹成稍粗糙的磨砂表面,才能更加接近天然的石质。石面的皱纹、裂缝、棱角应按所仿造岩石的固有棱缝来塑造。如果模仿的是水平的砂岩岩层,那么石面的皱裂及棱纹中,在横向上就多为比较平行的横向线纹或水平层理;而在竖向上,则一般是仿岩层自然纵裂形状,裂缝有垂直的也有倾斜的,变化就多一些。如果是模仿不规则的块状巨石，那么石面的水平或垂直皱纹裂缝就应比较少，而更多的是不太规则的斜线、曲线、交叉线形状。

② 上色　有色水泥浆的配制方法主要有下面两种，有色水泥厚度一般为 1~3cm 即可。

- 采用彩色水泥直接配制：此法简便易行，但色调过于呆板和生硬，且颜色种类有限。
- 白色水泥中掺加颜料：此法可配成各种石色，且色调自然逼真，但技术要求高，操作比较烦琐。

需注意的是有色水泥染色能力比较强，施工中一定注意在灰槽中搅拌水泥，避免污染周围地面和环境。

- 各种颜色的选用：用于抹面的水泥砂浆应当根据所仿造山石种类的固有颜色，加进一些颜料调制成有色的。例如，要仿造灰黑色的岩石，可以在普通灰色水泥砂浆中加炭黑，以灰黑色的水泥砂浆抹面；要仿造黄色砂岩，则应在水泥砂浆中加入柠檬铬黄；要仿造紫色砂岩，就要用氧化铁红将水泥砂浆调制成紫砂色；而氧化铬绿和钴蓝则可在仿造青石的水泥砂浆中加进。在配制彩色的水泥砂浆时，水泥砂浆配制时的颜色应比设计的颜色稍深一些，待塑成山石后其色度会稍稍变得浅淡。

各种色浆的配比见表 9-2 所列，最后修饰成型。

表 9-2　各种色浆的配比

仿　色	白水泥	普通水泥	氧化铁黄	氧化铁红	硫酸钡	107 胶	黑墨汁
黄石	100		5	0.5		适量	适量
红色山石	100		1	5		适量	适量
通用石色	70	30				适量	适量
白色山石	100				5	适量	

9.2.5　假山工程现场施工常见问题

(1) 缺少正确的、系统的假山制作技艺理论

假山作为中国传统山水园林中最具艺术性的三大要素（植物、建筑、山水）之一，缺少专门的学术研究机构。一些园林方面的学者专家由于不懂叠石技法实践，如同不懂笔墨技巧者谈论中国画，致使理论研究无法深入下去。

(2) 起脚时，定点、摆线不准确

起脚拉底之后，开始砌筑假山山体的首层山石层叫"起脚"。起脚时，定点、摆线能够防止山脚平直，使山脚按照设计成弯曲转折状，增加山脚部分的景观效果。

(3) GRC 塑山施工问题

GRC 假山表面掉色及拼接缝开裂这些问题主要跟 GRC 材料的特性及施工工艺有关，GRC 假山岩片在制作过程中，面层通常采用素浆喷涂工艺，素浆凝固后形成纹理

表面，素浆中无沙石等骨料的加入，结构性会大大降低，后期会形成脱落，假山表面颜色的脱落，其实就是素浆的脱落，拼接缝开裂跟 GRC 水泥的强度有很大的关系，GRC 水泥与普通硅酸盐水泥相比，特点是快速凝固，缺点是凝固后的结构强度较差。以上问题均可以采用简单修复的工艺完成，拼接缝开裂修复采用 GRC 水泥重新涂抹、黏合，重新着色也能解决假山的掉色问题。

GRC 假山破损、倒塌、移位的出现是多方面的问题导致的，其中施工质量差是主要原因，内部的钢结构选材和焊接不到位，会导致 GRC 假山后期的破损，甚至倒塌，多年前的钢结构施工选材多采用普通角钢，涂刷普通防锈漆，防锈效果差。措施有：内部钢结构加固、假山面层重新塑造等，但是，如若耽搁太久，内部骨架受损率较高，则无修复可能，只能推倒重建。

任务 9.3 园林假山工程施工质量检测

在假山建设过程当中，其在质量和安全方面的要求都比较高，一旦粗心大意，就有可能发生质量事故，那么我们的一系列努力都会白费。假山工程施工的每一步都影响着工程的质量，所以施工过程中要确保质量合格的工序转入到下一道工序。特别是对于假山的洞穴工程和隐蔽工程，一定要在监理工程师检查和自检全部合格之后才能够封闭，在堆山完成之后，必须要将混凝土材料的黏结和养护重视起来。

9.3.1 园林假山施工规定及检查方法

① 假山叠石或在重要位置堆砌的峰石、瀑布，宜由设计单位或委托施工单位制作 1∶25 或 1∶50 的模型，经建设单位及有关专家评审认可后再进行施工。

② 假山叠石选用的石材应质地一致，色泽相近，纹理统一，石料应坚实耐压，无裂缝、损伤、剥落现象；峰石形态完美，具有观赏价值。

③ 施工放样应按照设计平面图进行，经复核失误后，方可施工。无具体设计要求时，景石堆置和散置可由施工人员用石灰在现场放样示意，并经有关单位现场人员认可。

④ 假山叠石基础工程及主题构造应符合设计和安全规定，假山结构和主峰稳定性应符合抗风、抗震强度要求。基础部分应与土建工程相关的验收规范相符，检验数量也与相关验收规范相符。

⑤ 检测方法　观察检查、尺量、检查材料合格证、复检及强度报告。

9.3.2 园林假山工程施工质量检测具体标准

9.3.2.1 一般规定

本详细标准适用于假山堆筑、土山点石、塑山塑石项目。

假山置石工程项目划分见表 9-3 所列。

表 9-3 假山置石工程分部分项工程

序号	分部工程名称	分项工程名称
1	基础工程	土方工程、灰土工程、混凝土工程
2	主体工程	假山底部工程、普通叠石与点石、假山山洞主体工程、孤赏峰石、塑山塑石工程

9.3.2.2 假山叠石土方及基础工程

(1) 土方工程

① 主控项目　基础必须开挖至老土，基底土层不得有阴沟、基窟等现象。

② 一般项目　槽底应平整。

槽底允许偏差应符合表 9-4 的规定。

表 9-4 假山槽底允许偏差及检验方法

序号	项目	允许偏差(mm)	检验频率 范围(m²)	检验频率 点数	检验频率
1	平整度	20	30	2	用3m直尺量取最大值
2	槽底尺寸	20	30	2	用3m直尺量取最大值

(2) 灰土工程

① 主控项目　严禁使用未消解石灰。

② 一般项目　灰土应拌和均匀，最大土块的粒径不得大于50cm。灰土应夯实，密实度应大于90%。

灰土工程允许偏差应符合表 9-5 的规定。

表 9-5 灰土工程允许偏差及检验方法

序号	项目	允许偏差(mm)	检验频率 范围(m²)	检验频率 点数	检验频率
1	厚度	+20	30	2	用尺量取
2	平整度	10	30	2	用尺量取
3	宽度	+20	30	2	用尺量取

③ 检验方法　尺量、检查材料合格证及复检报告。

(3) 混凝土基础工程

① 主控项目　基础尺寸和混凝土强度必须符合设计要求。

单块高度大于 1.2m 的假山与地坪、墙基黏接处必须用混凝土窝脚，塑山与围墙的基础必须分开。水中对齐山石的基础应与水池底面混凝土同时浇筑，形成整体。

② 一般项目　平地堆砌，基础顶面应低于地平面20cm以下。

混凝土基础工程允许偏差应符合表9-6的规定。

表9-6 混凝土基础工程允许偏差及检验方法

序 号	项 目	允许偏差（mm）	检验频率 范围（m²）	点 数	检验频率
1	厚 度	+20，-5	30	2	用尺量取
2	宽 度	5	30	2	用尺量取

③ 检验方法　尺量、检查材料合格证、复检及强度报告。

9.3.2.3　假山及置石主体工程

（1）假山底部工程

① 一般规定　本项目适用于大型假山主体与基础结合部新铺置的最底层自然山石工程。

② 主控项目　山石强度必须符合设计要求。拉底石材要坚实、耐压，不允许用风化石块作基石。

③ 一般项目　底石材料应块大、坚实耐压。拉底施工应做到统筹向背、曲折错落、断续相间、连接互咬；底石应铺满基础，拉底石材应坚实、耐压，不得用风化石块做基石。

④ 检验方法　捶击，观察检查。

（2）普通叠石与点石

① 一般规定　本项适用于土山点石和假山叠石的一般山石堆筑项目。

② 主控项目　山石选材应符合设计要求。石料不得有明显的裂缝、损伤、剥落现象。

③ 一般项目　同一山形选用石料应质地一致，品种一致，色泽基本一致。不同石块叠接应衔接自然，石形走向及纹理一致。峰石应形态完美，具有观赏价值。

假山、叠石和景石布置后的石块间缝隙，应先填塞、链接、嵌实，用1∶2的水泥砂浆进行勾缝。勾缝应做到自然平整、无遗漏。明缝不应超过2cm宽，暗缝应凹入石面1.5~2cm，砂浆干燥后色泽应与石料色泽相近。

④ 检验方法　观察检查。

（3）假山山洞主体工程

① 一般规定　本项适用于跌水、山洞堆筑项目。

② 主控项目　主体工程必须符合设计要求，截面符合结构需要。

跌水、山洞山石长度不小于1.5m，整块大体量山石无不稳定倾斜；横向挑出的山石后部配重不小于悬挑重量的2倍，压脚石应确保牢固，黏结材料应满足强度要求；辅助加固构件（银锭扣、铁爬钉、铁扁担、各类吊架等）强度和数量要保证达到山体结构安全及艺术效果的要求，铁件表面应做防锈处理。

③ 一般项目　山洞洞顶和洞壁的岩面应圆润，不带锐角或"快口"。

假山山洞洞壁的凹凸面不得影响游人安全，洞壁应有采光，不得积水。洞顶和洞壁的岩面应圆润，不得带有锐角。

④ 检验方法　观察检查。

（4）置石工程

① 一般规定　本项目适用于特置、对置、散置、山石器设等。

② 主控项目　必须轮廓突出，姿态多变，造型优美色彩突出，不同于周围一般山石。

孤赏石峰石必须采用混凝土浇筑或石榫结构稳定，当采用石榫头稳固时，石榫头必须位于重心线上。

③ 一般项目　置石石材、石种应统一，整体协调；石材色泽、造型应符合设计要求。

特置山石应选择体量较大、色泽纹理奇特、造型轮廓突出、具有动势的山石；石高与观赏距离应保持在 1：2~1：3。

单块高度大于 120cm 的山石与地坪、墙基贴节处应用混凝土窝脚，亦可采用整形基座或坐落在自然的山石面上。

对置山石应以两块山石为组合，互相呼应。宜立于建筑门前两侧或道路入口两侧。

散置山石应有疏有密，远近结合，彼此呼应。不可众石纷杂，凌乱无章。

群置山石应石之大小不等、石之间据不等、石之高低不等，应主从有别，宾主分明，搭配适宜。

④ 检验方法　观察检查。

（5）塑山塑石工程

① 一般规定　本项目适用于混凝土、玻璃钢、有机树脂、GRC 假山材料等进行塑筑山石的工程项目。

② 主控项目　支架的梁柱支撑等应符合设计要求，保证安全及稳固性；塑筑砂浆强度符合设计要求。

喷涂必须采用非水溶性颜料。

单体山石面积超过 $2m^2$ 的塑石面层结构，必须铺设钢丝网。

③ 一般项目　支撑体系的框架密度应适当，使框架外形符合设计要求的山石的形状。

钢丝网与基架应绑扎牢固。

当设计无要求时，塑筑砂浆应在水泥砂浆中加入纤维性附加料，防止裂缝。

塑筑山石形体应符合设计要求。

山石面层应质感良好，纹理清晰逼真，色泽自然，符合自然山石的规律。

④ 检验方法　观察检查。

思考与练习

1. 假山的基本结构由哪几部分组成？各部分有哪些构造形式？
2. 举例说明假山工程施工流程和操作工艺。
3. 假山堆叠施工中拉底时有哪些要求？
4. 什么是塑山？塑山有什么特点？
5. 简述钢骨架塑山施工的施工流程。
6. 简述砖骨架塑山施工的施工流程。
7. 山石花台施工中应遵循哪些原则？

项目 10　园林种植工程施工

技能点

1. 能根据施工图纸，制定园林种植工程施工流程和组织方案。
2. 会园林种植工程施工工艺流程及施工操作。
3. 能分析解决施工现场遇到的困难，控制施工质量及施工进度。
4. 能按照相关的规范操作，进行园林种植工程施工质量检测和验收。

知识点

1. 了解《城市绿化工程施工及验收规范》(CJJ/T 82—2012)。
2. 熟悉园林工程绿化种植工程的基本知识。
3. 掌握绿化苗木种植的工艺流程。
4. 掌握园林种植工程中绿化苗木施工工艺流程及其方法。

工作环境

园林工程实训基地。

任务 10.1　园林种植工程施工概述

园林绿化是园林工程建设中非常重要的一部分，没有完善的绿化环境，是不能称其为园林的。种植，就是人为地栽种植物。

生物是自然界能量转化和物质循环的必要环节。植物的活动及其产物，同人类经济文化生活关系极其密切，衣、食、住、行、医药和工业原料以及改造自然如防沙造林、水土保持、城镇绿化、环境保护等，都离不开植物。

人类种植植物，除了依靠植物的栽培成长，取得收获物以外，另一个目的就是植物的存在对于人类的影响。前者为农业、林业的目的,后者为风景园林、环境保护的目的。

园林种植是利用植物形成环境和保护环境,构成人类的生活空间。这个空间,小则从日常居住场所开始;大则风景区、自然保护区乃至全部国土范围。

10.1.1 园林种植的特点

园林种植是利用有生命的植物材料来构成空间,这些材料本身就具有"生物的生命现象"的特点,包括生长及其他功能。目前,生命现象还没有充分研究解释清楚,还不能充分地进行人工控制,因此,园林种植有其困难的一面。

植物材料在均一性、不变性、加工性等方面不如人工材料。相反地,由于它有萌芽、开花、结果、叶色变化、落叶等季节性变化,生长而引起的年复一年的变化以及形态、色彩、种类的多样性等特征,又是人工材料所不及的。充分了解植物材料生长发育的变化规律,以达到人为控制,是可能的。例如,树木的生长度(生长的程度)依树种不同而不同。即使是同一树种,也要看树龄、当地条件、人为的情况如何,不能一概而论。因此,了解树木固有的生长度在种植时是十分必要的。春芽的生长在5~6月结束,某些树木(如橡树类),夏芽在5~6月以后才生长。树木的地上部分和地下部分(根部)的生长期,多少有些不同。以上规律对种植期的确定以及在种植中应采取的技术措施均提供了理论依据。

10.1.2 影响移植成活的因素

移植的时候,总会使根部受到不同程度的损伤,其结果造成植株地上部分和地下部分生理作用失去平衡,往往使移植不成功。

移植时植物枯死的最大原因,是由于根部不能充分吸收水分,茎、叶蒸腾甚大,水的收支失去平衡所致。植物蒸腾的部位是叶片气孔、叶片角质层和枝干的皮孔。其中,叶的气孔的蒸腾量为全部的80%~90%,叶片角质层的蒸腾量为全部的5%~10%,枝干皮孔的蒸腾量不超过5%。但是,当植物体处于缺水状态时,气孔封闭了,叶的表皮和枝茎皮孔的蒸腾就成了问题的焦点。

根部吸收水分的功能主要靠须根顶端的根毛,须根发达,根毛多、吸收能力强,移植前能经过多次断根处理,促使其原土内的须根发达,移植时由于带有充足的根土,就能保证成活。此外,当根部处于容易干燥的状态时,植物体内的水分由茎叶移向根部。若不能改变根部干燥的状态,便使茎叶日趋干燥。当茎叶水分损失超过水分生理补偿点后,枝茎干枯,树叶脱落,芽亦干缩。至此,植株死亡,植株成活可能性极小。再者,在移植的时候根被切断、根毛受损伤,植株整体的吸收能力下降,这时,老根、粗根均会通过切口吸收水分,有利于水分收支平衡。

根的再生能力是靠消耗树干和树冠下部枝叶中贮存物质产生的。所以,最好在贮存物质多的时期进行移植。

移植的成活率,依据根部有无再生力,树体内储存物质的多少,是否曾断根,移植时及移植后的技术措施是否适当等而有所不同。

10.1.3 移植时间

移植期是指栽植树木的时间,可以说,终年均可进行移植,特别是在科技发达的今天,更有充分把握做到这点。树木是有生命的机体,在一般情况下,夏季树木生命活动最旺盛,冬天其生命活动最微弱或近乎休眠状态,因此,树木的种植是有很明显的季节性的。选择树木生命活动最微弱的时候进行移植,才能保证树木的成活。

在寒冷地区以春季种植比较适宜。特别是在早春解冻以后到树木发芽以前,这个时期土壤内水分充足,新栽的树木容易发根。到了气候干燥和刮风的季节,或是气温突然上升的时候,由于新栽的树木已经长根成活,已具有抗旱、抗风的能力,可以正常成长。

在气候比较温暖的地区以秋、初冬季种植比较适宜。这个时期的树木落叶后,对水分的需求量减少,而外界的气温还未显著下降,地温也比较高,树木的地下部分并没有完全休眠,被切断的根系能够尽早愈合,继续生长新根。到了春季,这批新根既能继续生长,又能吸收水分,可以使树木更好地生长。

华北地区大部分落叶树和常绿树在3月上中旬至4月中下旬种植。常绿树、竹类和草皮等,在7月中旬左右进行雨季栽植。秋季落叶后可选择耐寒、耐旱的树种,用大规格苗木进行栽植。一般常绿树、果树不宜秋天栽植。

华东地区落叶树的种植,一般在2月中旬至3月下旬,在11月上旬至12月中下旬也可以。早春开花的树木,应在11月至12月种植。常绿阔叶树以3月下旬最宜。霉季(6~7月)、秋冬季(9~10月)也可以进行种植。

东北和西北北部严寒地区,在秋季树木落叶后,土地封冻前,种植成活更好。冬季采用带冻土移植大树,其成活率也很高。

由于某些工程的特殊需要,也常常在非植树季节栽植树木,这就需要采取特殊处理措施。随着科学技术的发展,大容器育苗和移植机械的推出,终年栽植已成事实。

10.1.4 栽植对环境的要求

10.1.4.1 对温度的要求

植物的自然分布和气温有密切的关系,不同的地区,应选用能适应该区域条件的树种,也就是适地适树,因地选树。实践证明:当日平均温度等于或略低于树木生物学最低温度时,栽植成活率高。

10.1.4.2 对光的要求

光合作用是指绿色植物吸收光能,同化CO_2和水,制造有机物质并释放O_2的过程。

光合作用的速度一般随着光的强度的增加而加强。弱光时,光合作用吸收的二氧化碳和其呼吸作用放出的二氧化碳是同一数值时,这个数值称作光饱和点。

植物的种类不同,光饱和点也不同。光饱和点低的植物耐阴,在光线较弱的地方也可以生长。反之,光饱和点高的植物喜光,在光线强的情况下,光合作用强,反之,光合作用减弱,甚至不能生育。由此可知,在阴天或遮光的条件下,对提高种植成活率有利。

10.1.4.3 对土壤的要求

土壤是树木生长的基础,它是通过其中水分、肥分、空气、温度等来影响植物生长的。适宜植物生长的最佳土壤是:矿物质45%,有机质5%,空气20%,水30%(体积比)。矿物质是由大小不同的土壤颗粒组成的。

土壤中的土粒并非各自单独存在着,而是集合在一起,成为块状,最好是构成团粒结构。适宜植物生长的团粒大小为1~5mm,小于0.01mm的孔隙,根毛不能侵入。

土壤水分和土壤的物理组成有密切的关系,对植物生长有很大影响,它是植物从根毛吸收土壤盐分的溶剂,是叶内发生光合作用时水分的源泉,同时还能从地表蒸发水分,调节地温。

根据土粒和水分的结合力,土壤中的水分可分为吸附水、毛细水、重力水3种,其中,毛细水可供植物利用。当土壤不能提供根系所需的水分时,植物就开始枯萎,达到永久枯萎点,植物便死亡,因此,在初期枯萎以前,必须开始浇水。在永久枯萎点时,不同土质的含水量见表10-1所列。掌握土壤含水率,即可及时补水。

表10-1 永久枯萎点的含水量

土 质	含水量(%)
砂 土	0.88~1.11
壤 土	2.7~3.6
砂黏土	5.6~6.9
黏 土	9.9~12.4
重黏土	13.0~16.6

地下水位的高低,对深层土壤的湿度影响很大,种植草类必须在-60cm以下,最理想在-100cm,树木则再深些更好。在水分多的湿地里,则要设置排水设施,使地下水下降到所要求值。

植物在生长过程中所必需的元素有16种之多,其中碳、氧、氢来自二氧化碳和水,其余的都是从土壤中吸收的。一般来说,养分的需要程度和光线的需要程度是相反的。当阳光充足时,光合作用可以充分进行,养分较少也无妨碍;当养分充足,阳光接近最小限度时,也可维持光合作用。

土壤养分充足对于种植的成活率、种植后植物的生长发育有很大影响。

树木有深根性和浅根性两种。种植深根性的树木有深厚的土壤,在移植大乔木时比小乔木、灌木需要更多的根土,所以栽植地要有较大的有效深度。具体可见表10-2所列。

表10-2 植物生长所必需的最低限度土层厚度

种 别	植物生存的最小厚度(cm)	植物培育的最小厚度(cm)
草类、地被	15	30
小灌木	30	45

(续)

种　别	植物生存的最小厚度（cm）	植物培育的最小厚度（cm）
大灌木	45	60
浅根性乔木	60	90
深根性乔木	90	150

一般的表土，有机质的分解物随同雨水一起慢慢渗入到下层矿物质土壤中去，土色带黑色、肥沃、松软、孔隙多，这样的表土适宜树木的生长发育。在改造地形时，往往是剥去表土，这样不能确保栽植树木有良好的生长条件。因此，应保存原有表土，在栽植时予以有效利用。此外，有很多种土壤不适宜植物的生长，如重黏土、沙砾土、强酸性土、盐碱土、工矿生产污染土、城市建筑垃圾等。因而如何改善土壤性状，提高土壤肥力，为植物生长创造良好的土壤环境是一项重要工作。常用的改良方法有：通过工程措施，如排灌、洗盐、清淤、清筛、筑池等，以及通过栽培技术措施如深耕、施肥、压砂、客土、修台等方法。此外，还可通过生长措施改良土壤，如种植抗性强的植物、绿肥植物，养殖微生物等。

任务10.2　园林种植工程施工技术

10.2.1　种植工程施工前的准备工作

10.2.1.1　了解工程概况

绿化施工单位在工程开工前需要从工程主管单位和设计单位了解以下情况：
① 工程范围和工程量　包括每个工程项目(植树、草坪、花坛)的范围和要求。
② 工程的施工期限　即工程的总进度。
③ 工程设计意图。
④ 施工现场地上、地下情况。
⑤ 工程材料来源及机械和运输条件等。

10.2.1.2　编写施工组织设计

在前项要求明确的基础上，还应对施工现场进行调查，主要项目有：施工现场的土质情况，以确定所需的客土量；施工现场的交通状况，各种施工车辆和吊装机械能否顺利出入；施工现场的供水、供电；是否需要办理各种拆迁，施工现场附近的生活设施等。根据所了解的情况和资料编制施工组织计划，其主要内容有：
① 施工组织领导；
② 施工程序及进度；
③ 制订劳动定额；

④ 制订工程所需的材料、工具及提供材料工具的进度表；
⑤ 制订机械及运输车辆使用计划及进度表；
⑥ 制订栽植工程的技术措施和安全、质量要求；
⑦ 绘出平面图，在图上应标有苗木假植位置、运输路线和灌溉设备等的位置植物准备；
⑧ 制定施工预算。

10.2.1.3 植物准备

（1）植物检疫

绿化工程所需要的各种植物材料，均须盖有"植物检疫专用章"的《植物检疫证书》方可调进。

（2）植物质量标准

① 按规划设计要求选择生长健壮、树势恢复能力强，树形端正、主干通直不弯曲，树条分布均匀、枝干生长发育良好，树皮无破损的苗木。落叶乔木应有一定的分枝高度，常绿苗木应该树冠丰满匀称、枝叶色泽正常、顶芽充实饱满，花灌木主枝数不少于3~5个，无徒长枝、病虫枝、枯死枝、下垂枝。

② 根系发育良好，裸根苗木主侧根应达到足够的数量。

③ 无病虫害和机械损伤，一般常绿树不能损坏中央主枝。

10.2.1.4 施工现场准备

① 栽植场地的土壤经过专业技术部门对土壤理化性质测定与分析后，如有不适宜植物生长的土壤，需在栽植前完成土壤改良工作。

② 排灌设施 为确保绿化成果，便于管理，应按规划接通施工用水，有条件的、大面积的绿化场地要配套安装排灌设施，并按排水要求使平整的场地呈现一定缓坡，一般坡度为0.3%~0.5%，平整时要做到汇水面朝有排水设施的方向。

③ 绿化种植工程各项准备就绪并经建设单位批准同意施工后，组织精干队伍进行施工，并做到安全生产、文明施工。

④ 绿化施工工程中为便于掌握施工进度，考核施工质量，为工程决算、验收提供依据，应指定专人填报施工进度表及现场签证单。

10.2.2 乔灌木种植施工技术

10.2.2.1 定点放线

（1）绿地的定点放线方法

① 皮尺徒手定点放线 放线时应选取图纸上已标明的固定物体（建筑或原有植物）做参照物，并在图纸和实地上量出它们与将要栽植植物之间的距离，并在图纸和实地上量出它们与将要栽植植物之间的距离，然后用白灰或标桩在场地上加以标明，依此方法逐步确定植物栽植的具体位置，此法误差较大，只能在要求不高的绿地施

工采用。

②方格网放线法　适用范围大而地势平坦的绿地。先在图纸上以一定比例画出方格网，把方格网按比例测设到施工现场去(可用经纬仪)，然后在每个方格内按照图纸上的相应位置进行定点。

(2) 树丛花丛放线

①丛植苗木的树丛范围线应按图示比例放出。

②丛植范围内的植物应将较大的放于中间或后面，较小的放在前面或四周。

③自然式栽植的苗木，放线要保持自然，不得等距离或排列成直线。

(3) 行道树放线

①行道树放线有路缘石的以路缘石边线为标准，无路缘石的以道路中心线为标准。用尺定出行位，大约每10株定一木桩，作为行位控制标记，然后用白灰标出单株位置。

②行道树和各种构筑物地上杆线、地下管道间横向距离要符合规定的要求。

③规则式栽植的苗木必须排列整齐，行道树因门面或障碍物影响时，株距可以在1m范围内调整。

(4) 定点放线后应立即复查标定的树种、数量，并做好记载，挖穴时如发现定点标记模糊不清，须重新放线标定。

10.2.2.2　选苗

①按设计要求和质量标准到苗木产地逐一进行"号苗"，并做好选苗资料的记载，包括时间、苗圃(场)、地块、树种、数量、规格等内容。

②选苗时要考虑起苗场地土质情况及运输装卸条件，以便妥善组织运输。

③选苗时要用醒目的材料做上标记，标记的高度、方向要一致，便于挖苗。

10.2.2.3　挖苗

①苗木挖掘一般由苗圃负责实施，施工单位可根据树种特性(栽移成活率低的，根系长而稀少)、苗木规格、土壤类型、移植季节及施工的特殊性(大树移植需要断根处理的)等因素，向苗圃提出挖掘苗木的根盘大小和土球规格、质量等方面的要求。一般落叶乔木土球直径为苗木胸径的8~10倍，土球高度为土球直径的2/3，土球留底规格为土球直径的1/3。

②挖苗如遇到土壤干燥，应在挖苗前2d灌一次水，增加土壤黏着力。土壤过湿时应提前挖沟排水，以利于挖苗和减少根系的损伤。

③为便于苗木的挖掘和运输，宜在挖掘前按设计要求对部分大规格乔木进行适当疏枝或短截主干，对蓬散的常绿树树冠进行适当的包扎。

④挖掘裸根苗时，应从根盘规格的外侧环状开沟，铲去表土，然后沿沟壁直挖至规定的深度，待主要侧根全部切断后从一侧向内深挖，但是主根未切断前不得用猛力拉摇树干，以免损伤根系。切断主根后用铁锹铲去土球泥土，注意勿损伤须根，随根

土要保留。

⑤挖裸根苗时如遇到较粗大根系，宜用手锯断，保持切口平整，切断主根宜用利铲，防止造成主根霹裂。

⑥带土球苗木的挖掘

• 掘苗前先剪除主干基部无用枝，并采用护干、护冠措施，再刨去表层土壤，以不伤表层根为度(一般3cm)。在保证土球规格的原则下将土球表面修整光滑，呈上大下小的倒卵圆形(苹果形)。

• 包装材料要结实，草质包装物必须事先用水浸湿，土球包扎要紧密，土球底部要封严而不能漏土。

• 挖苗和土球包装时，应注意防止苗木摇摆和机械损伤，确保土球完整。

• 土球包装方法一般按以下规定实施：
——土球直径50cm以下，橘瓣式包装。
——土球直径55~80cm，橘瓣式包装，有腰箍。
——土球直径85~100cm，铜钱式包装。

10.2.2.4 包装运输

①树木挖好后应在最短的时间内运到现场，坚持做到随挖、随运、随种的原则，装苗前要核对树种、规格、质量和数量，凡不符合要求的应予以更换。

②装卸、运输苗木时应重点保护好苗根，使根处在湿润条件下。长途运输裸根苗时采用根部垫湿草、蘸泥浆，再行包装，在苗木全部装车后还要用绳索绑扎固定，避免摇晃，并用草席等覆盖遮光、挡风，避免风干或霉烂，尽量减少苗木的机械损伤。

③装运高大苗木要水平或倾斜放置，苗根应朝向车前方，带土球的苗木其土球小于30cm时可摆放2层，土球较大时应将土球垫稳，一棵一棵排列紧实。装运灌木苗和高度在1.5m以下带土球苗可以直立装车，但土球上不得站人或放置重物。

④苗木装运时，凡是与运输工具、绑缚物相接触的部位均要用软材料衬垫，避免损伤苗木。

⑤苗木装卸时要做到轻拿轻放，并按顺序搬移，不得随意抽拽，裸根苗木也不准整车推卸。

⑥带土球苗木在装卸时不准提拉枝干，土球较小时，应抱住土球装卸；当土球过大时，要用麻绳、夹板做好牵引，在板桥上轻轻滑移或采用吊车装卸，勿使土球摔碎。

⑦苗木装卸时，技术负责人要到现场指挥，防止机械吊装碰断杆线等事故的发生，同时还要注意人身安全。

10.2.2.5 假植

已挖掘的苗木因故不能及时栽植下去时，应将苗木进行临时假植，以保持根部不脱水，但假植时间不宜过长。

①假植场地应选择靠近种植地点，排水良好、湿度适宜、避风、向阳、无霜害、近水源、搬运方便的地方。

② 裸根苗木假植采取掘沟埋根法　挖掘宽1~1.5m，深0.4m的假植沟，将苗根排放整齐，一层苗木一层土，将根部埋严实，短时间假植（1~2d）可用草席覆盖。遮阴、洒水保湿。

③ 带土球假植可将苗木直立，集中放在一起。若假植时间较长，应在四周培土至土球高度的2/3左右夯实，苗木周围用绳子系牢或立支柱。

④ 假植期间要加强养护管理，防止人为破坏。应适量浇水保持土壤湿润，但水量不宜过大，以免土球松软，晴天还应对常绿树冠枝叶喷水，注意防治病虫害。

⑤ 苗木休眠期移植，若遇气温低、湿度大、无风的天气，或苗木土球较大，在1~2d内进行栽植时可不必假植，应用草帘覆盖。

10.2.2.6　挖种植坑

① 严格按定点放线标定的位置、规格挖掘树穴。

② 树穴的规格应按移栽树木的规格、栽植方法、栽植地段的土壤条件来确定，裸根栽植的树苗，树穴直径应比裸根根幅放大1/2，树穴的深度为穴坑直径的3/4。带土球栽植的树苗，树穴直径应比土球直径大40~50cm，树穴的深度为穴坑直径的3/4。土壤黏重板结地段，树穴尺寸按规定再增加20%。土壤疏松地段，树穴尺寸按规定的规格缩小10%。

③ 挖掘树穴时，以定点标记为圆心，按规定的尺寸先划一圆圈，然后沿边线垂直向下挖掘，穴底平，切忌挖成锅底型。树穴达到规定深度后，还需再向下翻松约20cm深，为根系生长创造条件。

④ 为利于土壤风化，应尽可能提前挖掘树穴，有条件的可在当年入冬前挖掘，翌年春季再栽植。

⑤ 施工地段如挖方或遇土壤特别黏重坚硬，穴与穴之间应挖沟互相连通（抽槽或就近挖盲沟以利于排水），在填（虚）方土上挖掘树穴时应考虑到土壤下沉深度。

⑥ 挖掘树穴时，应将表土放置于一侧以栽植时备用，而挖掘出来的建筑垃圾、废土杂物放置于另一侧集中运出施工现场，并回填适量的种植土。

⑦ 在土壤瘠薄或透气性差的地段植树时，应先进行土壤改良再进行栽植。

⑧ 在斜坡上植树时要挖成鱼鳞坑，或将斜坡修成水平梯田，然后视苗木规格、土壤条件挖掘树穴。

⑨ 在挖掘树穴时，如遇到各种地下管道、构筑物，应立即停止操作，申报有关部门妥善解决。

10.2.2.7　苗木修剪

① 移栽树木修剪的目的是调整树形、均衡树势、减少蒸腾，提高移栽树木的成活率，修剪主要是指修枝和剪根两部分。

② 修枝量要视树种、苗木移栽成活的难易程度、栽植方法、挖苗的质量来确定，一般萌生能力强、根系发达、带土球移栽、挖根质量好的可适当减少修剪量。

③ 修剪应保持自然的树形，应剪去内膛细弱枝、重叠枝、下垂枝，对病虫枝、枯

死枝、折断枝必须剪除，过长徒长枝应加以控制。

④ 落叶乔木的修剪
- 掘苗前对树形高大，具明显主干、主轴明显的树种应以疏枝为主，保护主轴的顶芽，使主干直立生长。
- 对主轴不明显的的落叶树种，应通过修剪控制与主枝竞争的侧枝，使主枝直立生长。
- 对易萌发枝条的树种，栽植时注意不要造成下部枝干劈断，定干的高度根据环境条件来定，一般为3~4m。

⑤ 常绿树的修剪
- 中、小规格的常绿树移栽前一般不剪或轻剪。
- 栽植前只剪除病虫枝、枯死枝、生长衰弱枝、下垂枝等。
- 常绿针叶类树只能疏枝、疏侧芽，不得短截和疏顶芽。
- 高大乔木应于移栽前修剪，乔木疏枝应与树干齐平、不留桩。

⑥ 灌木的修剪
- 灌木修剪一般多在移栽后进行。
- 对萌发力强的花灌木，常短截修剪，一般保持树冠成半球形、球形、圆形等。
- 对根蘖萌发力强的灌木，常以疏剪老枝为主，短截为辅，疏枝修剪应掌握外密内稀的原则，以利于通风透光。
- 灌木疏枝应从根处与地平面齐平，短截枝条应选在叶芽上方0.3~0.5cm处，剪口应稍微倾斜向背芽的一面。

⑦ 苗木根系的修剪　裸根苗木移栽前应剪掉腐烂根、细且长的根、劈裂损伤根。对于较粗大的根，截口应平滑，有利于愈合。

10.2.2.8　苗木定植

按设计方案要求的树种、规格、数量进行定位栽植。

(1) 规则式栽植

① 树干定位必须横平竖直，树干应在一条直线上。

② 相邻近苗木规格(干径、高度、冠幅、分枝点)应要求一致，或相邻树高度不超过50cm，胸径不超过1cm。

③ 栽植时最好先植标杆树，然后以标杆树为瞄准的依据，三点连成一线，全面开展定植工作。

(2) 丛植苗木定植

① 树木高矮、干径及体量大小要搭配合理，合乎自然要求。

② 从四面观赏的树丛，要将高的苗木定植于中间或根据需要偏于一隅，矮的苗木定植四周。

③ 从三面观赏的树丛，高的苗木定植在后，矮的苗木定植在前。

(3) 孤植树定植
① 应将最好的观赏面迎着主要方向。
② 孤植的大树若干有弯,其干凹的一面应尽量朝西北方向。
植物栽植时要保持树体端正、上下垂直,不得倾斜,并尽量可能考虑其在原生长地所处的阴阳面。
放置苗木要做到轻拿轻放,裸根苗直接放入树穴,带土球苗暂时放树穴一边,但不得影响交通。

(4) 栽植方法
① 苗木栽植深浅程度 一般栽植裸根苗,根颈部位易生不定根的树种时,或遇栽植地为排水良好的砂壤土,均可适当栽深些,其根颈(原土痕)处低于地面 5~10cm。
带土球苗木、灌木或栽植地为排水不良的黏性土壤均不得深栽,根颈部略低于地面 2~3cm 或平于地面。
常绿针叶树和肉质根类植物,土球入土深度不应超过土球厚度的 3/5。在黏性重、排水不良地域栽植时,其土球顶部至少应在表土层外,栽后应对裸露的土球填土形成土包。

② 带土球苗栽植方法 带土球苗木吊放树穴时,应选择树冠最佳面为主要欣赏方向,必须一次性妥善放置到树穴内,将苗扶正。如需要转动,须使土球略倾斜后,慢慢旋转,切勿强拉硬扯造成土球破损。
土球放置在树穴前,要全部剪开土球包装物,使土球泥面与回填土密切结合。
带土球苗栽植前,应先将表土(营养土)填入靠近土球的部分,当填土 20~30cm 时应踏实一次,大型土块要敲碎,将细土分层填入逐层脚踏或用锹把土夯实,注意不要损伤根或土球。
栽植后应将捆绕树冠的草绳解开,使枝条舒展。

③ 裸根苗栽植方法 裸根苗木入坑前,先将表土(营养土)填入坑穴至一个小土包,以便裸根苗木放入树穴后根系自然伸展。
裸根苗木栽植前必须将包装物全部清出坑外,避免日后气温升高,包装材料腐烂发热,影响根系正常生长。栽植裸根苗木时,在回填土回填至一半时,须将树苗向上稍微提一下,以便使根颈处与地面相平或略低于地面,用脚踏实土壤。

④ 围堰 树苗栽好后,应在树穴周围用土筑成高 15~20cm 的土围子,其内径要大于树穴直径,围堰要筑实,围底要平,用于浇水时挡水。

(5) 浇水
移栽苗木定植后必须浇足三次水,第一次要及时浇透定根水,渗入土层约 30cm 深,使泥土充分吸收水分,与根系紧密结合,以利于根系的恢复和生长;第二次浇水应在定植后 2~3d 进行;再相隔 5~7d 浇第三次水,并灌足灌透,以后可根据实际情况酌情浇水。
新移植的常绿树除了对根部浇水外,还要对树冠和叶片喷水,以减少树体蒸腾而失水。

灌溉水以自来水、井水、无污染的湖水、塘水为宜。为节约用水，经化验后不含有毒物质的工业废水、生活废水也常作为灌溉用水。

在灌水时，切忌水流量过大，冲毁围堰，如发生土壤下陷，应及时扶正树木并培土。

(6) 封堰

浇水后，待充分渗透，用细土封堰，填土20cm，保水护根以利于成活。为减少人为和自然损害造成树木倾斜、损伤，需要设立支柱或保护器保护。

① 缠干　对新植树木用草绳缠干，其高度通常至第一分枝点。

② 立支柱　栽植树冠较大的乔木，应立支柱支撑。

③ 保护器　城市道路行道树、停车场及庭院地坪单株树木，为防止人为践踏和机械碰撞，应在树穴上安装镂空的铸铁或水泥盖板，并在盖板上配支架保护单株树木。同一条道路上的保护器应做到规格一致、整齐、结实、美观，不影响交通。

10.2.3　大树移植施工技术

随着城市绿化水平的不断提高和绿化施工节奏的加快，要求绿化景观形成时间短、见效快，为此，适当移植大树，形成绿地骨架已成为加速绿化、美化城市的一个重要手段。

10.2.3.1　大树的选择

这里所讲的大树是指胸径在10cm以上，高度在6m以上的大乔木，但对具体的树种来说，也可有不同的规格。选择需移植的大树时，一般要注意以下几点：

① 选择大树时，应考虑到树木原生长条件与定植地立地条件相适应　树种不同，其生物学特性也有所不同，移植后的环境条件就应尽量地和该树种的生物学特性和环境条件相符，如在近水的地方，柳树、乌桕等都能生长良好，而若移植合欢，则可能会很快死去；又如背阴地方移植云杉生长良好，而若移植油松，则树的生长势会减弱。

② 应该选择合乎绿化要求的树种　树种不同，形态各异，因而它们在绿化上的用途也不同。如行道树，应考虑干直、冠大、分枝点高、有良好的庇荫效果的树种，而庭院观赏树中的孤植树就应讲究树姿造型，从地面开始分枝的常绿树种适合做观花灌木的背景。因而应根据要求来选择。

③ 应选择壮龄的树木　因为移植大树需要很多人力、物力。若树龄太大，移植后不久就会衰老很不经济；而树龄太小，绿化效果又较差，所以既要考虑能马上起到良好的绿化效果，又要考虑移植后有较长时期的保留价值，故一般慢生树选20~30年生；速生树种则选用10~20年生，中生树可选用15年生，果树、花灌木为5~7年生，一般乔木树高在6m以上，胸径15~25cm的树木则最合适。

④ 应选择生长正常以及没有感染病虫害和未受机械损伤的树木。

⑤ 必须考虑移植地点的自然条件和施工条件　移植地的地形应平坦或坡度不大，

过陡的山坡，根系分布不均匀，不仅操作困难且容易伤根，不易起出完整的土球，因而应选择便于挖捆处的树木，最好使起运工具能到达树旁。

⑥ 在森林内选择树木时，必须选疏密度不大的林分中的最近5~10年生长在阳光下的树，过密的林分中的树木移植到城市后不易成活，且树形不美观，装饰效果欠佳。

10.2.3.2 大树移植的时间

严格说来，如果捆起的大树带有较大的土块，在移植过程中严格执行操作规程，移植后又注意养护，那么在任何时间都可以移植大树，但在实际中，移植大树的最佳时间是早春。因为这时树液开始流动并开始发芽、生长，挖掘时损伤的根系容易愈合和再生，移植后，经过从早春到晚秋的正常生长以后，树木移植时受伤的部分已复原，给树木顺利越冬创造了有利条件。

在春季树木开始发芽而树叶还没有全部长成以前，树木的蒸腾还未达到最旺盛时期，此时进行带土球的移植，缩短土球暴露在空气中的时间，栽植后进行精心的养护管理也能确保大树的存活。

盛夏季节，由于树木的蒸腾量大，此时移植对大树的成活不利，在必要时采取加大土球，加强修剪，注意遮阴，尽量减少树木的蒸腾量，也可以成活。由于所需技术复杂，费用较高，故尽可能避免。但在北方的雨季和南方的梅雨期，由于空气湿度较大，因而有利于移植，可带土球移植一些针叶树种。

深秋及冬季，从树木开始落叶到气温不低于-15℃这一段时间，也可移植大树，这个时期，树木虽处于休眠状态，但是地下部分尚未完全停止活动，故移植时被切断的根系也能在这段时间进行愈合，给来年春季发芽生长创造良好的条件。但是在严寒的北方，必须对移植的树木进行土面保护，才能达到这一目的。

南方地区尤其在一些气温不太低、湿度较大的地区，一年四季均可移植，落叶树还可裸根移植。

我国幅员辽阔，南北气候相差很大，具体的移植时间应视当地的气候条件以及需移植的树种不同而有所选择。

10.2.3.3 大树移植前的准备工作

(1) 大树移植前的缩根处理

在城市建设规划和改造中，常常需要扩建道路、调整建筑物的格局，有些原有的绿地被列入新规划的道路和建筑范围，对其中的大树需进行移栽处理。在规划实施前，往往有一段缓冲时间。在此前提下，可以对大树预先进行一定的技术处理，以提高移植成功率。最常见的技术手段就是逐年断根法，又称缩根法或盘根法，可在2~3年中进行。原理是通过断根刺激主要根系上侧根、支根发育，促使在近树干范围内的根量增加，而掘土球或土台时相对保存下来的根系增多，从而解决了树木移植中代谢失衡的矛盾。具体按以下七个步骤进行：

① 按允许年限，沿移植树木土球（或箱板土台）的规范直径范围内缩约20cm处挖

沟断根，断断续续挖掘的圆弧长度为土球外圆周长的 1/3~1/2。第二和第三年再挖掘剩余的 1/3~1/2。

② 挖掘断根沟的宽度为 30~40cm，深度为 60~80cm，沟内填入营养细土。

③ 根部处理 在开挖过程中，细根及须根可直接剪断。遇到粗根不能切断，要采用环状剥皮处理，宽度一般为 5~10cm。注意剥皮时不要伤及粗根的木质部。

④ 断根操作完成后，要及时在沟内覆土。覆土前，可在断根和剥除韧皮部及土壤剖面喷 0.1%生根剂，以刺激生根。覆土踏实，浇透水。

⑤ 由于部分根系被切断，树木的水分和营养供应将减少，为了保持树木根、冠部分的生长平衡，必须对地上部分的枝叶进行适度修剪。修剪原则同移栽苗木。此外，局部断根后削弱了树木的抗风能力，因此要及时立好支撑。

⑥ 断根后的大树，要有专人进行松土、除虫、浇水、排涝等养护管理工作，促进断根大树早发新根，健康生长。

⑦ 经过 1~2 年的分段断根处理，树势较为稳定后，可进行移植作业，移前修剪可做简单整理。

(2) 移植前的修剪

修剪是大树移植过程中对地上部分进行处理的主要措施，修剪的方法各地不一，大致有以下几种：

① 修剪枝叶 这是修剪的主要方式，凡病枯枝、过密交叉徒长枝、干扰枝均应剪去。此外，修剪量也与移植季节、根系情况有关。当气温高、湿度低、根系少时应重剪；而湿度大，根系也大时可适当轻剪。此外，还应考虑到功能要求，要求移植后马上起到绿化效果的应轻剪，而有把握成活的则可重剪。在修剪时，还应考虑到树木的绿化效果。如毛白杨作行道树时，就不应砍去主干，否则树梢分叉太多，改变了树木固有的形态，甚至影响其功能。

② 摘叶 这是细致费工的工作，适用于少量名贵树种，移植前为减少蒸腾可摘去部分树叶，移植后即可再萌出树叶。

③ 摘心 此法是为了促进侧枝生长，一般顶芽生长的如杨、白蜡、银杏等均可用此法以促进其侧枝生长，但是如木棉、针叶树种都不宜做摘心处理，故应根据树木的生长习性和要求来决定。

④ 剥芽 此法是为抑制侧枝生长，促进主枝生长，控制树冠不致过大，以防风倒。

⑤ 摘花摘果 为减少养分的消耗，移植前后应适当地摘去一部分花、果。

10.2.3.4 大树移植的方法

(1) 大树裸根移植

适用于乡土落叶乔木的休眠期移植作业，适用于因生长环境及土质不能掘土球，不能掘箱板土台时应用。移植程序和技术要求同裸根苗木移植。

① 大树的修剪作业可分两步进行，在挖掘之前可锯下部分枝条，放倒之后按规范要求细致修剪。

②大树裸根苗的挖掘　挖掘下锹范围比土球苗要大一个规格。尽可能多地保留侧根和须根。掏底时采用单侧深挖，以便于推倒树木。根据土质情况决定去土多少，尽可能多留护心土。去除散落的土时应注意不要伤根。

根部套浆：为提高裸根大树的移植成活率，可在掘苗现场挖泥浆池，将过筛的原土加水搅拌成泥浆，将掘起的树苗根部浸入，或把泥浆涂刷在已起掘的苗木根系上；为促进根系的生长，还可以在泥浆中加入萘乙酸、2,4-二氯苯酚乙酸、吲哚乙酸等生根剂。

③吊装裸根大树，不准捆干提拉，以免损伤干皮。应多点位捆绑吊装，严禁使用钢丝绳，应用黄麻绳或专用吊带吊装。

④运输途中至栽植，应对根系采取喷水等措施，为裸根保湿。

⑤安排紧凑，提前准备好种植坑，即到即栽，一次到位，不要假植。

⑥如栽植土和原生态土壤差异较大，应从原生地区取土作为移栽回填土，或进行土壤改良，栽前对裸根进行生根素处理。

⑦较高大的树木裸根栽植后，根基相当不稳，必须及时设立牢固的支撑，以防大风、台风。

(2) 大树带土球移植技术

大树胸径都在15~20cm以上，土球直径要求最少在1.5m以上，如果土质不好很容易散坨。带土球移植大树常用于土质较坚硬或现场无法用箱板实施移植的情况。主要施工程序和技术要求同一般带土球苗木移植，有以下几点特殊要求。

①土球规格　按规范要求，土球直径可按树干胸径的8~10倍为标准，如果拟移栽大树属于珍贵品种、古树名木或无法在适宜种植季节移栽，土球直径应该视实际需要放大一个规格。

②大树土球苗吊装、运输技术要求　技术要求同一般土球苗。针对大树吊装、运输，需强调以下几点：

- 确定大树及土球重量，匹配相当吨位的起重机械、机具、吊绳。
- 大树移植掘苗、吊装及卸苗栽植场地的环境条件应能保证吊装运输机械车辆的安全操作和运行，遵守起重机作业的各项安全规定。
- 吊装大树土球应采取保护措施，为了防止钢索嵌入土球，在起吊前用厚度在3cm以上的木板插入起吊索具和泥球之间，或选用软质的白棕绳或专用柔性环形吊带。
- 在起吊高度超过8m的大树或在狭窄的区域进行起吊时，必须在全树高度的上1/3处系3根揽风绳，系绳部位要用麻布或橡皮包裹，防止揽风绳伤及树皮。大树落地时，要在三个方向予以调直，以防大树倾覆伤人；如暂时无法入坑定植，则必须对土球苗木作临时固定或假植，并做好临时支撑。
- 大树运输的技术要求同箱板苗。

③大树土球苗栽植技术要求　大树土球苗的栽植技术同一般土球苗，就其大树特点需强调以下几点：

- 移栽大树的种植穴要比土球直径大 80cm 左右，深度应比土球厚度深 20~30cm。如果移栽特大树或移栽地的土质比较差，种植穴就要适当加大、加深。在雨水多、土壤黏重、排水不良的绿地应做地下排水设施。将种植穴按规矩要求再掘深 20~30cm，然后在坑底布设 PVC 塑料管透水管（也称排岩管）和坑外排水口连通。管上垫卵石或陶粒等厚 20~30cm，上覆土工布。种植坑底部排水设施完成后，用种植土找好深浅，即可定植大树。
- 大树吊入种植坑时，应考虑原生态方向。
- 进行护干处理。护干可采用草绳、麻布外绑塑料薄膜的处理方式。

10.2.4 草坪建植施工技术

10.2.4.1 草坪建植前的准备工作

（1）整地

① 建植草坪土壤的厚度以不少于 40cm 为宜。建坪前应将 40cm 厚的表土层进行耕翻、疏松、过筛处理，清除草根、草茎及碎石、瓦片等杂物。

② 建坪地土质较差，含有较多的建筑垃圾、生活垃圾及其他污染物时，应将 40cm 厚的表土层全部拖走，另换成土质较好的砂壤土或种植土。

（2）杂草处理

① 建坪地土壤除用人工清理杂草外，还可用化学方法进行灭杀，常用的除草剂有草甘膦、2,4-滴丁脂乳油、二甲四氯、五氯酚钠，可分别灭杀一年生和多年生杂草。

② 除草剂的用量因农药品种而异，防除杂草时请按农药品种说明使用。

③ 使用时间 触杀型除草剂（草甘膦、五氯酚钠）应在播种前均匀地撒在土壤表面，施药后在地面形成药物层，草籽发芽时接触药剂即死亡。内吸传导型除草剂、西马津悬浮液、2,4-滴丁脂乳油应在杂草出苗后喷洒使用，在杂草的茎叶展开后吸收药剂，破坏其正常生理机能而死亡。

（3）施肥

① 有机肥 为提高土壤肥力，结合整地施入有机肥料做底肥，以保证草坪的长效性。

- 有机肥料种类：堆肥、牛粪、人粪尿、鸡粪等。
- 施肥量：经充分腐熟的有机肥料每亩*施肥量为 2500~3000kg。
- 施肥方法：将已腐熟的有机肥料打碎、过筛、除杂、均匀施入土壤里。若新植草坪面积较大，可将建坪地划分为若干个面积相等的小块，为播种小区，将肥料按每亩的施肥量分摊到每个播种小区，然后将每一播种小区的肥料与土壤翻耕均匀。

② 无机肥与土壤改良剂 根据土壤检测的结果，有针对性地施入某种无机肥和土壤改良剂，以调整土壤元素的平衡，缓解土壤的酸碱度。

---

* 1 亩 ≈ 667m^2。

- 无机肥做基肥施用量　碳酸氢 10kg/亩，过磷酸钙 10~15kg/亩。
- 土壤改良剂　视土壤结构酌情施用，如泥炭土、腐熟的锯木屑、渣肥土等。

(4) 防虫

地下害虫严重的地区，在草坪栽植前结合整地、施肥，同时施入适量农药，灭杀地下害虫，保护草根。

(5) 土壤平整

① 新建植的草坪按设计标高进行地面整平，并要保持一定的排水坡度，一般坡度为 0.3%~0.5%。运动场草坪、土壤黏着性强的场地及排水要求较高的草坪，地表排水按 0.7%~1.5%的坡度进行平整。

② 建筑物附近建植的草坪，排水坡度的方向应背离房屋；运动场草坪是中心隆起，向四周排水。

③ 对建植草坪质量要求较高的场地，土壤需要精细平整，用细齿耙耕 2 遍后再用石磨或石碌拖磨或碾压 1~2 遍。

(6) 排灌设施

高质量的草坪除了注意做好地表排水外，还应设置地下排水设施。

① 盲沟排水　在草坪整地前，每隔 15m 挖一条盲沟，沟深及宽为 1m×0.8m，沟内自下向上分层填入粗砾石厚 30cm，细砾石厚 10~13cm，粗黄砂厚 15cm，其上填入壤土与地表平齐，盲沟两端与草坪周边地下排水系统相连。

② 地下暗渠　在草坪整地前，每隔 15m 挖一条深 1m 左右的暗沟。地沟挖好后，下面先铺一排砖，两边竖砌两排砖，竖砖上再横盖一排砖即成暗渠。暗渠上分层铺盖细砾石厚 20cm，其上再填壤土至地平面。

10.2.4.2　草坪建植方法

(1) 播种法

① 选种　播前草种选择要正确，宜选种子纯度高、发芽率高的种子。播种前先做发芽试验，以确定播种量。

② 播种时间　常绿草坪最理想的播种时间是初秋或早春，其中黑麦草、早熟禾类等以 9 月下旬至 10 月中旬为宜，这时气候凉爽，雨量适中，杂草不严重，适合冷季型草籽的发芽、生长。当夏季来临时，草坪生长健壮，有利安全越夏。暖地型草坪草(结缕草、狗牙根系列)最适宜播种时间是春末夏初，此时气温已回升到足以使草种发芽生长。

③ 播种方式　一般采用撒播和草坪喷浆播种法。

播种前两天应在整平的土地上浇透水一次，待地面不粘脚时即可播种。撒播时，为做到播种均匀，应用种子 2~3 倍的细土与之混合，种子播种量见表 10-3 所列。

表 10-3　常用草种种子播种量

草坪名称	播种量(g/m^2)	种子发芽适宜温度(℃)
草地早熟禾	8	15~30
高羊茅	25~35	20~30

(续)

草坪名称	播种量(g/m²)	种子发芽适宜温度(℃)
多年生黑麦草	25~35	20~30
狗牙根	5~7	20~35
结缕草	8~12	20~35
瓦巴斯早熟禾	4~4.5	15~30
匍匐剪股颖	1.5~2.5	15~30

播种时先用钉齿耙松表土(耙齿间距2~3cm)，将种子均匀地撒在表土上，并用齿背轻轻拉动表土以覆盖种子，但切忌往返耙齿动表土过用平锹轻轻拍打地面。

大面积草坪播种时，应将地块划分为若干个小区，按每亩的播种量分摊到每个播种小区，然后分区进行播种，以免漏播。播后用平耙楼平，并用200~300kg碾子碾压一遍。

播种后对播种区域进行覆盖，一般采用草帘或无纺布，覆盖物要进行固定。铺设覆盖物的目的是防止阳光曝晒，保湿降温，更重要的是防止人工灌水或雨水对草籽的冲刷。覆盖物搭接应重叠10~15cm，并用竹签、木棍或钢丝固定牢，防止被大风吹开。

播种后应及时进行雾状喷灌，并经常保持土壤湿润。种子发芽后对土壤湿度极其敏感，易受干旱和渍水而死亡，此时要特别注意对草坪水分的管理。

(2) 草块移植铺设法

① 铺植时间　采用营养繁殖法建植的草坪自春至秋均可进行，建植常绿草坪适宜季节为仲秋和早春，建植暖地型草坪的最佳季节是春季和初夏。

② 草源选择地　草源地一定要事先准备好，宜选择在交通方便、土壤良好、杂草少、容易挖掘的草地。

③ 掘草块　掘草块前先灌足一次水，等渗透后便于操作时用人工或机械将草源地切成纵向30cm、横向20~25cm的长块状，然后用平铲起出草块即成。注意切口要上下垂直、左右水平，草块带土厚度约5cm。

④ 草块运输　草块掘好后应尽快运至铺草坪的现场，并及时铺栽。对一时不宜铺栽的要注意遮阴，经常喷水，保持草块潮湿。

⑤ 铺栽　铺栽草块应在场地整平完工达到质量要求后施工。铺草块时必须掌握好地面标高，一般采用钉桩拉线法，作为掌握标高的依据，使草块的土面与线平齐。铺栽时，草块薄应垫土找平，草块过厚则应适当削薄些。块与块之间可留1~2指宽的缝隙，其间填入细土，保证铺平。

⑥ 灌水碾压　草块铺栽后及时灌水并适时碾压，以后接连多次灌水、碾压才能使草地平整，生长良好。

(3) 草根、草茎种植法

① 栽植时间　这种方法操作简便，自春至秋均可进行，一般在草坪草生长旺盛时进行，宜早不宜迟。

② 草源选择　无草圃时，应选择杂草少、生长健壮的草地做草源地。

③ 掘草　如草源地的土壤过干，掘草前应提前灌水。水渗入深度应在10cm以上，挖掘时应让草根部多带些宿土，以利成活。

④ 装运　挖掘好的草根应及时装运到现场，草根堆放要薄，存放在阴凉处或搭荫棚，注意经常喷水，保持草根潮湿。

⑤ 栽植　采用草根，草茎种植法栽植草坪，$1m^2$草源可以栽植$5\sim6m^2$草坪，栽植方法如下：

 • 点栽法：将草根（茎）理齐，每5~7根为一丛，按株行距15~20cm挖穴栽植，穴深和穴宽6~7cm，按梅花形将草根植入穴内，并填入细土拍紧压实。

 • 条栽法：先挖一条沟，沟深5~6cm，沟距20~25cm，再将草根3~4根一丛，前后搭接埋入沟内，填土埋严、压实、浇水。此法施工简便、速度快，但草坪形成要比点栽慢些。

 • 撒播法：将草匍匐茎切成3~5cm长的小段，拌和细土均匀撒播在床面上，加盖一层细土，压实、浇透水，并保持床面湿润，也能在短期内成坪。此法适用于节间生根性强的狗牙根草。

10.2.4.3　草坪的养护

（1）浇灌

草坪植物的含水量占鲜重的75%~85%，叶面的蒸腾作用要耗水，根系吸收营养物质必须有水作媒介，营养物质在植物体内的输导也离不开水，一旦缺水，草坪生长衰弱，覆盖度下降，甚至会叶枯黄而提前休眠。据调查，未加人工灌溉的野牛草草坪至5月末每平方米内仅有匍匐枝40条，而加以灌溉的草坪每平方米的匍匐枝则可达240条，前者的覆盖度是70%，后者是100%。因此，建造草坪时必须考虑水源，草坪建成后必须合理灌溉。

① 水源与灌水方法　没有被污染的井水、河水、湖水、水库存水、自来水等均可作灌水水源。国内外目前试用城市"中道水"作绿地灌溉用水。随着城市中绿地不断增加，用水量大幅度上升，给城市供水带来很大的压力。"中道水"不失为一种可靠的水源。

灌水方法有地面漫灌、喷灌和地下灌溉等。

 • 地面漫灌：最简单的方法，其优点是简单易行，缺点是耗水量大，水量不够均匀，坡度大的草坪不能使用。采用这种灌溉方法的草坪表面应相当平整，且具有一定的坡度，理想的坡度是0.5%~1.5%。这样的坡度用水量最经济，但大面积草坪要达到以上要求较为困难，因而有一定的局限性。

 • 喷灌：使用喷灌设备令水像雨水一样淋到草坪上。其优点是能在地形起伏变化大的地方或斜坡使用，灌水量容易控制，用水经济，便于自动化作业。主要缺点是建造成本高。但此法仍为目前国内外采用最多的草坪灌水方法。

 • 地下灌溉：靠毛细管作用，根系层下面设的管道中的水由下向上为植物供水。

此法可避免土壤紧实，并使蒸发减少及地面流失量减少到最小程度。节省水是此法最突出的优点。然而由于设备投资大，维修困难，因而使用此法灌水的草坪甚少。

② 灌水时间　在生长季节，根据不同时期的降水量及不同的草种适时灌水是极为重要的。一般可分为3个时期：

- 返青到雨季前：这一阶段气温逐渐上升，蒸腾量大，需水量大，是一年中最关键的灌水时期。根据土壤保水性能的强弱及雨季来临的时期可灌水2~4次。
- 雨季：基本停止灌水。这一时期空气湿度较大，草的蒸腾量下降，而土壤含水量已提高到足以满足草坪生长需要的水平。
- 雨季后至枯黄前：这一时期降水量小，蒸发量较大，而草坪仍处于生命活动较旺盛阶段，与前两个时期相比，这一阶段草坪需水量显著提高，如不能及时灌水，不但影响草坪生长，还会引起提前枯黄进入休眠。在这一阶段，可根据情况灌水4~5次。此外，在返青时灌返青水，在北方封冻前灌封冻水也都是必要的。总之，草种不同，对水分的要求不同，不同地区的降水量也有差异。因而，必须根据气候条件与草坪植物的种类来确定灌水时期。

③ 灌水量　每次灌水的水量应根据土质、生长期、草种等因素而确定。以湿透根系层、不发生地面径流为原则。

(2) 施肥

为保持草坪叶色嫩绿、生长繁密，必须施肥。草坪植物主要是进行叶片生长，并无开花结果的要求，所以氮肥更为重要，施氮肥后的反应也最明显。

在建造草坪时应施基肥，草坪建成后在生长季需施追肥。寒季型草种的追肥时间最好在早春和秋季。第一次在返青后，可起促进生长的作用；第二次在仲春。天气转热后，停止追肥。秋季施肥可于9、10月进行。暖季型草种的施肥时间是在晚春。在生长季每月或每两个月应追一次肥，这样可增加枝叶密度，提高耐踩性。北方地区最后一次施肥不能晚于8月中旬，而南方地区不应晚于9月中旬。

(3) 修剪

修剪是草坪养护的重点，而且是费工最多的工作。修剪能控制草坪高度，促进分蘖，增加叶片密度，抑制杂草生长，使草坪平整美观。

一般的草坪一年最少修剪4~5次，国外高尔夫球场内精细管理的草坪一年中要经过上百次的修剪。修剪的次数与修剪的高度是两个相互关联的因素。修剪时的高度要求越低，修剪次数就越多，这是进行养护草坪所需要的。草的叶片密度与覆盖度也随修剪次数的增加而增加。北京地区的野牛草草坪每年修剪3~5次较为合适，而上海地区的结缕草草坪每年修剪8~12次较合适。据国外报道，多数栽培型草坪全年共需修剪30~50次，正常情况下每周1次，4~6月常须每周修剪2次。应该注意根据草的剪留高度进行有规律的修剪，当草达到规定高度的1.5倍时就要修剪，最高不得超过规定高度的2倍。

(4) 除杂草

杂草的入侵会严重影响草坪的质量，使草坪失去均匀、整齐的外观，同时杂草与绿化草争水、争肥、争阳光，从而使绿化草的生长逐渐衰弱，因此，除杂草是草坪养护管理中必不可少的一环。

预防、清除杂草的最根本方法是合理的水肥工程，促进绿化草的生长势，增强与杂草的竞争能力，并通过多次修剪，抑制杂草的发生。一旦发生杂草侵害，除用人工"挑除"外，还可用化学除草剂，如用2,4-D等杀死双子叶杂草；用西马津、扑草净、敌草隆等封闭土壤，抑制杂草的萌发或杀死刚萌发的杂草，用灭生性除草剂草甘膦、百草枯等在草坪建造前或草坪更新时防除杂草。除草剂的使用比较复杂，效果好坏随很多因素而变，使用不正确会造成很大的损失，因此使用前应慎重作试验和准备，使用的浓度、工具应专人负责。

(5) 通气

通气即在草坪上扎孔打洞，目的是改善根系通气状况，调节土壤水分含量，有利于提高施肥效果。这项工作对提高草坪质量起到不可忽视的作用。一般要求50穴/m^3；穴间距15cm×15cm，穴径1.5~3.5cm，穴深8cm左右，可用中空铁钎人工扎孔，亦可采用草坪打孔机施行。

草坪承受过较大负荷或经常受负荷作用，土壤板结，可采用草坪垂直修剪机，用铁刀挖出宽1.5~2cm、间距为25cm、深约18cm的沟，在沟内填入多孔材料（如海绵土），把挖出的泥土翻过来，并把剩余泥土运走，施高效肥料，补播草秆，加强肥水管理，草坪能很快生长复壮。

10.2.5 花坛建植施工技术

10.2.5.1 花坛的定义

传统的花坛是指具有一定几何形轮廓的种植床内栽植各种色彩的观赏植物而构成花丛花坛或华美艳丽纹样图案的种植形式。花坛中也常采用雕塑小品、观赏竹及其他艺术造型点缀。种植床中常以播种法或移栽成品、半成品花苗布置花坛，这些花卉是种植在花池的土壤基质中的。

现代意义的花坛是指利用盆栽观赏植物摆设或各种形式的盆花组合（穴盘）组成华美图案和立体造型的造景形式，如文字花坛、图案花坛、立体花篮、各种立意造型，如每年节日街头和天安门广场不同立意的大型立体花坛。因工业现代化给我们提供了各类花苗容器和先进的供水系统如滴灌、渗灌、微喷，可以脱离传统花坛（几何型花池）的种植表现手法，而用花卉容器苗进行取代。现在已经可以将花坛定义为"利用花卉容器苗摆设成景的一种园林艺术手法"。

10.2.5.2 花坛的建植

常见的花坛形式有平（斜）面花坛和立体花坛两大类。

(1) 平（斜）面花坛建植技术

① 花坛种植床的要求　一般的花坛种植床多高出地面7~10cm，以便于排水。还可以将花坛中心堆高，形成四面坡，坡度以45%为宜。种植土的厚度依植物种类而定：种植一年生草花，土壤基质厚20~30cm；多年生花卉和小灌木，土壤基质厚40~50cm。

② 花坛放样　根据施工图纸的要求，将设计图案在植床上按比例放大，划分出各品种花卉的种植位置，用石灰粉撒出轮廓线。一般种植面积较小、图案相对简单的平(斜)面花坛，可按图纸直接用卷尺定位放样；如种植面积大、设计的图案形式比较复杂，放样精度要求较高，则可采用方格网法来定位放样。

模纹花坛是指用园林植物配置成各种图形、图案的花坛，由于图形的线条规整，定点放线要求精细、准确。可先以卷尺或方格网定出主要控制点的位置，然后用较粗的镀锌钢丝按设计图样，盘绕编扎好图案的轮廓模型，也可以用纸板或三合板临摹并刻制图案，然后平放在花坛地面上轻压，印压出模纹的线条。文字花坛可按设计要求直接在花坛地面上用木棍采用双勾法划出字形，也可和模纹花坛一样用纸板或三合板刻制，在地面上印压而成。

③ 花坛花卉栽植及摆设　栽植间距一般以花坛在观赏期内不露土为原则。一般花坛以相邻植株的枝叶相连为度，对景观要求高、株形较大的花卉或花灌木，为避免露空，植株间距可适当缩小。如果用种子播种或小苗栽种的一般花坛，其间距可适当放大，以花苗长大、进入观赏期后不露土为标准。模纹花坛以表现图案纹样为主，多选用生长缓慢的多年生观叶草本植物，栽前应修剪将株高控制在10cm左右，植株过高则图案不清。模纹花坛可以用容器小苗或穴盘扦插苗进行色彩组合。

栽植或摆设顺序应遵循以下原则：独立花坛，应按由中心向外的顺序种植；斜面花坛，应由上向下种植；高矮不同品种的花苗混植时，应按先高后低的顺序种植；模纹花坛，应先种植图案的轮廓线，后种植内部填充部分；大型花坛，宜分区、分块种植。

花卉栽植深度以花苗原土痕为标准，栽得过浅，花苗容易倒伏，不易成活；栽得过深，易造成花苗生长不良，甚至根系腐烂而死亡。草本花卉一般以根颈处为深度标准栽植。

利用容器苗花卉摆置花坛，比栽植要容易，摆置顺序同栽植顺序。必须考虑供水途径的可行方案。

④ 浇水　要求同花卉栽植。要求盛花期必须加强给水管理。给水尽可能使用喷灌技术，给水均匀充分，不留死角，也不会冲击小苗。人工进行浇灌应小心谨慎，水头要匀，不能冲击花苗。

(2) 立体花坛建植技术

① 立体花坛结构　立体花坛常用钢材、木材、竹、砖或钢筋混凝土等制成结构框架，采用专用的花钵架、钢丝网等组台表现各种动物、花篮等形式多变的器物造型等，在其外缘暴露部分配置花卉草木。

立体花坛因体形高大，上部需放置大量花卉容器和介质荷载，抗风能力的要求很高；同时立体花坛又常常设在人流密集的公共场所，因此，必须高度重视结构安全。结构部分必须经过专业人员设计，必要时还要对基础承载力进行测定。

② 立体花坛摆设程序及技术要求　立体花坛的常用花卉布置主要采取盆花摆设和

种植花卉相结合的方式。如采用专用花钵格栅架，外观统一整齐，摆放平稳安全，但一次性投资较大。格栅尺寸需根据摆放花钵的大小决定。

立体花坛表面朝向多变，对花卉种植有一定局限。为固定花卉，有时需要将花苗带土用棕皮、麻布或其他透水材料包扎后，一一嵌入预留孔洞内固定，为了不使造型材料暴露，一般应选用植株低矮密生的花卉品种并确保密度要求。栽植完成后，应检查表面花卉均匀度，对高低不平、歪斜倒伏的进行调整。如种植五色草之类的草本植物，可在支架表面保留一定距离固定钢丝网，在支架和钢丝网间填充有一定黏性的种植土，土内可酌情添加碎稻草以增加黏结力。在钢丝网外部再包上蒲包或麻布片，然后在其上用竹签扎孔种植。种植完成后还需要做表面修剪成形。

应用容器苗花卉摆置花坛相对容易。如果容器大小不等、摆置植物材料大小不一，甚至动用吊车起重的大规格桶装树，应先摆置容器大的、苗大的植物，再用小的容器花卉插空、垫底。一面观花坛应先摆后面的花卉，后摆前面的；两面以上观花坛，先摆中心的花卉，后摆边沿的。

摆设立体花坛技术关键是供水要求，立体花坛最好采用滴灌、渗灌，一般采用微喷设施。

10.2.6　反季节绿化施工技术

正常的移植应选在树木的休眠期，因为休眠期进行移植符合植物生长规律，移植成活率较高。园林植物的休眠期普遍在秋季落叶后至春季萌芽前这段时间。各地区正常植树都在春季进行，一些乡土树种可在秋季进行种植。在东北地区，针叶常绿树种在夏季有个短暂休眠期（7、8月），又值多雨季节，东北地区常绿树（松柏）可在雨季进行移植。植物已经开始正常代谢、旺盛生长，此时进行移植，必然导致代谢系统整体平衡遭到破坏，恢复将会很困难，甚至导致死亡。树木正常生长阶段进行移植为"非正常季节移植"。

苗木非正常季节移植时，应提前做出计划，在苗木休眠期进行容器苗的制作及囤苗工作。囤苗地点应选择排水良好、吊装运输方便的地段。非正常移植季节将已正常生长的容器苗进行栽植，青枝绿叶进入工地。因根系未受到损伤，栽植成活率可达98%以上。囤苗之前按规范要求对苗木进行移植前修剪，非正常季节移植时不再进行移植修剪，可对树冠进行适当整理。

非正常季节移植树木有以下几个方面的应对措施：

(1) 保护根系的技术措施

为了保护移栽苗的根系完整，使移栽后的植株在短期内迅速恢复根系吸收水分和营养的功能，在非正常季节进行树木移植，移栽苗木必须采用带土球移植或箱板移植。在正常季节移植的规范基础上，再放大一个规格，原则上根系保留得越多越好。

(2) 抑制蒸发量的技术措施

抑制树木地上部分蒸发量的主要手段有以下几种：

① 枝条修剪　非正常季节的苗木移植前应加大修剪量，以抑制叶面的呼吸和蒸腾作用，

落叶树可对侧枝进行截干处理，留部分营养枝和萌生力强的枝条，修剪量可达树冠生物量的1/2以上。常绿阔叶树可采取收缩树冠的方法，截去外围的枝条，适当疏剪树冠内部不必要的弱枝和交叉枝，多留强壮的萌生枝，修剪量可达1/3以上。针叶树以疏枝为主，如松类可对轮生枝进行疏除，但必须尽量保持树形。柏类最好不进行移植修剪。

对易挥发芳香油和树脂的针叶树，应在移植前一周进行修剪，凡10cm以上的大伤口应光滑平整，经消毒，并涂刷保护剂。

珍贵树种的树冠宜做少量疏剪。

带土球灌木或湿润地区带宿土裸根苗木、上年花芽分化的开花灌木不宜修剪，可仅将枯枝、伤残枝和病虫枝剪除；对嫁接灌木，应将接口以下砧木萌生枝条剪除；当年花芽分化的灌木，应顺其树势适当强剪，可促生新枝，更新老枝。

苗木修剪的质量要求：剪口应平滑，不得劈裂；留芽位置规范；剪（锯）口必须削平并涂刷消毒防腐剂。

② 摘叶　对于枝条再生萌发能力较弱的阔叶树种及针叶类树种，不宜采用大幅度修枝的操作。为减少叶面水分蒸腾量，可在修剪病、枯枝、伤枝及徒长枝的同时，采取摘除部分（针叶树）或大部分（阔叶树）叶子的方法来抑制水分的蒸发。摘叶可采用摘全叶和剪去叶的一部分两种做法。摘全叶时应留下叶柄，保护腋芽。

③ 喷洒药剂　用稀释500~600倍的抑制蒸发剂对移栽树木的叶面实施喷雾，可有效抑制移栽植物在运输途中和移栽初期叶面水分的过度蒸发，提高植物移栽成活率。抑制蒸腾剂分两类：一类属物理性质的有机高分子膜，易破损，3~5d喷一次，下雨后补喷一次；另一类是生物化学性质的，达到抑制水分蒸腾的目的。

④ 喷　控制蒸腾作用的另一措施是喷淋。增加树冠局部湿度，根据空气湿度情况掌握喷雾频率。喷淋可采用高压水枪或手动或机动喷雾器。为避免造成根际积水烂根，要求雾化程度要高，或在移植树冠下临时以薄膜覆盖。

⑤ 遮阴　搭棚遮阴，降低叶表温度，可有效地抑制蒸腾强度，在搭设的井字架上盖上遮阴度为60%~70%的遮阳网，在夕阳（西北）方向应置立向遮阳网，阴棚遮阳网应与树冠有50cm以上的距离空间，以利于棚内的空气流通。一般的花灌木，则可以按一定间距打小木桩，在其上覆盖遮阳网。

⑥ 树干保湿　对移栽树木的树干进行保护也是必要的。常用的树干保湿方法有以下两种。

- 绑膜保湿：用草绳将树干包扎好，将草绳喷湿，然后用塑料薄膜包于草绳之外捆扎在树干上。树干下部靠近地面，让薄膜铺展开，薄膜周边用土压好，此做法对树干和土壤保墒都有好处。为防止夏季薄膜内温度和湿度过高引起树皮霉变受损，可在薄膜上适当扎些小孔透气；也可采用麻布代替塑料薄膜包扎，但其保水性能稍差，必须适当增加树干的喷水次数。

- 封泥保湿：对于非开放性绿化工程，可以在草绳外部抹上2~3cm厚的泥糊，由于草绳的拉结作用，土层不会脱落。当土层干燥时，喷雾保湿。用封泥的方法投资很少，既可保湿，又能透气，是一种比较经济实惠的保湿手段。

（3）促使移植苗木恢复树势的技术措施

非正常季节的苗木移植，首要任务是保证成活，在此基础上则要促使树势尽快恢复，尽早形成绿化景观效果。树势恢复的技术措施如下：

① 苗木的选择　在绿化种植施工中，苗木基础条件的优劣对于移栽苗后期的生长发育至关重要。为了使非正常季节种植的苗木能正常生长，必须挑选长势旺盛、植株健壮、根系发达、无病虫害且经过两年以上断根处理的苗木，灌木则选用容器苗。

② 土壤的预处理　非正常季节移植的苗木根系遭到机械破坏，急需恢复生机。此时，根系周围土壤理化性状是否有利于促生发根至关重要。要求种植土湿润、疏松、透气性和排水性良好，可采取相应的客土改良等措施。

③ 利用生长素刺激生根　移植苗在挖掘时根系受损，为促使萌生新根可利用生长素。具体措施一是可在种植后的苗木土球周围打洞灌药。洞深为土球的1/3，施浓度0.1%的生根粉 ABT3 号或浓度 0.05% 的 NAA（萘乙酸），生根粉用少量酒精将其溶解，然后加清水配成额定浓度进行浇灌。

另一种方法是在移植苗栽植前剥除包装，在土球立面喷浓度 0.1% 的生根粉，使其渗入土球中。

④ 加强后期养护管理　俗话说，"三分种七分养"，在苗木成活后，必须加强后期养护管理，及时进行根外施肥、抹芽、支撑加固、病虫害防治及地表松土等一系列复壮养护措施，促进新根和新枝的萌发，后期养护应包括进入冬季的防寒措施，使得移栽苗木安全过冬。常用方法有风障、护干、铺地膜等。

⑤ 抗寒措施　对那些在本地不耐寒的树种，非正常季节移植的当年应采取适当的防寒措施。如北方的一些引自南方的树种。

10.2.7　园林种植工程现场施工常见问题

10.2.7.1　施工前的准备工作

有些园林工程没有施工方案，或者施工方案不详细、不具体，并且没有完整的施工图。使得园林工程具有随意性，完全取决于项目经理和技术人员，甲方和监理人员无从管理，只能看情况办事。

应做好施工前期设计交底和图纸会审工作。因为绿化施工和其他建筑工程不同，只要在施工过程中严格按照图纸的设计方案就可以，而绿化施工等同于再次创作，这将面临着怎么才能将设计思想和设计理念充分体现出来的问题。所以，图纸交底工作就显得非常重要。要求设计单位必须向施工单位详细介绍设计意图，而施工单位也要深刻领会工程整体的设计理念，以便在施工中灵活运用。

10.2.7.2　植物种类选择

在园林绿化工程施工中，例如，由于设计人员或者施工人员的原因，很多情况下没有考虑植物习性或者考虑得不周到。例如，将阳性植物栽在荫蔽处；将阴性植物栽在强光下；将不耐植物栽在阴湿处；将不耐污染植物栽在工矿区。由于违背了植物的生长习性，导致植物生长势不强，而产生各种各样的病虫害。

植物有着自己的生长规律，对生长气候有着自己的要求，因此应该顺应时节的发展规律来选择苗木。因地制宜地选择植物种类，既可以节省经费，还能够省时省力。

在工程运行的情况下，最好选择当地的适生植物，同时还应该注意一些细节：

① 不要在人群活动的地方栽种容易落果和招蜂的植物，以防止意外事故的发生；

② 不要违背当地的文化和民族风俗习惯；

③ 在满足工程要求的前提下，植物配置最好还能够具备一定的生态功能，如降噪、除尘、净化水源等。

10.2.7.3 种植土壤和地形的处理

尽管目前人们普遍认识到土壤、地形设计是园林绿化工程的前提和基础，但是在具体实施过程中，施工方为了节约造价和赶进度，种植土壤大多数情况下没有达到《绿化工程施工规范》要求，有的甚至没做地形设计，导致目前很多绿地内植物生长不良。

由于土壤的质量直接关系到植物今后的生长，因此，必须重视土壤的处理工作。对其进行理化性质化验分析，从酸碱度、孔隙度以及持水性等方面进行分析和测试，再采取相应的消毒、施肥、客土等措施，要特别注意土壤的翻挖深度、客土质量以及施入量。地形的平整度必须符合相关要求，做定点放线处理，要求位置准确、标记明显，在种植槽标明边线。如果遇到特殊情况需要具体分析，例如分车带中栽植乔木，遇到路灯灯柱时，应该与灯柱相距2m，这时做放线就必须灵活处理，适当调整株间距离。还有行人道上种植树木的定点，因为道路两侧有建筑，地下有管线，在施工过程中经常需要调整种植穴、槽的挖掘。种植穴、槽的挖掘应根据苗木的根系、土球直径等情况来要求，特别是要将土质较差的种植穴挖深一些，然后进行施基肥和客土。

10.2.7.4 施工管理

绿化工程在实施过程中，有些单位对施工质量不重视，不能严格按程序进行规范施工；也没能很好地执行绿化工程技术规范，缺乏专业性，缩减施工环节和程序，导致无法保证施工质量。应加强施工工序的质量管理工作。

① 定点放线的处理　一般要求位置准确，标记明显，种植穴标明中心点位置，种植槽标明边线。

② 把好苗木质量关　对苗木的品种、株型、冠幅、高度、干径、土球大小、根系发育情况等严格把关，选择符合设计要求、生长健壮、无机械损伤、无病虫害的优良苗木。

③ 苗木栽植　苗木栽植前应对苗木根系、树冠进行修剪，拆除带土球苗木根部的包装物，填土时要分层压实，不留空隙，注意观赏面的朝向。

④ 浇定根水　栽植后24h内必须浇定根水，且要浇透。

⑤ 固定支撑　5cm以上的乔木应设支柱固定，固定物应整齐美观。

10.2.7.5 后期养护措施

后期养护措施不到位也是常见的情况,例如,不设支撑或支撑不合理,起不到支撑效果;没有及时中耕除杂,导致杂草丛生;没有正确进行浇水、施肥,导致绿地植物缺素症状明显,病虫害严重等,严重地影响绿化景观。

"三分种,七分养",因此,认真做好后期养护才能使优质工程得到最终体现。绿化养护期内,应及时更新复壮受损苗木,并能按设计意图和按植物生态特性(喜光、喜阴、耐旱、耐湿等)分别养护。还要根据植物生长不同阶段及时调整,保持丰富的层次群落结构,在养护期内负责清杂物、浇水保持土壤湿润、追肥、修剪、抹不定芽、防风、防治病虫害(应选用无公害农药)、除杂草、排渍除涝等。

任务10.3 园林种植工程施工质量检测

10.3.1 园林种植工程施工质量检测方法

10.3.1.1 园林植物的质量控制

① 园林植物品种必须符合设计要求,进苗严禁带有严重病虫害、草害,严禁出现检疫性病虫害及杂草,无肥害、药害,否则予以退苗。

② 植物材料规格必须符合设计要求,略有宽余,修剪后确保规格要求。

③ 乔木质量要求

- 必须树干挺直,树皮无破损,树冠完整;
- 生长健壮,根系发达,树冠丰满,长势良好,不偏冠,严禁小老树进场;
- 土球完整,包扎牢固,根系不露出土球;
- 必须满足高度、蓬径、分枝点、胸径和土球大小5个量化指标,其中5个量化指标都达到为优良,3个量化指标达到为合格,不足3个为不合格;
- 施工企业必须出示苗木出圃单(证)和树木检疫证明。

④ 灌木质量要求 灌木必须是冠幅圆满,无偏冠,骨干枝粗壮有力;土球完整,包扎牢固。同时还必须满足高度、蓬径、地径、土球大小4个量化指标,其中4个量化指标达到为优良,3个量化指标达到为合格,不足3个为不合格。

⑤ 球类质量要求 球类必须是枝密叶茂,冠形圆满,符合设计要求。同时还必须满足蓬径、高度、土球大小3个量化指标,其中满足3个量化指标为优良,达到2个量化指标为合格,不足2个为不合格。

⑥ 色块植物质量要求 色块植物必须生长健壮,分枝宜多,冠形圆满,无病虫害。同时还必须满足高度、蓬径、土球大小3个量化指标,其中3个量化指标都达到为优良,达到2个量化指标为合格,不足2个为不合格。

⑦ 二年生草本花卉苗质量要求 必须是移植的壮苗(高度视品种而异),叶茂,根

系完好无损,要有3~4以上的分蘖。同时还必须满足高度、蓬径或分蘖量,其中2个量化指标都达到为优良,不足2个为不合格。

⑧ 宿根花卉质量要求　宿根花卉必须根系完好发达,并有3~4个芽。

⑨ 块茎和球根花卉质量要求　块茎和球根花卉必须块茎和球根完整无损,饱满,无腐烂和病虫、鼠害,并有2个以上的芽眼或芽。

⑩ 攀缘植物质量要求　攀缘植物必须有健壮主蔓和发达的根系,苗龄2年以上。

⑪ 草坪的草块、草卷质量要求

- 草坪的草块、草卷必须生长均匀,根系密布,无空秃;草高不大于5cm,带土厚度不小于2cm(高羊茅3cm),杂草不超过5%;草块、草卷长宽适度,每卷(块)规格一致。
- 根茎繁殖用草,杂草不得超过2%,无病虫害。
- 植生带厚度不宜超过1cm,种子分布均匀、饱满、发芽率大于95%。

⑫ 草种、花种质量要求

- 草种、花种必须有品种、品系、产地、生产单位、采收年份、纯度、发芽率等标明种子质量的出厂检验报告或说明,并且在使用前必须做发芽率试验,以便调整播种量,不得使用过期失效和有病虫害的种子。
- 不出示种子发芽率试验报告,善自使用属违规操作。

10.3.1.2 园林植物质量的检验方法及措施

① 园林植物进场后,施工企业必须填写《材料、设备进场使用报验单》。

② 施工企业对进场的园林植物材料采用随机抽样方法,选择一定比例植物进行质量评定,并将结果填入《植物材料分项工程质量检验评定表》,及时将报验单和质量评定表报项目监理部绿化监理工程师。

③ 监理工程师接到上述材料后,携带量具及时进行复检。

- 检查数量。乔灌木按数量抽查10%,乔木不少于10株或全数;灌木不少于20株或全数,每株为一个点;草坪、草本地被按面积抽查3%,3m^3为一个点,不少于3点;花卉按数量抽查5%,10株为一个点,不少于5点。
- 专业监理工程师将检查的结果填入《×××绿化工程苗木清单》。
- 复检中发现有不符合设计要求的植物材料,立即通知施工企业将不符合要求的植物材料自行处理,坚决退回并补足优良植物材料。
- 项目监理部及时将《材料、设备进场使用报验单》《植物材料分项工程质量检验评定表》连同《×××绿化工程苗木清单》递送建设单位。
- 对大批量的色块灌木,除了按规定抽检的数量外,专业监理工程师也可以采取旁站的方法,对数量进行复查,还可以抽查一定数量的植物材料确认是否符合质量要求。
- 对大树或特大树木,专业监理工程师必须采取事前控制,深入苗源地考察,指导选苗、号苗、起苗、包扎、装运等工作;对不符合质量规格要求的植物材料进行严格控制，严格把关，严禁任何不合格的苗木进场。
- 对大树或特大树，监理部每株都要测定，并按不同标段分类登记。

10.3.1.3 种植土质量控制要点

① 种植土质量控制要点
- 种植土壤及地下水位深度必须满足植物的生长要求，并达到施工规范的要求；
- 严禁在种植土层下有不透水层，若遇有不透水层必须粉碎、穿孔、开排水沟或垫碎石；
- 推土机碾压堆土、造山、改造地形后必须用掘土机抓松；
- 地下水位过线(50cm)，必须做好排水设施处理；
- 建筑垃圾太多的土壤、盐碱地、重黏土、粉砂土及含有有害园林植物生长成分的土壤，必须局部或全部更换种植土；
- 种植土必须结构疏松、通气、保水、保肥能力强，适宜于园林植物生长，种植土回填结束，上覆15cm营养土。例如，配比为鸡粪：山泥：河沙＝1：3：1，鸡粪要腐熟。草皮种植区覆营养土10cm厚，再覆5cm河沙。
- 种植土土层厚度必须满足不同植物根系正常发育生长所需。深根乔木150cm，浅根乔木100cm；灌木(大)90cm，灌大(小)45cm；草坪30cm以上，花坛30cm以上。
- 地形的改造：
——地形改造必须符合设计要求；
——峰、谷、脊、坡的位置及走向必须符合设计要求；
地形改造的标高必须在允许偏差之内，即：<100cm，允许偏差±5cm；100～300cm，允许偏差±20cm；>300cm，允许偏差±50cm；
——地形改造后的种植地，必须做到坡度恰当，无积水，无严重水土流失；
——地形改造后的种植地，若采用地下管道排水，必须符合国家有关规定；
——种植土中影响植物生长发育的石砾、瓦砾、砖块、树根、杂草根、玻璃、塑料废弃物、泡沫等混杂物，施工企业必须予以清除；
——种植土的质量情况，施工企业必须提供有资质单位出具的土壤分析报告，对批量较大的不同种植物必须经土壤测试后，提供符合植物适生条件的不同土源，否则下道工序不准动工。

② 种植土质量检验方法
- 检验土壤分析报告。
- 抽查一定的数量，即每3000m^3抽查一点，每点为500m^3，不少于3点，允许偏差范围：大中乔木为-8cm；小乔木及大中灌木为-5cm；小灌木、宿根花卉为-3cm；草本、地被、草坪及一、二年草花为-2cm。
- 地形标高、全高在1.0m以下为±5cm；全高在1～3m为±20cm；全高在3m以上为±50cm。

③ 种植土整理结束，种植前应酌情使用化学除草剂进行苗前除草，以减少种植后

的人工除草用工。

10.3.1.4　园林植物种植工程质量控制要点

① 植物种植点放样必须符合设计要求(通常地面建筑物和其他构筑物必须避让时,施工企业必须征得监理认可和建设单位同意方可实施,建设单位负责请设计单位出具变更图纸和文字说明),放样偏差不超过5%,并标明定点位置,树种名称、规格。

② 乔木土球挖掘规格　土球直径为胸径的8~10倍,土球厚度为胸径的7倍计算。

③ 灌木土球挖掘规格　土球直径为冠径的80%,土球厚度为冠径的60%计算。

④ 树木种植穴规格　坑(穴)的直径大于土球或裸根苗根系约40cm,深度同土球或裸根系的直径,但必须松翻底土10cm以上,坑(穴)上下垂直,另外高燥砂性土地树穴宜稍深,低洼黏土地可稍浅。

⑤ 树木土球的包扎　土球的包扎常用草绳包扎,采用橘子瓣、五角形、铜钱形皆可,但必须做到牢固、不露根不掉土,确保土球不破碎、不脱绑。对名贵大树的包扎,除了用草缠绕,还必须用细麻绳等加固包扎。

⑥ 树木挖掘

- 挖掘裸根树木一定要用锐器,直径3cm以上的根要用锯锯断,伤口务必齐整,细根可用剪枝剪剪断,不得强拉或劈断,尽量保护毛细根;
- 用锐利铁锹挖掘带土球树木,保证土球不松散,在整修土球时必须先扎腰箍。

⑦ 树木运输前的修剪

- 修剪可在树木挖掘前后进行皆可,但大树必须在挖掘前修去一部分非留枝;
- 修剪强度要根据树木的生物学特性、不同季节而定,以保证良好的姿态为前提来确定修剪量。

⑧ 树木的装运

装运时应做到轻抬、轻卸、轻装、轻放严禁拖拉,保证土球不破碎,根盘无擦伤、无撕裂,不伤干、不折冠,严禁提拉主干装卸带土球树木。

⑨ 树木种植时的修剪

- 种植前应对苗木根系、树冠进行修剪,必须将劈裂、病虫、过长的根系以及徒长枝、过密枝、平行枝剪除,确保树木良好的自然姿态;
- 剪口(或锯口)大于2cm的,必须进行消毒防腐处理;
- 行道树定干高度宜在2.5~3m,将第一分枝点以下侧枝全部剪除,分枝点以上枝条酌情疏剪或短截;
- 高大落叶乔木应保留原有树形,适当疏剪,保留的主侧枝应在健壮芽上短截,剪去1/5~1/3枝条;
- 常绿针叶树不宜修剪,只剪去病虫枝、枯死枝、衰弱枝、过密枝、轮生枝、下垂枝和机械磨损枝;
- 常绿阔叶树基本保证树形,收缩树冠,正常季节种植疏剪树冠总量1/3~3/5,保留主骨架,截去外围枝条,疏稀树冠内膛枝,摘除大部分树叶;

- 花灌木以疏剪老枝为主，短截为辅，绿篱、球形灌木修剪必须整齐一致，线条挺拔，造型美观，切口平整，园艺效果好；
- 攀缘和蔓生藤本，可剪去枯死和过长藤蔓、交错枝、横向生长枝蔓。

⑩ 树木的种植 树木种植要做到"四随"，即"随挖、随运、随种、随管"，如遇恶劣天气，必须采取措施保护树木土球。

- 裸根苗木必须当天种植完毕，否则必须做好假植处理。
- 树木定向及排列 树木种植时应选择树冠丰满完整、生长好、姿态美，面朝向主要视线，孤植树木的冠幅应完整，丛植树木将冠幅饱满的一面朝外，并做到前低后高，藤本植物应栽植在建筑物或棚架基部，并将枝蔓固定在墙面或支架上。
- 种植深度：应保证在土壤下沉后，根颈与地面等高或略高。
- 土球包装物、培土、浇水：必须自下而上取下土球包装物，土球若松散，底下包装物可剪断不取出；填土达到土球深度2/3时，初步覆土夯实，浇足第一次水，待水分渗透后继续填土至地面平行，再浇第二次水，然后再填好种植土。
- 树木垂直度、支摆、和绕杆：
——种植时应注意树干垂直不弯斜，注意树体重心的稳定；
——支撑应因树设桩（十字架撑、扁担撑、三角撑、单柱撑皆可）；
——支撑时严禁将竹木桩打穿土球或损伤根盘；
——支撑高度，必须控制在树高的1/2左右；
——单支撑必须立于盛行风向一面，扎缚必须用软性物垫衬，还必须做到牢固、整齐、美观；
——乔木干径在5cm以上的主干和一、二级主枝，必须进行绕干，绕干的高度视树种不同而异，必须用草绳或麻片等软性材料紧密缠绕，必须做到牢固、整齐、美观。

10.3.1.5 草坪、花坛、草本地被植物种植工程控制要点

（1）草坪种植

① 草坪植物种植放样必须符合设计要求；

② 草坪播种、植生带铺设、喷播，种子发芽率必须达到95%；

③ 草坪建植要充分利用原地形实施自然排水，小于1000m^3的草坪坡度为3%~5%，面积大于1000m^3的草坪必须建永久性坡度5%的地下排水系统；

④ 种植时间 暖季型草种以春季至初夏尤以梅雨季节为宜，冷季型草种（高羊茅、黑麦草等）以春、秋两季为好；

⑤ 草坪播种前根据土层有效厚度、土壤质地、酸碱度和含盐量的不同，可采用加土、掺砂、施入泥炭土等措施；

⑥ 草坪土的深度不得小于30cm；

⑦ 草坪土中杂草多，在铺种前一个月可用草前除草剂覆盖封闭除草，铺种后可慎用选择性除草剂除草，也可人工拔草，并捡净土壤中的杂草根、碎砖、石块、玻璃、塑料制品等，3cm以上的砖、石块必须清除；

⑧ 属于混凝土、坚土、重黏土等不透气或排水不良的种植地必须先打碎、钻穿后进行换土；

⑨ 人工播种　种植土应土面平整，表土土块直径小于2cm，坡度应小于5%，无坑洼处，无杂草根茎、石砾、砖瓦、石块等；

⑩ 散播后压实覆0.5~1.0cm细土，出苗前，保持土面潮润，出苗成坪后空秃面积不超过2%，每处空秃面积不超过0.2m³；

(2) 花卉、地被植物种植

① 花卉、地被植物种植土的质量要求可参照草坪要求有关条款；

② 花卉的品种选择应区分花坛、花境、花带等不同的用途，必须根据立地条件、上层植被、观赏要求及生物学特性综合考虑；

③ 选择一、二年生花卉，需统一规格，同品种，株高、花色、冠径、花期无明显差异，根系完好，生长旺盛，无病虫害及机械损伤；

④ 宿根花卉根必须发达，并有3~4个芽，草花应带花蕾；

⑤ 一茬花卉的观赏期应保持在30d左右；

⑥ 花卉起栽必须带宿土，用塑料包装后运输，防止机械损伤，并保持湿润，盆栽或容器花卉要求集中遮盖运输，脱盆种植使原盆土和新土紧密结合；

⑦ 花卉种植时间　夏天宜在早晨、傍晚和阴天进行；

⑧ 花卉栽后3~5d内，必须每天早、晚喷淋植株，水流要细，土壤不可沾污植株。

(3) 花卉、地被植物的配置和选择质量要求

① 地被植物的种植土按照播种草坪土壤的要求实施；

② 地被植物的生物学特性必须和种植地的土壤、气候、光照、上层乔灌木种类、密度等立地条件相适应；

③ 地被植物要能满足保持水土、美化环境、改善环境及抑制杂草等功能要求和景观要求；

④ 地被植物应呈品字形种植，必须做到群落层次分明，主体突出，花色、花形、叶色、叶形、花期和种植地主体乔灌木景观协调；

⑤ 地被植物的配置，应以块植、片植为主，突出群体装饰效果；

⑥ 地被植物的选择必须以宿根类、球茎类、自繁能力强的一、二年生草本和低矮的常绿灌木为主；

⑦ 观花为主的地被植物，必须选用花繁、花大、花朵顶生和花期较长的品种，以观叶为主的地被植物，必须选用叶色、叶形美观的品种；

⑧ 地被植物还必须选用种源丰富、易获得、抗性强、管理粗放、能较快形成独立稳定群体的种类；

⑨ 花坛、花境中，花卉、地被植物种植顺序是由上而下，由中心向四周，先矮后高，先宿根后一、二年生花卉，种植面积大的地被要先种轮廓线，再种内部。

10.3.2　园林种植工程施工质量检测标准

园林植物工程施工质量标准见表10-4~表10-11所列。

表10-4 种植土方地形分项工程质量检验评定表

工程名称：

保证项目		项目											质量情况	
	1	栽植土壤的理化性质必须符合《园林栽植土质量标准》(DBJ 08—231)的要求												
	2	严禁使用建筑垃圾土、盐碱土、重黏土、砂土及含有其他有害成分的土壤												
	3	在栽植土层下严禁有不透水层												

允许偏差项目		项目		质量情况										等级
		按面积抽查10%，500m³为一点，不得少于3点，≤500m³应全数检查		1	2	3	4	5	6	7	8	9	10	
	1	地形平整度												
	2	标高(含抛高系数)												
	3	杂质含量低于10%												
		按长度抽查10%，100m³为一点，不得少于3点													
	4	栽植土与道路或挡土墙边口线平直												
		项目		尺寸要求(cm)	允许偏差(cm)	实测值(cm)								
		按面积抽查10%，500m³为一点，不得少于3点，≤500m³应全数检查				1	2	3	4	5	6	7	8	9	10
	1	大、中乔木胸径	≥15	>130										
			<15	>100										
		小乔木和大、中灌木		>80										
		小灌木、宿根花卉		>60										
		草本地被，草坪及一、二年生草花		>40										
	2	地形标高	<1		±5									
			全高 1~3m		±10									
			>3m		±20									
	3	土低于挡墙边口		3~5cm	1.5									
	4	土方表面平整度(2m内)			+0、-50									

检查结果	保证项目				
	基本项目	检查	项，其中优良	项，优良率	%
	允许偏差项目	实测	点，其中合格	点，合格率	%

评定等级	施工单位：	核定等级	监理单位：
	项目技术负责人：		监理工程师：

年 月 日

注：地下水位深度项中，种植耐水湿树种除外。

表 10-5 栽植土分项工程质量检验评定表（平整和细平整）

工程名称：　　　　　　　　　　　　　　　　　部位：

		项目		质量情况										
保证项目	1	栽植土壤的理化性质必须符合《园林栽植土质量标准》（DBJ 08—231）的要求												
	2	严禁使用建筑垃圾土、盐碱土、重黏土、砂土及含有其他有害成分的土壤												
	3	严禁在栽植土层下有不透水层												

		项目		质量情况										等级
基本项目		按面积抽查10%，500m³为一点，不得少于3点，≤500m³应全数检查		1	2	3	4	5	6	7	8	9	10	
	1	土色应为自然的土黄色至棕褐色												
	2	土壤疏松不板结												
	3	土块易捣碎												
	4	与草坪接壤的树坛、花坛及地被的地势略高于草坪，排水良好												
	5	栽植土基本整洁												

		项目		允许偏差（cm）	实测值(cm)									
允许偏差项目		按面积抽查10%，500m³为一点，不得少于3点，≤500m³应全数检查			1	2	3	4	5	6	7	8	9	10
	1	栽植土深度和地下水位深度	大、中乔木	>100										
			小乔木和大、中灌木	>80										
			小灌木、宿根花卉	>60										
			草本地被，草坪，一、二年生草花	>40										
	2	栽植土块块径	大、中乔木	<8										
			小乔木和大、中灌木	<6										
			小灌木、宿根花卉	<4										
	3	石砾、瓦砾等杂物块径	树木	<5										
			草坪、地被、花卉	<1										

检查结果	保证项目				
	基本项目	检查　　　项，其中优良　　　项，优良率　　　%			
	允许偏差项目	实测　　　点，其中合格　　　点，合格率　　　%			

评定等级	施工单位：	核定等级	监理单位：
	项目技术负责人：		监理工程师：

注：地下水位深度项中，种植耐水湿树种除外。　　　　　　年　月　日

表 10-6 乔木植物材料分项工程质量检验评定表

工程名称：

保证项目		项目		质量情况										
	1	植物材料的品种、规格必须符合设计要求												
	2	严禁带有重要病、虫、草害												

基本项目		项目		质量情况										等级
		按施工面积每100m²，且不少于3处		1	2	3	4	5	6	7	8	9	10	
	1	姿态和生长势	树干挺直											
			树形完整											
			生长健壮											
	2	无病虫害												
	3	土球和裸根系	土球完整											
			包扎恰当牢固											
			裸根树木根系完整											

允许偏差项目		项目		允许偏差（mm）	实测值(cm)									
					1	2	3	4	5	6	7	8	9	10
	1	乔木	胸径 <10cm	−1										
			胸径 10~20cm	−2										
			胸径 >20cm	−3										
			高度	+50；−20										
			蓬径	−20										
	2	大灌木	高度	+50；−20										
			蓬径	−10										
			地径	−1										
	3	土球、裸根系	直径	$+0.2\varphi$；-0.1φ										
			深度	$+0.2D$；$-0.1D$										

检查结果	保证项目				
	基本项目	检查	项，其中优良	项，优良率	%
	允许偏差项目	实测	点，其中合格	点，合格率	%

评定等级	施工单位：	核定等级	监理单位：
	项目技术负责人：		监理工程师：

注：φ—胸径；D—地径。

年 月 日

表10-7 灌木植物材料分项工程质量检验评定表

工程名称：

保证项目		项目		质量情况									
	1	植物材料的品种、规格必须符合设计要求											
	2	严禁带有重要病、虫、草害											

基本项目		项目		质量情况										等级
				1	2	3	4	5	6	7	8	9	10	
	1	姿态和生长势	树干挺直											
	2		树形完整											
	3		生长健壮											
	4	无病虫害												
	5	土球和裸根系	土球完整											
	6		包扎恰当牢固											
	7		裸根树木根系完整											

允许偏差项目		项目		允许偏差（mm）	实测值(cm)									
					1	2	3	4	5	6	7	8	9	10
	1	大灌木	高度	+50；-20										
			蓬径	-10										
			地径	-1										
	2	中小灌木	高度	-15；-5										
			蓬径	-5										
			地径	-1										
	3	球类	蓬径和高度 <100cm	-10										
			100～200cm	-20										
			>200cm	-30										
	4	土球、裸根系	直径	$+0.2\varphi$；-0.1φ										
			深度	$+0.2D$；$-0.1D$										

检查结果	保证项目					
	基本项目	检查	项，其中优良		项，优良率	%
	允许偏差项目	实测	点，其中合格		点，合格率	%

评定等级	施工单位：	核定等级	监理单位：
	项目技术负责人：		监理工程师：

表10-8 花苗、地被植物材料分项工程质量检验评定表

工程名称：

<table>
<tr><th colspan="3">保证项目</th><th>项目</th><th colspan="11">质量情况</th></tr>
<tr><td rowspan="2">保证项目</td><td>1</td><td colspan="2">植物材料的品种、规格必须符合设计要求</td><td colspan="11"></td></tr>
<tr><td>2</td><td colspan="2">严禁带有重要病、虫、草害</td><td colspan="11"></td></tr>
</table>

基本项目		项目		质量情况 1 2 3 4 5 6 7 8 9 10	等级
基本项目	1	无病虫害			
	2	草块和草根茎	厚薄均匀		
	3		无杂草		
	4		边缘平直		
	5		生长势良好		
	6	花苗、草本地被	生长苗壮		
	7		发育匀齐		
	8		根系发达		

允许偏差项目		项目		允许偏差（mm）	实测值(cm) 1 2 3 4 5 6 7 8 9 10
允许偏差项目	1	小灌木地被	高度	+15；-5	
			蓬径	-5	
			分蘖量	-1	
	2	藤本地被	藤长		
			分蘖量		
	3	草坪	泥厚不小于2cm		
			杂草不得超过5%		
			草块每边长大于33cm		
	4	花苗	花蕾量		

检查结果	保证项目				
	基本项目	检查	项，其中优良	项，优良率	%
	允许偏差项目	实测	点，其中合格	点，合格率	%

评定等级	施工单位： 项目技术负责人：	核定等级	监理单位： 监理工程师：

表 10-9 乔木、大灌木栽植分项工程质量检验评定表

工程名称：

保证项目		项 目	质量情况										
	1	植物材料的品种、规格必须符合设计要求	符合设计及规范要求，见合格证										
	2	严禁带有重要病、虫、草害	符合设计及规范要求										

		项 目		质量情况										等级
				1	2	3	4	5	6	7	8	9	10	
基本项目	1	放样定位	符合设计要求											
	2	树穴	穴径大于根系 40cm											
			深度等于土球厚											
			翻松底土											
			树穴上下垂直											
	3	改良措施	透气管、排(保)水											
	4	土球包装物	基本清除											
	5	栽植	根颈地表面等高或略高											
			根系完好											
			分层均匀培土、捣实											
			及时浇足搭根水											
	6	定向及排列	观赏面丰满完整											
			排列符合设计要求											
	7	绑扎和支撑	树干与地面基本垂直											
			设桩 整齐稳定											
			拉绳 牢固一致											
			绑扎处夹衬软垫											
			绑扎材料											
	8	裹杆	单一品种高低一致											
			匀称整齐											
	9	修剪	树形匀称											
			无枯枝、断枝、短桩											
			切口平整											
			大切口防腐处理											
			修剪部位恰当、留枝叶正确											

检查结果	保证项目			
	基本项目	检查 项，其中优良 项，优良率 %		

评定等级	施工单位： 项目技术负责人：	核定等级	监理单位： 监理工程师：

表10-10 灌木栽植分项工程质量检验评定表

工程名称：

保证项目	项目		质量情况										
	1	植物材料的品种、规格必须符合设计要求											
	2	严禁带有重要病、虫、草害											

		项目		质量情况									等级
				1	2	3	4	5	6	7	8	9	10	
基	1	放样定位	符合设计要求											
	2	树穴	穴径大于根系40cm											
			深度等于土球厚											
			翻松底土											
	3	土球包装物	基本清除											
	4	栽植	根颈地表面等高或略高											
			根系完好											
			及时浇足搭根水											
	5	定向及排列	观赏面丰满完整											
			排列符合设计要求											
本	6	绑扎和支撑	树干与地面基本垂直											
			设桩整齐稳定											
			绑扎处夹衬软垫											
			绑扎材料											
项	7	裹杆	单一品种高低一致											
			匀称整齐											
目	8	修剪	独本散本	树形匀称											
				无枯枝、断枝、短桩											
				切口平整											
				修剪部位恰当、留枝叶正确											
			成型	平面平整											
				球形、圆弧形、方形											
	9	藤本植物	垂直	攀爬、牵引条件											
				密度适度											
			水平	攀爬、生长方向一致											
				密度符合设计要求											

检查结果	保证项目				
	基本项目	检查	项，其中优良	项，优良率	%

评定等级	施工单位：	核定等级	监理单位：
	项目技术负责人：		监理工程师：

表 10-11　地被栽植分项工程质量检验评定表
（各种草坪、地被植物）

工程名称：

保证项目		项　目	质量情况										
	1	植物材料的品种、规格必须符合设计要求											
	2	严禁带有重要病、虫、草害											

基本项目		项　目	质量情况										等　级
			1	2	3	4	5	6	7	8	9	10	
	1	放样定位											
	2	地形、排水											
	3	栽植均匀度											
	4	浇水均匀度											
	5	栽植（铺设）平整度											
	6	修剪平整度											
	7	修剪高度											
	8	切边											

检查结果	保证项目				
	基本项目	检查　　　项，其中优良　　　项，优良率　　　　　　％			
评定等级	施工单位： 项目技术负责人：	核定等级	监理单位： 监理工程师：		

思考与练习

1. 园林种植施工有哪些内容？其工艺流程是什么？
2. 简述带土球苗的装车技术要求。
3. 简述树木移植前修剪的注意事项。
4. 谈谈影响树木栽植成活的因素。
5. 影响大树移植成活的因素主要有哪些？
6. 谈谈园林绿化工程施工现场准备的内容。

参 考 文 献

孟兆祯,毛培琳,黄庆喜,等,1996. 园林工程[M]. 北京:中国林业出版社.
园林工程编写组,1999. 园林工程[M]. 北京:中国林业出版社.
梁伊任,2000. 园林建设工程[M]. 北京:中国城市出版社.
陈科东,2018. 园林工程施工技术[M]. 北京:中国林业出版社.
毛培琳,朱志红,2004. 中国园林假山[M]. 北京:中国建筑工业出版社.
陈祺,2005. 园林工程建设现场施工技术[M]. 北京:化学工业出版社.
刘卫斌,2006. 园林工程技术[M]. 北京:高等教育出版社.
陈学平,2007. 实用工程测量[M]. 北京:中国建材工业出版社.
朱红华,陈绍宽,2010. 园林工程技术[M]. 北京:中国电力出版社.
潘福荣,王振超,胡继光,2010. 园林工程施工[M]. 北京:机械工业出版社.
张建林,2009. 园林工程[M]. 北京:中国农业出版社.
邓宝忠,陈科东,2017. 园林工程施工技术[M]. 北京:科学出版社.
中华人民共和国城乡与建设部. CJJ 82—2012 园林绿化工程施工及质量验收规范[S]. 北京:中国建筑工业出版社.
中华人民共和国城乡与建设部. GB 50026—2016 工程测量规范[S]. 北京:中国计划出版社.
中华人民共和国城乡与建设部. GB 50268—2008 给水排水管道施工及验收规范[S]. 北京:中国建筑工业出版社.
中华人民共和国城乡与建设部. GB 50206—2012 木结构工程施工质量验收规范[S]. 北京:中国建筑工业出版社.
中华人民共和国城乡与建设部. GB 50208—2011 地下防水工程质量验收规范[S]. 北京:中国建筑工业出版社.
中华人民共和国城乡与建设部. GB 50203—2011 砌体工程施工质量验收规范[S]. 北京:中国建筑工业出版社.